现代畜禽养殖实用技术

现代农民教育培训丛书

彭英林　宋　武◎主　编

中国农业出版社
北　京

主编简介

彭英林，博士，二级研究员，中共党员。现任湖南省畜牧兽医研究所总畜牧师，湖南农业大学博士生导师，湖南省生猪产业技术体系首席专家，第三届国家畜禽遗传资源委员会猪专业委员会成员，全国生猪遗传改良计划专家委员会成员，地方猪种质资源保护与遗传解析湖南省重点实验室主任；兼任国家生猪产业创新联盟副理事长、中国畜牧兽医学会养猪学分会常务理事等职。

先后主持或参与国家与湖南省科技项目，荣获国家级及省部级科技进步奖多项。以第一或通讯作者发表学术论文100余篇，主编《湘村黑猪》和《大围子猪》等专著。

曾荣获湖南省青年科技奖、全国优秀科技工作者、全国农业先进工作者、中国改革开放养猪40年庆典全国影响猪业发展的百位人物科研先锋奖等荣誉，是享受国务院特殊津贴专家。

主编简介

宋武，男，湖南岳阳人，1966年12月出生，高级农艺师，湖南省畜牧兽医研究所党委书记、所长。主要从事畜禽饲养管理、品种选育、遗传改良、生物安全体系建设、畜禽粪污资源化利用等方面的科学研究和技术推广工作。先后获全国农牧渔业丰收奖二等奖2项，湖南省农业丰收奖二等奖1项，常德市科学技术进步奖三等奖1项，参与选育新品种6个，获实用新型专利1项，主持制定省级地方标准1个，参编专著3部，发表论文著作20多篇。

编审人员

主　　编 彭英林　宋　武

审　　稿 匡宗武　王　宇

编写人员（按姓氏笔画排序）

王跃新　邓　缘　左剑波　朱　吉
朱立军　伍国强　任慧波　向双庚
刘莹莹　刘海林　刘家兴　孙　鏖
李　闯　李华丽　李安定　李昊帮
杨　雄　宋　武　宋超元　张　旭
张　星　张佰忠　张翠永　陈　晨
罗　阳　胡雄贵　徐年青　唐　炳
黄　璇　黄贤明　崔清明　彭英林
彭建祥　彭善珍　蒋桂韬　喻国均
燕海峰

丛书序
Series Preface

湖南省老科学技术工作者协会农业分会在湖南省农业农村厅支持下组织编写的“现代农民教育培训丛书”，对助力美丽乡村建设，促进我国农业农村现代化持续、稳定、协调发展具有重大的现实意义。湖南是农业大省，近年来，全省农业农村系统认真贯彻落实习近平总书记“三农”工作重要指示精神，按照湖南省委、省政府的决策部署，大力推进强农行动和三个“百千万”工程，着力打造优势特色千亿产业，扎实抓好以精细农业为重点的“名优特”农产品基地建设，有效地促进了全省农业农村经济的高质量发展。

实施乡村振兴战略，是党和国家做出的重大战略部署，是“十四五”规划中农业农村发展的重要任务。实现这一战略的关键在于农村实用人才的培养。造就一大批有文化、懂技术、善经营、会管理的高素质农民和实用人才是新时期“三农”工作重中之重的任务。该丛书积极探索培养高素质农民的新做法，拓展教学内容，采取多种有效形式搭建交流共享平台，加强产业对接，突出重点，做好产业文章。农业现代化就是要抓好农业产业化，实现生产规模化、全程机械化、土地集约化、经营一体化，促进农民增收、农村繁荣、农业绿色发展。

“现代农民教育培训丛书”是紧紧围绕农业产业和新农村建设及高素质农民培训工作的要求，紧密结合湖南乃至全国同类地区实际，以适应湖南省产业结构调整和美丽乡村建设的需要为出发点，编写的高素质农民培训教材。丛书立足湖南，辐射全国，特色突出，内容丰富，涵盖了农业农村政策法规、农业产业化实用技术、美丽乡村建设模式、乡村综合治理等多个方面，针对性强，具有先进性、实用性、可操作性等特点，充分反映了我国农业农村发展的新业态、新模式、新技术和发展趋势，适合高素质农民、新型农业经营主体、基层农业技术推广人员、农业院校学生阅读学习。我相信，该丛书的出版，将对进一步做好农村实用人才培训、迅速提高农村人才培训质量、全面提升农民科技文化素质、助推我国农业农村经济高速发展和乡村振兴战略实施发挥极其重要的作用，进而推动我国现代农业绿色、可持续发展。

袁隆平

二〇二一、元、廿八、

Foreword 前　言

湖南是我国重要的养殖大省。随着强农惠农政策的实施，畜牧业呈现出加快发展势头，逐步由数量型向质量效率型转变。养殖规模不断扩大，产品总量大幅增加，产品质量不断提高，生产方式逐渐向规模化、标准化、产业化和区域化积极转变，畜牧业已成为湖南省农业和农村经济中最有活力的增长点和最主要的支柱产业。

为进一步强化农业科学技术推广应用，引导农民科学选用优良品种和先进实用技术，我们组织部分专家和基层专业技术人员编写了《现代畜禽养殖实用技术》，其目的是推广畜禽养殖的先进理论和实用技术，推进农业科技快速进村、入户、到场、到田，增加农民收入，优化湖南省畜牧业品种结构，提升畜产品品质，增强畜产品市场竞争力，发展高效生态农业。

本书较全面系统地介绍了生猪、蛋鸡、肉鸡、肉牛及山羊养殖投资估算、必备条件、盈利模式、标准化养殖技术体系等先进理论与技术，具有较强的实用性和可操作性。

本书内容涉及面广，由于编者水平有限，难免出现疏漏和不足，敬请读者批评指正。

编　者

2021年4月

Contents 目录

Chapter 1

第一章 生猪养殖

第一节| 生猪养殖入行投资估算及必备条件

一、家庭猪场投资估算

近年来，我国养猪业虽然受到价格剧烈波动的影响，但由于猪价高涨时产生的巨大利润，还是经常会吸引一部分投资者的目光，特别是受非洲猪瘟的影响，全国生猪存栏量、能繁母猪存栏量骤减，商品猪出栏价格达到历史最高峰，利润相当可观。

目前，养猪业正呈现出中小散户逐渐减少、大型规模场逐渐增多的趋势。投资养猪业，首先要投资最基础的养猪场，估算养猪场的规模、类型。养猪场规模大小，与投资情况、土地条件、经营类型以及未来发展有很大关系，同时还要考虑自然环境承载能力、粪便污水处理能力、排污情况和效益、资源、技术、市场、防疫风险等多方面因素。

按年出栏量划分，养猪场可分为个体小型养猪场（10～50 头），专业户养猪场（50～500 头），中型养猪场（500～3 000 头），较大规模养猪场（3 000～8 000 头），大型集约化养猪场（8 000～15 000 头）和特大型集约化、工厂化养猪场（15 000头以上）。

存栏 300 头育肥猪的家庭猪场投资见表 1-1。

表 1-1　存栏 300 头育肥猪的家庭猪场投资

项目	数量	单价	合计（万元）
育肥舍	450 米^2	800 元/米^2	36
育肥栏	30 套	2 500 元/套	7.5
饲槽	10 个	500 元/个	0.5
固定资产			12
流动资产	300 头	1 400 元/头	42
合计			98

二、年出栏万头规模场投资估算

（1）出栏10 000头仔猪的专业养殖场，采用智能群养殖系统养猪场，投资约1 393万元（表1-2）。

表1-2　万头仔猪场投资估算

项目	数量	单价	合计（万元）
饲喂站	8个	6万元/个	48
妊娠母猪	1 200米^2	800元/米^2	96
母猪栏			15
母猪产仔舍	600米^2	800元/米^2	48
产床	120个	2 000元/个	24
公猪栏	30个	4 000元/个	12
配种设备			4
保育舍及设备投资	500米^2	800元/米^2	40
保育床	120个	1 000元/个	12
引进种猪	550头	3 000元/头	165
引进公猪	28头	5 000元/头	14
附属设施			280
征用土地	15亩*，50年	1 000元/（亩·年）	75
流动资产			280
母猪饲养成本			230
仔猪饲养成本	10 000头	50元/头	50
合计			1 393

（2）年出栏10 000头肥猪的专业育肥场，投资约1 480万元（表1-3）。

表1-3　育肥场投资估算

项目	数量	单价	合计（万元）
育肥舍	4 000米^2	800元/米^2	320
育肥栏	400套	2 500元/套	100

* 亩，非法定计量单位，面积单位，1亩≈667米^2。——编者注

（续）

项目	数量	单价	合计（万元）
自动饲喂系统			200
其他附属设施			200
流动资产	4 000 头	1 400 元/头	560
征用土地	20 亩，50 年	1 000 元/（亩·年）	100
合计			1 393

（3）年出栏 10 000 头肥猪的自繁自养猪场，投资约 2 343 万元（表 1-4）。

表 1-4　自繁自养猪场投资估算

项目	数量	单价	合计（万元）
妊娠母舍	1 200 米^2	800 元/米^2	96
母猪栏			15
智能母猪饲喂系统			50
母猪产仔舍	500 米^2	800 元/米^2	40
产床	120 个	2 000 元/个	24
公猪栏	30 个	4 000 元/个	12
配种设施			20
保育舍	400 米^2	800 元/米^2	32
保育床	120 个	1 000 元/个	12
育肥舍	4 000 米^2	800 元/米^2	32
育肥栏	400 个	2 500 元/个	100
自动饲喂系统			100
附属设施			200
土地	50 亩，50 年	1 000 元/（亩·年）	250
流动资产			250
母猪、公猪引种费			230
种猪饲养成本			220
保育猪饲养成本			100
育肥猪饲养成本			560
合计			2 343

（4）年出栏 10 000 头猪的种猪场，投资约 2 091 万元（表 1-5）。

表 1-5　种猪场投资估算

项目	数量	单价	合计（万元）
妊娠母舍	1 200 米^2	800 元/米^2	96
母猪栏			15
智能母猪饲喂系统			50
母猪产仔舍	500 米^2	800 元/米^2	40
产床	120 个	2 000 元/个	24
公猪栏	30 个	4 000 元/个	12
配种设施			20
保育舍	400 米^2	800 元/米^2	32
保育床	120 个	1 000 元/个	12
自动饲喂系统			100
后备舍	4 000 米^2	800 元/米^2	320
猪栏	400 个	2 500 元/个	100
附属设施			200
土地	50 亩，50 年	1 000 元/（亩・年）	250
流动资产			250
母猪、公猪引种费			250
种猪饲养成本			220
保育猪饲养成本			100
合计			2 091

三、入行必备条件

（1）栏舍选址应取得国土、林业等部门的许可，不可选在禁养区内。

（2）应取得环保部门的环境评估。

（3）符合《中华人民共和国畜牧法》里有关畜禽养殖场建立的各项规定，到农业农村局办理动物防疫条件合格证。

（4）养殖业主向所在街镇提出养殖项目申请。

（5）所在地政府对养殖场选址实地踏勘，对在适养区内且符合条件的，出具同意养殖项目的批复意见和适养区证明，并函告农业农村局。

（6）国土部门根据养殖场选址情况进行审核，对不在基本农田范围内的，出具非基本农田证明。

（7）农业农村局对符合畜禽养殖发展规划的出具符合养殖发展规划证明。

（8）发改部门对新建养殖项目进行备案。

（9）养殖业主向环保部门申请办理环保手续。

（10）养殖业主向国土部门申请办理设施农用地备案。

（11）养殖场建设完成后，向农业农村局申请办理动物防疫条件合格证。

第二节| 盈利模式与风险点控制

一、生猪生产经营模式

目前，生猪生产经营模式主要有四大类：农户家庭养猪、养猪专业户、公司加基地（或基地带农户发展模式），以及龙头企业自繁自育、示范带动发展模式。

1. 农户家庭养猪　农户家庭养猪是种植业与养殖业的有机结合，作为一种家庭副业，是我国生猪养殖最基本的发展模式。该模式饲养规模较小，通常在50头以下，能充分利用农村、农户的闲置资源发展生产，饲养成本低廉，粪水易于还田，投资少见效快，养殖风险相对较小。但缺点同样突出。首先，集约化程度低，不利于生猪产业可追溯体系的建立；其次，不利于规定疫病的防疫，容易造成防疫死角。同时，饲养技术和饲养方式通常比较落后，影响猪只生长和健康；另外，不利于新农村建设的总体规划布局，农村卫生条件不易得到改善，粪、尿处理不合理，随意排入河道。在市场对猪肉产品品质要求不断提高、食品安全日益重视的今天，该模式的优势丧失、缺陷日益显现，正逐步被淘汰。

2. 养猪专业户　养猪专业户是指投入养猪的劳动力或活劳动时间占60%以上，养猪收入约占家庭收入60%，猪产品商品率达80%以上，人均收入高于当地平均水平的养猪户。一般属于小型规模猪场，年出栏量通常在几百头或几千头，比农户家庭养猪规模大，比一般大中型养猪场规模小。养猪专业户自身具备一定经济实力，对周围的农户有很好的示范和带动作用。该模式通过签订购销合同，形成养殖、加工、销售一条龙企业，能带动一村甚至一乡的发展，可通过股份合作制开展联合经营，建立养猪商品生产基地，形成产业化。该模式的不足之处主要体现在：①生产结构单一，养殖规模难以有效控制，因此经济效益直接受制于市场；②缺少支持资金，建设用地批复难，发展受到制约；③忽视科学技术水平，猪群生产潜力降低；④猪场管理粗放，浪费严重，成本攀升。

3. 公司加基地或基地带农户发展模式 公司加基地或基地带动农户发展模式兴起于20世纪90年代，主要是由规模较大的种猪企业、饲料企业和屠宰加工企业，把分散的养猪户组织起来，带领其科学养猪，帮助农户解决卖猪难和猪肉质量安全问题，可取得较高的经济效益，现已成为高产、优质、高效的现代化养猪业发展雏形。其优点是龙头企业投入成本小，资金风险小，发展迅速，可快速达到需求总量，有利于屠宰企业调整品种结构，拉近农民与市场的距离。缺点主要体现在联结机制和利益分配机制方面，受牵头企业实力与规模化程度的影响，农户利益往往难以得到长期和稳定的保护。该模式统一、集中的管理能有效避免散养的随意性、无序性，并降低养殖风险，是散养模式的最佳替代者，适合在散养比例大、养猪生产力较弱的地区推广实施。

4. 龙头企业自繁自育、示范带动发展模式 龙头企业自繁自育、示范带动发展模式是现代生猪养殖产业发展的主要趋势，适应集约化、专业化和标准化的现代养殖需求，同时具有多方面优势，龙头企业的带动作用强，直接以市场为导向，带动农户养殖优良品种；随着体系的不断培育和壮大，抗风险能力逐渐增强，防止因市场突变对企业造成的负面影响；有利于可追溯系统的建立，有序控制肉品安全；有利于企业的品牌建设。近些年来，多家企业利用资金、土地等资源优势，布局生猪全产业链，做大做强且成功上市，说明生猪产业发展潜力巨大，前景广阔。

二、家庭养殖如何起步与运营

家庭养殖要想做好自身运营，需要克服信息渠道不畅、技术优势不足等问题。建议加入由养猪专业户引领的合作社或同龙头企业签订“公司+农户”的合作模式，利用合作社或龙头企业的技术优势，统一模式，科学养殖，保底收购，将个体经营的劣势变为合作的优势。同时依靠合作社或龙头企业的品牌优势、信息优势和销售渠道，提高自身进入市场的能力。

三、规模猪场如何发展壮大

猪场要发展壮大，应尽快建立和完善现代化规模猪场的生产管理模式，在生产实践中认真贯彻执行，不断加以改进和完善。

1. 正规化管理　企业文化管理。人才是企业发展的重要资源。企业应当建立健全高效的管理机制，培养造就适应现代化养猪的人才。企业根据自身实际确立目标、树立理念、创立品牌、形成特色，才能不断做大做强。

生产指标绩效管理。建立完善的生产绩效考核、激励机制，对生产一线员工实行生产指标绩效管理。

2. 制度化管理　一个规范化猪场应建立健全各项规章制度，如员工守则及奖罚条例，员工休假请假考勤制度，会计出纳员、数据统计员、水电维修工、门卫保安员、仓库管理员的岗位责任制度，消毒更衣房管理制度，生产销售部管理制度等，通过制度管人，而不是人管人的办法来指挥生产。

3. 流程化管理　规模猪场尤其是万头猪场，其周期性和规律性相当强，生产过程环环相连。因此，做到生产过程流程化即要求全场员工对自己所做的工作内容和特点要非常清晰，工作日清日毕，才能保证猪场满负荷均衡生产。

4. 规程化管理　企业应根据有关政策文件和自身实际情况制定规模猪场标准化生产技术规程。操作规程制定主要按生产环节编制，包括隔离、配种妊娠、人工授精、分娩、保育、生长育肥等。猪病防治主要有兽医临床技术操作规程、卫生防疫制度、免疫程序、驱虫程序、消毒制度、预防用药及保健程序等。

5. 数字化管理　猪场都有各个生产阶段的成本核算记录，具备一套完整科学的生产线数字体系，并用电脑管理软件系统进行统计及对比分析，及时发现生产中存在的问题并予以解决，从而提高基础母猪的生产力，降低生产成本，提高企业经济效益。

6. 信息化管理　规模猪场应当注重信息化发展，建立和完善猪场信息化工作管理制度，利用市场信息、行业信息、新技术信息进行自我管理，对自身因素及各种外部因素进行全面的了解和透彻的分析，及时采取相应对策，为猪场调整战略、提供高质量产品和做好服务提供依据。

四、初入投资者风险点与控制办法

（一）主要风险

1. 猪群疾病风险 大规模的疫情将导致大量猪只死亡，带来直接的经济损失；而净化过程则使猪场的生产效率降低，生产成本增加，进而降低效益。若养殖行业暴发大规模疫病将使猪场暴发疫病的可能性随之增大，给猪场带来巨大的防疫压力，如非洲猪瘟疫情，防疫投入增加，导致经营成本提高；若养殖行业出现动物源性食品安全事件，则会导致全体消费者的心理恐慌，降低相关产品的总需求量，直接影响猪场的产品销售，给经营者带来损失。

2. 市场风险 由于市场的无序竞争，生猪存栏大量增加，导致饲料价格上涨，生猪价格下跌，外销则面临销售市场饱和的风险。

3. 产品风险 猪场主要收入和利润来源于生猪产品，且产品品种单一，存在产品相对集中的风险；种猪场待售种猪品质退化、产仔率不高，存在销售市场萎缩的风险；商品猪场猪肉品质不好，不适合消费者口味，或未有效控制药物残留和违禁使用饲料添加剂，出现生猪产品质量安全问题，影响生猪销售和市场供给。

4. 经营管理风险 猪场内部管理混乱、内控制度不健全会导致防疫措施不能落实，暴发疫病造成生猪死亡的风险；饲养管理不到位，造成饲料浪费、生猪生长缓慢、生猪死亡率增加的风险；原材料、兽药及低值易耗品采购价格不合理，库存超额，使用浪费，造成猪场生产成本增加的风险；对差旅、用车、招待、办公费、产品销售费用等非生产性费用不能有效控制，造成猪场管理费用、营业费用增加的风险；猪场的应收款较多，资产结构不合理，资产负债率过高，导致猪场资金周转困难，财务状况恶化的风险。同时猪场在管理、营销等方面将面临跨国公司的挑战，需要与国际惯例和通行做法相衔接；如果不能根据这些变化进一步健全、完善管理制度，可能会影响猪场的健康可持续发展。

5. 投资及决策风险 投资资本下跌，猪场可能出现投产之日即是亏损或倒闭之时的可能性。如果在生猪行情高潮期盲目投资办新场，扩大生产规模，会产生因市场饱和、价格大幅下跌的风险；投资选址不当，生猪养殖受自然条件及周边卫生环境的影响较大，也存在一定的风险；对生猪品种是否更新换代、扩大或缩小生产规模等决策不当，会对猪场效益产生直接影响。

6. 人力资源风险 有丰富管理经验的管理人员和操作熟练的工人对猪场的发展至关重要。猪场地处不发达地区，交通、环境不理想难以吸引人才；饲养员的文化水平低，对新技术的理解、接受和应用能力差，会影响猪场经济效益的最大化；长时间的封闭管理，信息闭塞，会导致员工情绪不稳，影响工作效率；猪场缺乏有效的激励机制，员工的工资待遇水平不高，影响了员工生产积极性的发挥。

7. 环境、自然灾害及安全风险 环境风险即自然环境的变化或社会公共环境的突然变化（如“非典”、新冠肺炎疫情等），导致猪场人、财、物损失或预期经营目标落空的可能性；自然灾害风险即因自然环境恶化如地震、洪水、火灾、风灾等造成猪场损失的可能性；安全风险即因安全意识淡薄、缺乏安全保障措施等原因而造成猪场重大人员或财产损失的可能性。

8. 政策风险 政策风险即因政府法律、法规、政策、管理体制、规划的变动，税收、利率的变化或行业专项整治，造成损失的可能性。

（二）风险控制方法

（1）健全生产管理制度，防患于未然，制订内部疫病净化流程，建立饲料采购供应制度，加大硬件设施投入，高标准做好防疫工作，尽最大可能减少疫病发生概率并杜绝病猪流入市场。同时增进与国内外动物疫病研究机构的合作，加强技术研究，为防范疫病风险提供技术保障和支撑。

（2）及时掌握市场动态，适时调整生产规模，围绕市场需求加大新产品的开发力度，实现产品多元化，在不同层次开拓新市场；生产过程中贯彻国际先进的动物福利制度，改善生猪饲养环境，从生产和产品质量上达到国际标准，争取进入国际市场。

（3）从经营战略角度对产品结构进行调整，大力开发安全优质种猪、安全饲料等与生猪有关的系列产品，拓展猪肉产品深加工；加强生产技术管理，树立生猪产品品牌，巩固和提高生猪产品的市场占有率和盈利能力。

（4）制定完备的企业财务内部管理制度、会计核算审计制度，通过各项制度的制定、职责的明确及良好的执行，使猪场内部控制得到进一步完善。加强财务管理，降低非生产性费用，做到增收节支；加强生猪销售管理，减少应收款的发生；调整资产结构，降低资产负债率，保障资金良性循环。

（5）科学决策，谨慎投资。牢固树立风险管理的理念和意识，重大投资或决策要有专家论证，防止决策失误。

（6）采取各种激励政策，发掘、培养和吸引人才，不断提高猪场管理水平。充分调动每位员工的主观能动性，制定有效的激励机制。按照精干、高效原则设置管理岗位和配置管理人员，建立以目标管理为基础的绩效考核办法；搞好员工的职业生涯规划，保持员工的相对稳定，确保猪场的可持续发展；改革薪酬制度，在收入分配上向经营骨干、技术骨干、生产骨干倾斜。

（7）树立环保安全意识。猪场内的绿化带和草坪，有利于吸尘除菌、消减噪声、防暑防疫、净化空气；保持猪舍干燥、清洁，并使温度、湿度、密度、空气新鲜度均保持在合适程度。

（8）充分关注政府有关政策和经济动向，了解政府税收政策变化，不断加强决策层对经济发展和政策变化的应变能力；充分利用国家对农业产业结构调整带来的机遇和优惠政策，及时调整经营和投资战略，规避政策风险；充分利用国家对出口产品实行的国际通行的退税制度，扩大生猪外贸出口，增强盈利能力。

第三节 标准化养殖技术体系

一、猪场标准化建设

（一）猪场选址

猪场场址选择，根据猪场的性质和规模，考虑场地的地形或地势、土壤、气候、水源等条件，同时考虑交通运输、饲料能源供应、周围环境等社会条件，综合分析。选择地势高燥、地形开阔、背风向阳、水源充足、排水良好、交通方便但略偏僻的地方建设。猪场水源要求水量充足，水质良好，便于取用和进行卫生防护，并易于净化和消毒。土壤要求透气性好、易渗水，热容量大。选择场址时既要交通便利，又要与交通干线保持适当的距离。一般来说，距铁路，国家一、二级公路应不少于 300～500 米；距三级公路应不少于 150～200 米；距四级公路不少于 50～100 米。猪场与村镇居民、工厂及其他畜禽场应保持适当距离：猪场周围 3 千米范围内无屠宰场、肉产品加工厂、大型化工厂和其他畜禽养殖场等；周围 2 千米范围内无居民区和公众聚会场所，且距离垃圾处理场、垃圾填埋场、风景旅游区、点污染源 5 千米以上，同时兼顾电力和其他能源供应。

（二）场内规划布局

猪场根据当地全年主风向和地势，按照生活区、生产管理区、生产区、隔离区顺序划分为 4 个功能区，便于防疫和安全生产。场内道路应分设净道、污道，互不交叉。净道用于运送饲料、产品等，污道专门运输粪污、病猪、死猪等。场区绿化按冬季主风的上风向设防风林，在猪场周围设隔离林。猪场建筑物的布局应考虑各建筑物间的功能关系、卫生防疫、通风、采光、防火、节约用地等。病猪和粪污处理应置于全场最下风向和地势最低处，距生产区保持至少 50 米的距离；各猪舍间距一般以（3～5）H（H 为南排猪舍檐高）为宜。

(三) 猪舍设计

理想的猪舍建筑应符合猪的生物学特征，具有良好的室内环境条件，符合现代化养猪生产工艺要求，适应地区的气候和地理条件，具有牢固的结构和较强的经济适用性，便于实行科学饲养和生产管理。猪舍的基本结构包括地面、墙、门窗、屋顶等。地面一般保持2%～3%的坡度，利于地面干燥；墙内表面要便于清洗和消毒，距地面1.0～1.5米高的墙面应设水泥墙裙；窗户的大小、数量、形状、位置根据当地气候合理设计；外门高2.0～2.4米，宽1.2～1.5米，门外设坡道；屋顶要求坚固、不漏水、不透风。

猪舍环境控制，根据具体情况采用供暖、降温、通风、光照、空气处理等设备，为猪只生长提供适宜环境。猪舍要利于采光保暖，由于湖南省所处的地理位置，冬季太阳角度较低，猪舍南面获得的光照较多，因此建议猪舍朝南，利于冬季猪舍保暖；夏季太阳角度较高，猪舍朝南，阳光照射不到舍内，这样就能保证猪舍冬暖夏凉的效果。同时湖南省夏季多为东南风，冬季多为东北风或西北风，猪舍建设时要朝向风向，这样既可以利用自然风对猪舍进行通风，有效提高猪群健康，还能节省通风设备费用。因此建议猪舍在建设时朝向南偏东或南偏西15°～30°为宜，具体要根据当地地理环境来确定。

(四) 猪场设备设施

猪栏按饲养猪的种类可以分为公猪栏、配种栏、母猪栏、妊娠栏、分娩栏、保育栏、生长育肥栏等；按饲养头数可分为单栏和群栏；根据排粪区的位置和结构可分为地面刮粪猪栏、漏缝地板猪栏等。常用漏缝地板有水泥混凝土板块、金属编制网地板、工程塑料地板以及铸铁、陶瓷地板等。饲喂设备主要包括人工喂料设备和自动喂料系统。猪用自动饮水器的种类众多，生产中主要有鸭嘴式、乳头式、吸吮式以及杯式，根据猪场栏舍设计来选用合适的饮水器。猪舍环境控制主要包括降温和保温系统。降温系统一般包括鼓风机、水帘、喷雾等；保温系统一般采用热水采暖、热风采暖、地暖以及局部采暖。清洁设备主要有链式刮板清粪机、往复刮板清粪机。猪场还应根据实际情况选择配备消毒设备、生长测定设备、耳标或电子耳标、电子分辨处理系统等。

（五）粪污资源化利用主推技术模式

1. 污水处理技术　猪场污水中也含有有机物、氮、磷等成分，但肥料价值低，对其主要采取深度处理、养分浓缩利用等方式。国内外猪场污水的深度处理有人工湿地净化技术、生物膜处理技术，以及厌氧-好氧组合处理等技术。

（1）人工湿地净化技术。人工湿地作为一种低成本生态处理技术，其作用机理综合了物理、化学和生物的三重协同作用，表现为过滤、吸附、沉淀、离子交换、植物吸收和微生物代谢等多种途径，能有效去除有机物、氮、磷、重金属和病原微生物等。在生猪养殖业，人工湿地除了直接消纳冲栏废水外，更多是作为厌氧消化或者露天贮存池处理的后续处理设施。人工湿地与传统污水处理厂相比具有投资少、运行成本低等明显优势。植物是人工湿地的重要组成部分，人工湿地根据主要植物优势种的不同又可分为不同类型。

（2）生物膜处理技术。基于养分浓缩利用，开发的微滤、超滤、纳滤和反渗透等生物膜（以压力驱动的膜技术）可截留污水中不同大小的颗粒、溶解盐、有机分子，养殖污水中有机物、铵和磷酸盐等被截留而浓缩，同时产生的水可回用于养殖场生产。

（3）厌氧-好氧组合处理等技术。主要是对经过初步分离、无固体杂质的污水进行处理，通过添加微生物发酵分解污水中的有害物质，达到国家排放标准。厌氧发酵是废物在厌氧条件下通过微生物的代谢活动而被稳定氧化，同时伴有甲烷和二氧化碳的产生。厌氧方法虽然负荷高、去除有机物的绝对量与进液浓度高，但其出水化学需氧量（COD）浓度较高，需经好氧处理后才能达到较高的排水标准。

2. 粪浆处理与利用技术　粪浆即为液体粪便（主要为猪粪和猪尿），其固体物含量高于养殖污水，目前国内的水泡粪工艺形成的即为粪浆，将其直接作为有机肥料进行农田利用是一种经济实用且相对简单的方法，被世界各国广泛接受和应用。粪浆通过厌氧发酵产生沼气，利用沼气发电及余热高效转化技术、沼液浓缩技术、沼肥长期农田利用，实现粪便能源化和肥料化应用。由于粪浆和沼肥在贮存过程中会挥发大量的臭气（主要为氨气），为了防止污染环境和肥料肥效降低，现在主要通过粪浆酸化技术减少氨气挥发。

3. 猪粪抗生素残留处理技术 兽用抗生素因治疗、疾病预防和控制，以及促生长的需要被广泛应用于生猪生产中，然而30%～90%的兽用抗生素以原形或初级代谢产物的形式随粪便和尿液进入环境，最终通过食物链影响畜禽甚至人类健康，已成为备受关注的新型环境痕量污染物。抗生素残留处理技术主要有固体粪便堆肥、厌氧发酵、养殖污水生物膜技术和非生物膜技术以及人工湿地系统等，对抗生素残留均具有降解作用，同时也发现抗生素或代谢产物对厌氧发酵等过程具有一定的负面作用。对兽用抗生素的生物转化、光降解以及高级氧化等去除技术目前尚处于实验室研究阶段。

4. 病死猪处理与利用技术 国内病死畜禽处理主要采取填埋、焚烧、化制和高温生物降解等方式，但各有利弊。填埋后的尸体产生的降解化学产物对地表和地下水具有极大的污染风险；焚烧尸体不仅能耗高，而且会产生二噁英和呋喃等大气污染物；化制设施的投资高且处理过程中臭气污染严重，尸体收集运输存在疫病传播风险；高温生物降解将高温化制与生物降解相结合，在高温化制杀菌的基础上采用辅料对产生的油脂进行吸附，投资和运行成本相对较高。近年来，研究开发的死猪与猪粪一体化堆肥技术取得了较好的研究进展。

5. 畜禽粪污资源化利用模式 国家发展改革委员会会同农业农村部制定了《全国畜禽粪污资源化利用整县推进项目工作方案（2018—2020年）》，整合中央投资专项，重点支持畜牧大县整县推进畜禽粪污资源化利用。全国畜牧总站组织征集畜禽粪污资源化利用典型技术模式，在全国共收集了来自29个省份的239种技术模式，经专家筛选评审，总结提炼出种养结合、清洁回收及达标排放3个方面共9种畜禽粪污资源化利用主推技术模式。

对图1-1模式进行总结归纳，目前生猪产业废弃物资源化利用的生态养殖模式可分为以下3类。

（1）种-养-沼生态模式。种植业-养殖业-沼气工程三结合的物质循环利用型生态工程是将规模化猪场排出的粪污进入沼气池，厌氧发酵产生沼气，用于民用炊事、照明、采暖（如温室大棚等）及发电；沼液用来种菜

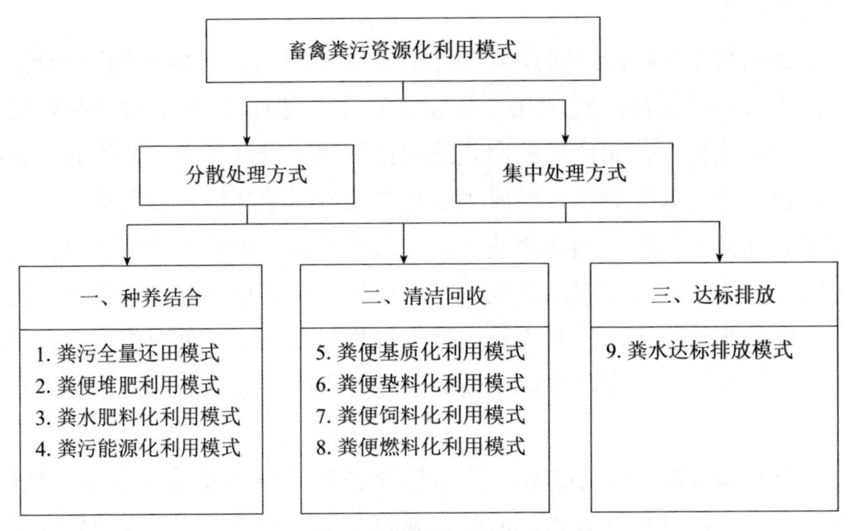

图 1-1　畜禽粪污资源化利用模式

喂猪、浸种、浸根、浇花，对作物、果蔬叶面、根部施肥；沼渣培养食用菌、蚯蚓、蝇蛆，可解决饲养畜禽蛋白质饲料不足的问题，也可用来还田增加肥力，改良土壤，防止土地板结。这是以生猪养殖为中心，沼气工程为纽带，集种养为一体的生态环保系统。这种模式改变了传统利用微生物进行粪便处理的理念，实现集约化管理，成本低、资源化效率高，无二次排放及污染，进而实现生态养殖，但对动物蛋白饲养温度、湿度、养殖环境、透气性要求高，适用于远离城镇，养殖场有闲置地，周边有农田，农副产品较丰富的生猪养殖场。

（2）发酵床养猪模式。发酵床养猪技术是一种最新的生态环保型养殖粪污处理工艺，它利用新型的自然农业理念和微生物处理技术，使用具有高效分解能力的微生物对猪粪、尿进行好氧发酵，分解粪尿中的有机物，消除养殖废弃物带来的恶臭，抑制害虫和病菌的繁殖，解决粪污水对环境的污染问题，给猪场提供一个良好的饲养环境。目前流行的异位发酵床技术的基本原理是将养殖的粪污收集后，加入适宜的专门化菌种，通过喷淋装置，将粪污均匀地喷洒在发酵槽内的垫料上，利用翻抛机翻耙，使粪污和垫料充分混合，在微生物作用下将粪污中的粗蛋白、粗脂肪、残余淀粉、尿素等有机质降解或分解成氧气、二氧化碳、水、腐殖质等，同时产生热量，中心发酵层温度可达 55 ℃以上，通过翻抛，水分蒸发，留下少量的残渣变成有机肥。这种模式粪便无害化处理较彻底，成本低，操作简单，污染少，但好氧堆肥发酵过程易产生大量的臭气，适用于规模化猪场。

（3）养-沼-肥生态模式。养殖业-沼气-有机肥生态模式主要将猪粪进行干湿分离后，干粪在具备防渗、防雨、防溢条件的堆肥场和贮粪池，通过自然界广泛分布的细菌、放线菌、真菌等微生物对其有机物进行氧化分解，最终形成稳定的腐殖质。再通过添加各种植物所需营养成分，用于生产各类有机肥。废液以沼气池为基础，通过厌氧发酵产生沼气用于发电、供热等。从沼气池出来的沼液通过氧化塘（三级沉淀池）、土壤处理法、人工湿地处理法等处理后，达到国家排放标准再排放。此种模式的粪水经深度处理后，实现达标排放，不需要建设大型粪水贮存池，减少粪污贮存设施用地，但粪水处理成本高，大多养殖场难以承受，适用于养殖场周围没有配套农田的规模化猪场。

二、生猪品种选择

（一）湖南省常见猪种介绍

常见引进品种有杜洛克猪、长白猪、大白猪、巴克夏猪等；常见本地品种有宁乡猪、沙子岭猪、湘西黑猪、大围子猪、黔邵花猪等；培育品种有湘村黑猪。

1. 引进猪种

（1）杜洛克猪。杜洛克猪主产于美国东北部，1978 年以来我国先后从英国、日本、美国、匈牙利等国引进。

杜洛克猪全身被毛为棕红色，深浅不一，由金黄色到棕红色均属纯种特征。杜洛克猪头较小而清秀，嘴短直，耳中等大，略向前倾，背腰平直或稍凸，体躯宽厚，全身肌肉丰满，后躯肌肉发达，四肢粗壮，蹄呈黑色而多直立。性情温顺，抗寒，适应性强。乳头 5～6 对（图 1-2）。杜洛克猪体型较大。成年公猪体重 340～450 千克，成年母猪体重 300～390 千克。繁殖性能中等，经产母猪产仔数 9 头以上，初生个体重 1.3 千克，60 日龄断奶个体重 16 千克。杜洛克猪生长迅速，育肥猪在较好的饲养条件下，5～5.5月龄体重可达90～100千克，30～100千克肥育猪平均日增重800克以上，每增重1千克消耗饲料2.8千克左右，胴体瘦肉率65%以上。湖南省育种、科研单位筛选出的最优杂交组合中，大部分是以杜洛克为终端父本，在商品猪生产中，多用作三元杂交的终端父本，或二元杂交的父本。

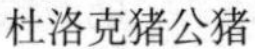
杜洛克猪公猪

杜洛克猪母猪

图1-2 杜洛克猪

(2) 长白猪。长白猪原名兰德瑞斯猪，原产于丹麦，是世界著名的瘦肉型品种。1964年由瑞典引入我国，是我国目前引进数量最多的猪种。

长白猪全身被毛白色，头狭长，颜面直，耳大向前倾，颈肩较轻，背腰长，体躯长，后躯发达，腿臀丰满，腹线直而不松弛，蹄直紧实，乳头6～7对（图1-3)。长白猪体型较大。成年公猪体重210～250千克；成年母猪体重180～200千克。经产母猪平均产仔数11.1头，初生个体重1.3千克，60日龄断奶窝重175千克，每头均重19.4千克，育成率为85.6%。肥育期生长速度快，平均日增重700克以上。

长白猪多年来已被我国各地广泛用作杂交父本。在湖南省主要用于第一父本、母本，在湖南省许多地方猪改良、品种选育中也曾用长白猪。

(3) 大白猪。大白猪又称大约克夏猪，原产于英国，是世界上分布较广的一个瘦肉型优良猪种。大白猪全身被毛白色，头颈较长，面宽而微凹，耳薄较大，稍向前立，体型较大体躯较长，胸部深广，背平直呈弓形，腹充实而紧凑，四肢较长而坚实（图1-4)。成年公猪300～500千克，母猪200～350千克。母猪性成熟较晚，初情期为5月龄左右，一般8～10

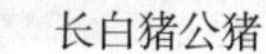

长白猪公猪

长白猪母猪

图 1-3　长白猪

月龄初配。经产母猪平均产仔数 12.1 头，产活仔数 10 头，60 日龄断奶窝重 130 千克以上。

用大白猪与湖南省地方品种杂交，其杂交后代的日增重、饲料转化率、瘦肉率都得到大幅度提高。

大白猪公猪

大白猪母猪

图 1-4　大白猪

（4）巴克夏猪。巴克夏猪是原产于英国巴克郡和威尔郡的古老品种。被毛黑色，头、尾和四肢末端有白毛而呈“六白”，头短小，嘴筒短，颜面稍凹，两耳竖立微前倾，颈粗短，胸深宽，背腰平直，四肢短而有力，躯体形似圆筒状（图 1-5）。在一般饲养管理条件下，公、母猪于 10 月龄、体重 100 千克左右开始配种。母猪平均产仔数 8 头左右，仔猪平均初生重为 1.4 千克左右。育肥猪平均日增重 670 克左右，屠宰率 72.2%以上。在湖南省主要用于父本。

巴克夏猪公猪

巴克夏猪母猪

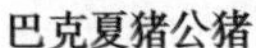
图 1-5　巴克夏猪

2. 本地猪种

(1) 宁乡猪。宁乡猪又称宁乡土花猪，原产于湖南长沙宁乡市流沙河、草冲一带。已有 1 000 余年的养殖历史。全国除西藏、台湾外，其余省、市、自治区均引进宁乡猪，湖南省内则几乎遍及各地，尤以桃江、安化、涟源、湘乡、洪江、邵阳等地引入较多。20 世纪 70 年代曾被联合国粮食及农业组织列为推荐品种，2006 年被农业部确定为首批国家级畜禽遗传资源保护品种。

宁乡猪属偏脂肪型猪种，具有繁殖率高、早熟易肥、肉质疏松、耐粗饲等特点，且在饲养过程中性情温顺，适应性强，肉质细嫩、肉味鲜美。体型中等，头中等大小，额部有形状和深浅不一的横行皱纹，耳较小、下垂，颈粗短，有垂肉，背腰宽，背线多凹陷，肋骨拱曲，腹大下垂拖地，耐寒性差，四肢粗短，前肢挺直，后肢弯曲，多有卧系，被毛为黑白花(图 1-6)。依毛色不同有乌云盖雪、大黑花、烂布花三种类型；依头型差异，有狮子头、福字头、阉鸡头三种。宁乡猪平均初产仔数 8.66 头，3 胎以上产仔数 11.96 头，产活仔数 11.71 头，断奶成活数 11.28 头，60 日断奶窝重 181.1 千克，成年平均体重 81.5 千克。

(2) 沙子岭猪。沙子岭猪原产于湘潭，主要分布于湖南省湘潭市、衡阳市和常宁市，此外，湘中、湘东、湘南和湘西一部分地区也有分布，是湖南省分布最广、数量最多的优良地方猪种，至今已有 4 000 多年的家养历史，2014 年入选农业部确定的国家级畜禽遗传资源保护品种。

沙子岭猪是肉脂兼用型地方猪种，是华中两头乌猪的主要类群。沙子

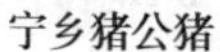

宁乡猪公猪

宁乡猪母猪

图 1-6　宁乡猪

岭猪头短宽，额部皱纹多呈菱形，皱纹粗深者称“狮子头”，头长直、额纹浅细者称“万字头”或“油嘴筒”；耳中等大、下垂。背腰多稍凹，四肢较结实，但常年圈养者多见卧系叉蹄。毛色为“两头乌，中间白”，即头、颈和臀、尾为黑色，黑白交界处有 2～3 厘米宽的黑皮生着白毛，称“晕带”，躯干、四肢为白色，额上有一小撮白毛，称“笔苞花”或“白星”，有的白毛延至鼻端称“破头花”，有的尾尖有白毛，少数猪躯干上有一、二块形状不规则的黑斑，称“腰花”或“点花猪”，头尾黑毛区较小，黑色区常以两额角为中心连于头顶，称“点头墨尾”（图 1-7）。沙子岭猪平均初产仔数 8.6 头，3 胎以上产仔数 12.3 头，产活仔数 11.5 头，断奶成活数 10.6 头，60 日断奶窝重 123.8 千克。肥育猪平均日增重 512 克，料重比 4.03，成年平均体重 87.6 千克。

沙子岭猪公猪

沙子岭猪母猪

图 1-7　沙子岭猪

（3）湘西黑猪。湘西黑猪产于湖南省沅江中下游两岸。其主要繁殖中心为泸溪县浦市镇，沅陵县大合坪乡及桃源县车湖垸乡（已撤销，现已划归漳江街道）、青林回族维吾尔族乡和枫树维吾尔族回族乡。湘西黑猪分布于古丈、辰溪等县，并销往邻近的慈利、石门、临澧等地，2006年入选农业部确定的首批国家级畜禽遗传资源保护品种。

湘西黑猪主要包括浦市黑猪（又称铁骨猪）、桃源黑猪（又称延泉黑猪）和大合坪黑猪三大类群。湘西黑猪体质结实，背腰平直，腹不拖地，四肢健壮，适应性强，耐粗放饲养管理，肥育猪屠宰率较高，后期脂肪沉积能力强，是适于山区饲养的优良地方猪种。湘西黑猪头中等大小，有长头型和短头型之分，额部有深浅不一的“介”字形或“八”字形皱纹，耳下垂。中躯稍长，背腰较宽平，腹大不拖地，臀略倾斜。四肢粗壮，卧系少。被毛黑色，偶在躯体末端出现白斑（图1-8）。160～240日龄肥育猪体重80.8千克，平均窝产仔数13.4头，窝产活仔数13.2头，仔猪平均初生重733克，断奶日龄58.30天，断奶重18.1千克，断奶仔猪成活数12.35头，仔猪成活率93.57%。

湘西黑猪公猪

湘西黑猪母猪

图1-8　湘西黑猪

（4）大围子猪。大围子猪，原产于湖南省长沙市郊的大托铺和长沙县的南托（大托铺和南托过去通称大围子），其中以新港、桂井、大托、南托、洋塘、杨桥等地为中心产区，广泛分布于长沙、湘潭、衡阳等地，2014年入选农业部确定的国家级畜禽遗传资源保护品种。

大围子猪具有早熟易肥，而且繁殖力较高。体型中等，头较清秀，耳中等大、下垂呈“八”字形，俗称“蝴蝶耳”。头有长头型和短头型之分，长头型俗称“阉鸡头”，额较窄，皱纹较浅，嘴筒圆而较细；短头型俗称“寿字头”，额较宽，皱纹较深，嘴筒粗而稍扁。脸稍凹，颈长短适中，胸宽而深，背腰宽、微凹，腹大略下垂，臀部宽而稍倾斜，十字部略高于鬐甲，形成了前高后低的体态。大腿较丰满，飞节上部皮肤有皱褶。全身被毛黑色，仅四肢下端为白色，俗称“四脚踏雪”或“寸子花”图（1-9）。

大围子猪平均窝产仔数 11.1 头，产活仔数 10 头，断奶成活数 9.8 头，60 日断奶窝重 118.8 千克。18～75 千克肥育猪平均日增重达 506 克，料重比 4.3，成年平均体重 75.4 千克。

大围子猪公猪

大围子猪母猪

图 1-9　大围子猪

（5）黔邵花猪。黔邵花猪产于湖南省雪峰山西南部，云贵高原的延伸地带，沅江上游及支流。其繁殖中心为新晃侗族自治县的凉伞、扶罗、贡溪和溆浦县的龙潭以及绥宁县的东山、朝仪等地。

黔邵花猪为肉脂兼用型猪种，具有适应性强、适用粗放饲养和管理、营养价值高等特点，其肉质鲜嫩、香脆、甜润、肥而不腻。黔邵花猪体型中等偏小，头较窄长，嘴鼻长直，耳中等大、向两侧倾垂，颈较细长，背腰平直或微凹，多为单脊，胸较浅窄，肋骨不太开张，腹较大，但少见下垂拖地，四肢结实，后肢有部分卧系（图 1-10）。黔邵花猪平均窝产仔数 9.8 头，初生窝重 8.1 千克，初生个体重 0.7 千克，断奶个体重 7.1 千克，断奶成活率在 90%以上，成年平均体重 72.5 千克。

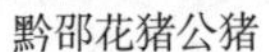

黔邵花猪公猪

黔邵花猪母猪

图 1-10　黔邵花猪

3. 培育猪种　湘村黑猪原名湖南黑猪，是以桃源黑猪为母本、杜洛克猪为父本杂交合成，并经继代选育而培育的瘦肉型猪新品种。湘村黑猪具有体质健壮、抗逆性强、产仔多、母性好、哺育能力强、生长发育快、饲料利用效率高、胴体瘦肉率高、肉质品质优良等特性，是生产优质商品瘦肉猪的好猪种。

湘村黑猪被毛黑色（允许肢、鼻和尾端有少许杂毛），体质紧凑结实。背腰平直，胸宽深，腿臀较丰满。头大小适中，有微凹，耳中等、稍竖立前倾。四肢粗壮，蹄质结实。乳头细长，排列匀称，有效乳头 12 枚以上（图 1-11）。平均窝产仔数 11.7 头，产活仔数 11.4 头，21 日龄窝重 48 千克，育成仔猪数 10.9 头，哺育率 96.6%；30～90 千克肥育猪平均日增重 690.6 克，料重比 3.34，达 90 千克体重日龄 175.8 天。

湘村黑猪公猪

湘村黑猪母猪

图 1-11　湘村黑猪

（二）适合湖南省养殖猪种

湖南省是以典型“粮、猪”型经济结构为主要特征的农业大省，地处长江中下游地区，洞庭湖以南，兼有平原、丘陵和山地分布，水系发达，属亚热带气候。光照充足，雨量充沛，适宜畜禽生长，形成了丰富的猪种资源。

适合湖南养殖的猪种除具有耐粗饲、抗逆性强、繁殖力高和肉质好等特点的本地猪种和培育品种外，还有杜洛克猪、长白猪、大白猪、巴克夏猪等具有生长快、饲料利用率高、瘦肉率高的引进品种，以及杂交后代二元、三元或四元猪种。

（三）不同地区如何选择合适猪种

在湖南生猪养殖的历史进程中，不同养殖产区的地域特色明显，大体可分为五个产区：①长株潭产区，包括长沙市、株洲市、湘潭市，是以省会城市长沙为核心的大中城市区，生猪养殖基础好、发展水平高，但受城市土地资源稀缺、人口密度较大、粪污处理困难等因素影响，近些年发展速度放缓，甚至在城市和城郊地区退出了生猪养殖。②湘南产区，包括衡阳市、郴州市、永州市，距离广州等发达城市较近，区位优势明显，是湖南的主要外销生猪养殖基地，养殖基础好，规模化养殖发展迅速。③湘中产区，包括邵阳市、娄底市，位于湖南地理版图的中心位置，是传统的生猪养殖主产区，一直保持稳定发展态势。④洞庭湖产区，包括岳阳市、常德市、益阳市，是以洞庭湖为核心的区域，地势相对平坦、人口密度较大、饲料资源丰富，是湖南的粮食主产区和商品猪生产基地，但是洞庭湖周边的规模养殖粪污处理等环境约束问题越来越突出。⑤湘西产区，包括湘西自治州、怀化市、张家界市，属武陵山区，人口相对分散，交通相对滞后，经济条件相对落后，生猪养殖以散养为主，但近些年该产区以其得天独厚的山地资源承载优势正在加速推进标准化规模化养殖。

猪品种的选择对养殖户来说非常关键，主要受饲料供应、养殖基础、政策环境、经济条件、地理空间等因素影响。饲养目的不同，饲养的品种和要求也不同，如生产商品仔猪或自繁自养进行育肥，应饲养法系长白和大白母猪，或饲养含地方血统的二元杂交母猪，这种母猪抗病力强、产仔数多、奶水好、发情明显、繁殖利用年限长，或不含皮特兰血统的长大

（长白公猪与大白母猪杂交）和大长（大白公猪与长白母猪杂交）二元母猪。如果饲养的目的是提供种猪，那么就应该选择引进品种的纯种猪（没导入皮特兰血统），如美系杜洛克、法系长白和大白种猪做繁殖父母代种猪。

（四）购买种猪应掌握的基本原则

种猪质量直接影响到猪群的生产性能，是决定养猪场经济效益的关键因素之一。因此，科学选择优秀种猪成为现代养猪生产中一项重要技术。引种必须遵循“不断引进优秀基因，保持种群良好繁殖能力”的基本原则。母猪每年更新30%左右，公猪更新40%～50%，以提高猪群的生产性能和销售竞争力。

1. 种猪选择基本要求　除特殊需要从国外引进种猪之外，建议优先在全国92家国家生猪核心育种场购买种猪，也可以从持有有效《种畜禽生产经营许可证》的一级以上种猪场购买，可以登录国家种畜禽生产经营许可证管理系统查询。要求购买的种猪耳号清晰可辨，按照全国统一的种猪编号系统进行编号，系谱档案资料完整可靠，经过生产性能测定，表型值信息和育种值信息齐全，遗传评估优良。具有种猪合格证明、检疫合格证明及发票，同时能够提供动物疫病防疫机构出具的近两年疫病病原检测阴性报告，如果条件许可，最好现场采集血液进行检测，确保购买的种猪健康。

2. 体型外貌选择　体型外貌选择主要是通过肉眼观察种猪的外貌、体型、体质、肢蹄等外部特征特性进行选择，是长期以来猪场购买种猪的主要选择方式。该选择方式的最大不足是忽视了种猪最主要的选择指标——生产性能，体型外貌良好的种猪生产性能不一定是最好的，在实际生产中，建议与生产性能成绩选择结合应用。体型外貌选择时，应以《杜洛克猪种猪》（GB/T 22285—2008）、《长白猪种猪》（GB/T 22283—2008）、《大约克夏猪种猪》（GB/T 22284—2008）等不同种猪品种标准为重要参考依据，要求品种特征明显，整体结构匀称；四肢结实有力，肢蹄结构良好；乳头排列整齐，发育良好，无瞎乳头、翻转乳头等遗传缺陷；公猪睾丸发育正常，包皮内无明显积尿，无单睾、隐睾、疝气等遗传缺陷；母猪外阴发育良好，无阴户过小、过度损伤等症状。

3. 系谱资料选择 生产中，购买尚未达到目标结测体重的种猪或没有个体本身生产成绩的种猪时，可以利用系谱资料进行选择，要求种猪场提供清晰、完整的三代以上系谱资料，根据系谱资料显示的本身窝产仔数、同窝活仔数、乳头数，父母生产成绩，父母及祖父母个体编号等选择优秀种猪。实际生产中，可以选择窝产仔数 10 头以上、乳头数 7 对以上，父母育种值及育种指数达到一定要求的种猪，也可以通过个体编号识别其父母及祖父母是否来自国外或国家生猪核心育种场等选择优秀种猪。

4. 生产性能成绩选择 随着全国生猪遗传改良计划的实施推进，依托全国种猪遗传评估中心和区域种猪遗传评估中心，大力开展种猪生产性能测定，逐步形成了场内测定和集中测定相结合的种猪测定体系，为根据生产性能成绩选择优秀种猪奠定了良好基础。

当前，种猪场提供的种猪档案证明上显示的生产性能指标主要有 100 千克体重日龄、校正背膘厚、总产仔数等表型值信息和 100 千克体重日龄估计育种值（EBV）、100 千克体重背膘 EBV、总产仔数 EBV 以及父系指数、母系指数等育种值及指数信息。测定中心提供的种猪测定报告上显示的主要是校正至 30～100 千克日增重、校正至 100 千克体重日龄、校正至 100 千克体重背膘厚以及测定期饲料转化率等指标。

对于种猪场提供的种猪档案证明，杜洛克猪重点选择父系指数，大白、长白猪重点选择母系指数，指数越高越好。100 千克体重日龄 EBV、100 千克体重背膘 EBV 选择负值，总产仔数 EBV 选择正值。对于测定中心提供的种猪测定报告，参考种猪品种标准，在符合种猪品种标准的基础上，选择校正至 100 千克体重日龄、校正至 100 千克体重背膘厚以及测定期饲料转化率数值小，校正至 30～100 千克日增重数值高的种猪。

5. 种公猪精液选择 通过外购种公猪商品精液，可以提高选择强度、降低生产成本、减少疫病传播等，购买种公猪精液是选择种公猪的理想方式。实际生产中，可以优先在全国生猪遗传改良计划种公猪站或持有有效《种畜禽生产经营许可证》的省级种公猪站购买种公猪精液，最好是疫病净化示范种公猪站。要求提供种公猪档案证明，种公猪必须经过生产性能测定，综合指数在 120 以上，且 100 千克体重日龄 EBV、100 千克体重背膘 EBV、总产仔数 EBV 等单项指标达到一定要求。精液包装完好，标识清楚，详细记录生产单位、品种、种公猪耳号、剂量、精子活力、精子密度、精子畸形率、有效期等信息。精液使用前进行抽检，精子活力、精子密度、精子畸形率等达到一定要求，确保精液质量。

6. 综合选择　在满足种公猪选择基本要求的同时，将体型外貌、系谱资料、生产性能成绩等结合起来，是选择优秀种猪的科学方式，也是今后应该大力推广的优秀种猪选择方式。生产中，应该根据系谱资料，将生产性能成绩与体型外貌结合选择优秀种猪，做到体型外貌和生产性能有机统一，避免出现唯体型外貌选择和唯生产性能选择两个极端，坚持生产性能成绩选择为主，兼顾体型外貌选择的原则。建议种公猪综合指数高于120，母猪综合指数高于110，或被选择种猪综合成绩在选择场排名前30%以内，且单项指标达到合格标准以上。

（五）异地调运、长途运输的注意事项

1. 运输前注意事项

（1）选择好适宜的季节和起运时间。由于春秋季节的气候较为温和，是运输活猪的最适宜的季节。若必须在夏季运输活猪时，要切实做好防暑降温措施，并安排好起运时间，一般选择下午装车、晚上行走；在冬季运输时则要做好保暖措施，车厢内要铺满稻草，并在车外包上棉被，多选择在白天时运输。

（2）选择与活猪运输量相适应的运输工具。装载空间要足够，车厢内要安有笼子，笼子应分成小格，每格只装3～4头猪以免因严重挤压、踩踏而导致猪只受伤或者死亡；车厢要保持通风良好，因此车辆一般是敞篷，护栏则为栏栅式；为了预防下雨或夜间温度降低使猪只受到伤害，还要备有篷布；车厢可铺上垫草或草木灰，可以有效地避免猪只打滑；最后在装猪前要做好消毒工作，以免带有传染病，一般使用5%甲醛溶液、5%百毒杀或3%氢氧化钠溶液对运输车辆进行彻底消毒。

2. 运输途中注意事项　车辆出发后路线的选择非常重要，避免道路崎岖或堵车拉长运输时间，应尽量行驶高速公路；选择熟悉路线的司机开车，刚开始时应控制车速慢行，待猪只适应后再以正常速度行驶，尽量避免出现急转弯或急刹车，减少猪只挤压；经过疫情地区少停车，避免感染疫病。猪在运输途中易发生应激反应，因此要做好应激的预防与处理工

作，可在饲料中添加电解多维、补液盐等，并且饲料要易于消化。尤其在夏季，外界环境温度高，再加上粪尿蒸发，车厢内的温度升高，湿度过大，猪易引发严重的热应激，如果不及时处理会导致猪只发生脱水、肺水肿、消化机能减退等现象，严重时会导致死亡。在夏季要用干净的水多次喷洒猪体，对于出现全身震颤、高热的猪只，可肌注盐酸氯丙嗪；冬季气温低时要防止猪只相互拥挤，避免造成伤亡事故，发现猪只打堆应及时赶散，对一些烦躁不安的猪可以注射少量的镇静剂，防止互相打架造成损伤。如猪群中发生传染病时应及时通知有关部门，暂停运输，严格消毒，并根据疫情及时上报就地处理。如途中发现死猪，尸体不得随意乱抛，应立即隔离消毒，同时要检查栏门，看是否有松动情况，避免掉猪等意外发生。

3. 并群注意事项 新引进的种猪，应先饲养在隔离舍。如果直接转进猪场生产区，极可能带来新的疫病或者由不同菌（毒）株引发相同疾病。引进的种猪必须进行一段时间（30～40 天）的隔离饲养，一方面观察其健康状况，适时进行免疫接种，同时适应当地的饲养条件。

种猪到达目的地后，立即对卸猪台、车辆、猪体及卸车周围地面进行消毒，然后将种猪卸下，按大小、公母进行分群饲养，有损伤、脱肛等情况的种猪应立即隔开单栏饲养，并及时治疗处理。

先给种猪提供饮水，休息 6～12 小时后可供给少量饲料，第二天开始可逐渐增加饲喂量，5 天后才能恢复到正常饲喂量。种猪到场后的前两周，由于疲劳加上环境的变化，机体对疫病的抵抗力会降低，饲养管理上应注意尽量减少应激，可在饲料中添加抗生素和多种维生素，使其尽快恢复正常状态。

种猪到场后必须在隔离舍严格检疫，特别是对布鲁氏菌病、伪狂犬病等疫病要特别重视，须采血送有关兽医检疫部门检测，确认没有细菌感染和病毒感染，并监测猪瘟等抗体情况。隔离期结束后，对该批种猪进行体表消毒，再转入生产区投入正常生产。

三、养殖生产技术

（一）如何加强猪场生物安全措施

猪场生物安全体系是为了防止和阻断病原体传入猪场和在猪场内传

播，保证猪群健康与安全而采取的一系列综合防控措施。因此，阻止外源性病原入侵是构建猪场生物安全体系的重点和关键环节。

1. 隔离　隔离是一种阻止外来病原微生物入侵的有效手段。外出工作人员归来，需在隔离区隔离2～3天，方可进入场区；外来车辆一律严格控制停放在生产区以外，如果必须进入生产区，车辆经消毒通道严格消毒管理。

2. 消毒　消毒是应用物理、化学和生物学方法杀灭或者清除病原体的方法，是切断传播途径、阻止传染病流行的重要手段。猪场消毒主要包括生产区圈舍内消毒、车辆消毒、人员消毒、物质消毒等。如果猪场内部，或者外界发生烈性传染病时，务必采取严格消毒制度，每天消毒一次，将散布于环境中的病原体杀灭；车辆是当前外来病原入侵的重要途径，特别是运输猪只的车辆，务必严格消毒。在烈性传染病暴发期间，如口蹄疫或者非洲猪瘟流行时，外来车辆严禁进入场内，生猪的装卸应在围栏外特设区域完成。装运后，对运输车辆进行清洗、消毒，参与装卸的猪场工作人员，如果再次进入猪场，必须消毒、洗澡、更换衣服和鞋子。

3. 驱虫和免疫　猪只易感染寄生虫，并且寄生虫的繁殖和传播速度快，易造成全群感染，给生产带来严重的经济损失，因此要定期对猪群进行驱虫。种猪要每3个月驱虫1次，保育猪转入育肥舍时驱虫1次，新引进的种猪在隔离期也要驱虫1次。另外，春秋两季也要对猪群进行驱虫，驱虫药物要选择广谱、安全、低毒的药剂，驱虫后马上对粪便进行无害化处理，以彻底杀灭虫源。

免疫接种可使猪体产生特异性抵抗力，用以预防和控制传染病。在接种前要根据本场的实际情况及本地区的疫病发生情况制定科学合理的免疫程序。

4. 饲养管理　规模猪场最好坚持自繁自养的养殖方式，还要采取全进全出的饲养方式，便于管理。对猪群实行科学饲养，根据不同阶段猪只的生长需求提供适宜营养，同时科学使用保健类药物，增强猪群抵抗力。另外，还要加强猪群管理，减少不良因素的刺激，避免应激反应的发生；加强猪场环境控制，给猪群提供适宜的生长环境。

（二）猪群的分段饲养

在生产过程中，根据猪不同阶段的生长特点进行合理饲喂，既可降低饲养成本，又能获得理想的经济效益。

猪的生长主要分为如下几个阶段：哺乳仔猪、断奶保育猪、生长育肥猪、后备猪、妊娠母猪、哺乳母猪、断奶空怀母猪、种公猪。

（三）各阶段猪只的营养需求

猪只的生长发育呈S形曲线渐进的增长过程，实际营养需要量随着每天的生长发育而发生变化，不同阶段应提供不同营养组分的日粮，以尽可能地接近特定阶段的营养需求。

1. 哺乳仔猪的营养需求 哺乳仔猪生长发育快，物质代谢旺盛，特别是蛋白质代谢和钙、磷代谢要比成年猪高得多。20日龄仔猪每千克体重沉积的蛋白质，相当于成年猪的30～35倍，每千克体重所需代谢净能为成年猪的3倍。可以看出，哺乳仔猪对营养水平需求高，对营养不全面的饲料反应特别敏感。因此，对仔猪必须保证各种营养物质的供应，补饲的饲料含可消化能不低于13.28兆焦/千克，粗蛋白不低于20%。

2. 断奶保育猪的营养需求 保育料中蛋白质来源对仔猪小肠绒毛萎缩的程度有较大的影响，应尽可能提高断奶仔猪饲粮中动物蛋白比例，可在保育料中添加鱼粉、脱脂奶粉、乳清蛋白粉。一般来说，保育料中粗蛋白含量应控制在18%～20%，植物混合油的添加比例一般为2%，消化能应控制在13.8兆焦/千克左右。日粮中添加适量的酸化剂、酶制剂等可有效防止仔猪腹泻，促进仔猪生长发育。

3. 生长育肥猪的营养需求 生长育肥猪是指体重在30～100千克这一阶段，在这一生长过程中，又可划分为生长期和育肥期两个阶段。一般以体重30～60千克为生长期，60～100千克为育肥期。生长期要求能量和蛋白质水平高，从而促进肌肉发展和体重增长；育肥期则控制能量，减少脂肪沉积。育肥猪饲粮含消化能12.55～13.28兆焦/千克，粗蛋白水平在生长期为16%～18%，育肥期为13～14%。以谷实、豆饼为基础的生长育肥饲粮，补加0.1%～0.15%赖氨酸，饲粮粗蛋白水平可下降2%。

4. 后备母猪的营养需求 后备母猪的生理特点是体况尚未成熟，能量摄入一方面要满足自身生长发育需要，为保持良好的体况打下基础，另一方面又不能过肥。所以，后备母猪选留后要供给高营养水平的饲料，饲喂高能量水平的日粮以保证足够的体脂储备，为将来繁殖打好基础。但在

70 kg以后，应该根据膘情适当控制采食量，不使母猪过肥或过瘦，直至配种前3周开始增加喂料量，提高营养水平和能量摄入量，以增加母猪排卵数。同时，要提供高质量的蛋白质，以确保稳定的体增长。后备母猪一般在体重40千克左右时开始选留。40～70千克体重阶段饲粮消化能一般为13.06～13.39兆焦/千克，70千克至配种体重阶段饲粮消化能一般控制在12.95～13.06兆焦/千克；饲粮粗蛋白含量在两个体重阶段一般分别要求在16%～17%和15%～16%；后备母猪对钙、磷需要量高，钙含量应比同阶段育肥高0.1%，有效磷水平提高0.05%，总体来说，钙含量0.9%～1%，有效磷含量0.7%～0.8%。

5. 其他阶段母猪的营养需求 空怀母猪应给予短期优饲，促进正常排卵与受胎，饲粮消化能12.5兆焦/千克，粗蛋白含量14%以上；妊娠母猪营养供给的要求是保证胎儿发育，提高仔猪出生重和母猪产后泌乳的营养储备。母猪妊娠期增重约40千克，其中子宫内容物约20千克，胎儿重量在妊娠90天后快速增长，如果以85天为界限分为妊娠前期和妊娠后期，那么妊娠后期营养需要大于妊娠前期；哺乳母猪由维持泌乳和生命活动两个部分组成，因此哺乳母猪的营养需要较高，体重150～180千克哺乳10头仔猪的瘦肉型母猪每日需饲粮消化能62.76兆焦/千克，一般地方品种母猪约需46兆焦/千克，粗蛋白14.55%。

6. 公猪的营养需求 公猪要保持种用状况、性欲旺盛、精力充沛、配种能力强、精液品质优良，合理供给营养是基础。蛋白质水平是影响精液品质的重要因素之一。培育期公猪、青年公猪和配种期公猪饲粮粗蛋白水平应保证15%以上，非配种期公猪的饲粮粗蛋白应大于12%，饲粮消化能12.35兆焦/千克。另外，种公猪补充锌、碘、钴、锰对精液品质有明显提高作用。

（四）引进猪只后如何提高猪群健康状况

1. 隔离 引进猪只时应先隔离，隔离时间为30天。隔离舍应采取“全进全出”管理方式，两批引种间隔期间应进行彻底冲洗消毒，并保持干燥。隔离舍距原有猪群距离应在100米以上，有利于减少潜在病原通过空气传播的危险。引种7天内，应对猪群加强管理，供给新鲜饲料和保健类药物，所有猪只都应按与原有猪群相同的免疫程序进行免疫。

2. 适应 适应，就是让新引进的种猪在一个控制的环境中，与已存在的病原接触，使猪只对这些病原产生免疫力，而又不表现明显的临床症状，适应时间需 30～45 天。理想的适应程序应在隔离舍进行，适应方式可通过免疫、药物添加、与猪只接触和人工接种来完成。在隔离期最后 7 天和适应期前 7 天，需在饲料中添加广谱抗菌药物（治疗剂量的 1/3～1/2）。如果不发生疾病或发病不明显，就应停止添加药物，让猪只对新环境和病原产生适应或免疫力，适应期间同时要避免寄生虫的感染。

（五）如何避免猪只混群后的打架行为

猪群混养时常常会发生猪只打架现象，这是猪的天性，需要建立阶层关系决定摄食次序。解决猪的攻击性问题在猪群研究中十分重要，以下总结了几个方面的控制措施。

（1）混群前，可在猪身上喷洒来苏儿，并安排在晚上合群。

（2）将大小、体重相近的猪只放在同一圈内饲养。

（3）增加饲养空间有助于减少猪群的攻击性。一头猪所占面积夏季以 1.5～2 米^{2}为宜，冬季以 1.2～1.5 米^{2}为宜。

（4）提供充足的料槽和饮水槽空间，减少猪只聚集抢食饮水的攻击性行为。

（5）对于经产母猪和后备母猪，可以设置障碍物，利于被攻击母猪躲藏。

（6）饲料营养供给充足均衡，矿物质、维生素、氨基酸、微量元素的缺乏可能引起猪只咬尾。

（7）同一品种的不同猪只之间的攻击性有很大差异，研究显示攻击性行为遗传指数在 0.43 左右（中等），欺凌的遗传性在 0.31 左右。通过基因组研究，筛选出有攻击性的动物是可能的。

（六）提高猪只采食量的措施

1. 根据猪只的营养需要，配制全价饲料 根据猪只不同生长阶段、不同品种饲养标准科学配制日粮，确保营养全面。配制日粮首先要考虑饲料能量水平，能量含量直接影响采食量。其次还要考虑饲料中蛋白质的水平和氨基酸之间是否平衡，尤其是饲料中赖氨酸、蛋氨酸的含量，对采食量影响较大。还要考虑矿物质和维生素的含量，如缺乏铜、铁，会引起贫血，采食量会下降。维生素 B_1、维生素 B_2、维生素 B_{12} 和烟酸、泛酸的缺乏，也会对采食量产生影响，导致食欲降低、采食量下降。

2. 选择适合的原料，科学调制，提高饲料适口性 选择来源可靠、营养成分含量高、无有毒有害成分的饲料原料来配制日粮。为了提高饲料适口性，可以对饲料原料进行适当加工，如粉碎、压扁、膨化、脱毒等，还可提高饲料消化率；配制的饲料应尽量减少容积，尽量少用麸皮、米糠等容积大、粗纤维含量高的饲料原料。还可以在饲料中添加酸制剂、酶制剂、微生态制剂、甜味剂、香味剂等，提高猪只采食量，改善胃肠道环境，提高饲料利用率。

3. 改善饲喂方式 在使用干喂还是湿喂［现在喂猪用料共有三种：干粉料、湿拌料（水料 1∶1）和稀料］的问题上，研究表明，湿拌料喂法采食量最好，稀料最差，稀料因含水量多，稀汤灌大肚，导致消化液分泌减少，加速胃排空，使饲料在胃内停留的时间缩短，势必降低饲料营养成分的消化率；湿拌料能加强猪的咀嚼机能，促进消化液分泌，延长饲料在胃内停留的时间和提高营养成分的消化率。

采用少量多餐的饲喂方式可以刺激猪只保持旺盛的食欲，提高采食量。母猪分娩后前 3 天，可日喂 2 次，之后可增加到日喂 3 次，并根据采食量确定每次的饲喂量。

4. 保证充足卫生的饮水 水是生命的源泉，也是运送营养的必需物质。缺水导致猪只食欲明显减退，尤其不爱吃干粉料，随着失水的增多，猪的食欲可能完全废绝。因此，保证猪只充足卫生的饮水，也是提高其采食量的重要因素之一。

5. 提供猪群适宜的生存环境 适宜的温度与湿度、良好的通风条件、无蚊蝇、适当的活动空间、安静的环境等对提高猪只的采食量都有较大的帮助。一些猪病如寄生虫病、感冒等，养猪过程中的转群、并圈、换料等都会对猪只的采食量有所影响。因此，在饲养管理方面，应尽可能降低这些因素的产生，可考虑在饲料或饮水中添加一些抗应激的添加剂，以缓解应激作用。

（七）提高初生仔猪成活率的措施

1. 分娩舍要搞好环境卫生，注意消毒 待产母猪进入产房之前要将产房清扫干净，用消毒液对地面、墙壁和圈栏进行全面彻底的消毒。墙壁、门窗有破损时应进行修补，防止贼风，保持温、湿度良好，同时检查保育箱、产热灯、水嘴、饲槽等功能是否正常。

2. 母猪产前“减毒” 妊娠85天至分娩前5～7天，用有关敏感药物做好“母猪减毒”工作，主要是对蓝耳病、圆环病毒感染、繁殖障碍型猪瘟、伪狂犬病、支原体感染等经母仔传播或并发的病原提前处理，降低发病率，并且在妊娠后期做好抗应激工作，以防流产。

3. 加强营养供给，短期优饲 妊娠后期要加强营养供给，进行短期优饲。如每头每天增喂1千克以上混合精料或在原饲粮基础上添加动物性脂肪或植物油脂（占日粮的5%～6%），有助于提高仔猪初生重和存活率；补充脂肪还有利于提高初乳和常乳的含脂率。母猪产前7天，在日粮中添加维生素C，可大大减少仔猪脐带出血及死胎。

4. 做好疫苗免疫工作 在母猪分娩前40天做好大肠杆菌病、仔猪红痢、萎缩性鼻炎、伪狂犬病等的免疫工作，建议免疫前后使用清开灵注射液注射1～2次，提高免疫，缓解免疫应激；分娩前15～20天使用阿维菌素片等进行驱虫保健。

5. 尽快吃到初乳 仔猪出生后立即擦干黏液，尤其是口与鼻的黏液。初乳中含有大量的免疫球蛋白，丰富的维生素A、维生素C、维生素D和多种生长因子。尽量使仔猪初生后2小时内吃到初乳，促进胎便排出，增强适应能力，提高抗寒能力。

6. 保温防压 适宜的温度是仔猪存活的关键。新生仔猪怕冷，温度低仔猪生长发育慢，疫病多，成活率低。1～7日龄仔猪适宜的环境温度是32～28℃，妊娠母猪的适宜温度是15～18℃，产房温度高会引起母猪不适和能源浪费。为满足仔猪对温度的要求，可为仔猪创造单独的环境——仔猪保育箱。在仔猪保育箱内铺上柔软的垫草，可避免仔猪冻死和压死，减少仔猪接触粪便的机会。

7. 固定乳头 仔猪出生后2～3天，人工辅助固定乳头，使全窝仔猪生长发育均匀健壮，提高成活率，且提高母猪的泌乳量。固定乳头时，应将体型大的仔猪放在后面的乳头上，体型大的仔猪按摩乳房有力，可增加后部乳房的泌乳能力。将体型小的仔猪放在前面奶多的乳头上，以弥补先天不足。母猪所有乳头尽量都不空，使所有乳房都得到充分发育，提高母猪利用率。

8. 补铁补硒　仔猪体内和母乳中含铁量少。仔猪缺铁时会发生营养性贫血，生长停滞，直接影响仔猪体重，严重者死亡。补铁方法是在仔猪3日龄和10日龄分别肌内注射右旋糖酐铁注射液1毫升和2毫升。补硒要在仔猪出生后3天内，肌内注射0.1%亚硒酸钠0.5毫升，断奶时再注射1次，也可注射铁硒合剂。

9. 寄养　寄养是提高仔猪成活率的有效措施。对产仔数过多、无奶少奶、产后死亡母猪的仔猪都应采取寄养方式。寄养时分娩母猪产期尽量接近，最好不超过3～4天，且必须让被寄养的仔猪吃足自己母亲的初乳。选择的寄养母猪应泌乳量高、性情温顺、哺乳性能强。

10. 补水补料　3日龄仔猪需提供清洁饮水，7日龄需开食补料。开食料以甜味和乳香味为主，料型以颗粒料为佳，糊状料比破碎料效果好，少喂勤添。补料可以减少断乳所带来的应激，使仔猪尽量提高对饲料的消化能力，促进胃黏膜的形成。

11. 防病　预防接种是防止仔猪传染病发生的有效措施。根据实际情况制定符合自己猪场的免疫程序，适时进行猪瘟、口蹄疫、仔猪副伤寒、猪丹毒、猪肺疫等疫病的预防接种。进猪前应彻底清舍，先氢氧化钠消毒，再熏蒸消毒。每天定时清粪，一天两次，防止病原微生物滋生。

（八）提高断奶仔猪体重的措施

提高断奶仔猪体重的技术关键是根据仔猪的特点进行分析，抓住初生、补料和断奶三个关键时期，加强饲养管理，促进仔猪增重，其具体措施如下：

1. 固定乳头　在正常情况下，仔猪出生后靠触觉寻找乳头吮乳，并具有固定乳头吮乳的习性，但自行固定需时较长，弱小仔猪常被健壮仔猪挤掉。另外，母猪的乳房没有乳池，不能随时排乳，且放乳时间很短，仔猪争斗会影响哺乳，应在仔猪出生后加以人工辅助尽快让其固定乳头吃奶。

2. 及时补铁　铁是造血的营养物质，新生仔猪体内铁的贮存量一般为50毫克，每日生长代谢约需消耗7毫克，而从100毫升的母乳中仅得到0.2毫克左右的铁。因此，仔猪得不到铁的补充，7日龄左右易出现缺铁性贫血，生长发育受阻，食欲减退，抵抗力下降，易患白痢。

3. 适时补料 哺乳仔猪必须进行补料。最有效的方法是强制补料，仔猪7日龄时，定时将母猪限位区与仔猪活动区封闭，在仔猪补料槽内加料，仔猪因饥饿而找寻食物，然后解除封闭，让仔猪哺乳，短期内可达到提前开食的目的。饲料形态应优先选择膨化颗粒料，选用和配制适口性、安全性、营养性、消化性好的仔猪料，确保仔猪料的质量，宜采用自由采食。仔猪开食后，随着消化机能的日趋完善和体重的迅速增加，食量逐渐增大，即进入旺食阶段。

4. 提高母猪的泌乳力 按营养需要做好母猪产前减料和产后逐步加料的工作。泌乳母猪应适当增加青绿多汁饲料的饲喂量，丰富蛋白质饲料种类，提高必需氨基酸含量。管理程序要有条不紊，创造安静环境，保持圈舍清洁干燥，做好乳房消毒卫生，适当增加日喂次数，以保证母猪的正常泌乳，切忌突然变更饲料。

5. 提高仔猪的初生重 仔猪的初生重与存活率、哺育率和断奶重密切相关。初生重大，存活率、哺育率高，断奶体重亦大。“出生重一两、断奶重一斤、出栏重十斤”的俗语说的就是这个道理。初生重1.3～1.5千克与1.0千克的仔猪相比，前者断奶重可比后者提高2.5千克。提高仔猪初生重应重视种猪的选择，同时要加强妊娠母猪饲养管理。由于繁殖性状的遗传力低，可采用不同品种或品系间的杂交，以提高仔猪的初生重。

（九）缩短育肥猪出栏时间的措施

1. 育肥猪出栏时间的影响因素

（1）猪的品种。猪的品种直接决定了其生长发育和生产性能，不同品种的猪在相同外界环境条件下的生长速度和饲料转化率均不相同，这就影响其增重和出栏时间。目前我国地方品种的生猪生长速度较国外引进品种的速度要慢一些，但适应性强，肉品质好。所以，在饲养初期就应选择合适的品种，符合饲养目的。

（2）营养因素。营养因素是在相同品种的基础上最重要的因素，关系着猪只的生长和育肥。如果饲料营养不够全面均衡，或者是饲料适口性较差，直接影响到猪只对营养的摄入，使其出栏时间延长。尤其饲料中缺乏蛋白质、微量元素和维生素，或者是钙磷比例不合理会使猪生长变慢，甚至会停止生长，还可能出现负增长或者形成僵猪。另外，饮水量不足也会使猪的出栏时间延长。

（3）管理因素。日常饲养管理过程中，如果没有做到精细管理，会造成母猪生产性能下降，弱仔多，而且母猪的乳汁质量较差或者是乳汁不够，导致仔猪在出生后体质较差，生长发育不良，饲料转化率不高，影响其出栏时间。在养殖过程中温度、湿度、密度和通风都会影响猪的正常采食，导致采食量下降，影响出栏。

（4）病变因素。猪在患病时食欲会下降，甚至不食，这会影响其正常生长。尤其是在感染寄生虫后，其在猪体内外摄取营养物质，使猪只自身营养物质被消耗，严重影响饲料转化率；患有一些传染病也会导致其身体机能下降，食欲减退，甚至引起死亡。

2. 缩短育肥猪出栏时间的措施

（1）筛选优良品种。不同品种的猪具有不同的生长发育特点，瘦肉型猪生长速度快于本地猪种，而且瘦肉率更高，出栏时间明显缩短。我国常选用的育肥猪多是国外品种与本地品种进行杂交的三元杂交品种，其特点是增重快、饲料转化率高、胴体瘦肉率高、肉质好。

（2）提高饲粮营养。选定品种后，为充分发挥猪的生产性能，需要给猪提供充足的营养。猪的育肥通常分为3个阶段，即小猪、中猪和大猪阶段。不同阶段需要的营养物质不同。根据生长发育规律，小猪主要是骨的生长阶段，中猪是肌肉的迅速生长阶段，大猪更多是脂肪的生长和沉积阶段，不同阶段所需的蛋白质和能量物质有所不同。

育肥通常分为育肥前期和育肥后期，育肥前期是猪体重在60千克以内，当体重达到并超过60千克时为育肥后期。前期对蛋白质需求量较高，通常为16%～18%。育肥后期对蛋白质需求量下降到12%～14%，但这个阶段需要更多的能量。在日粮中含有充足的蛋白质和能量物质的同时，还需要关注维生素、矿物质和必需氨基酸的添加量。

（3）做好饲养管理。饲喂方式的不同会影响猪的育肥效果。在猪养殖过程中，常用的饲喂方式主要有两种：一种是自由采食，另一种是限量饲喂。利用自由采食的饲喂方式来饲喂育肥猪具有较高的日增重，猪的膘情较厚；而利用限量饲喂对猪饲喂会有相对较薄的膘情，但这种方式节省饲料，有较高的饲料利用率。在实际生产中，多是采用这两种方式相结合。在育肥前期多是采用自由采食的方式，而后期多采用限量饲喂的方式。

限量饲喂还有一些需要注意的关键点。饲喂时需要注意日粮中营养物质的含量要与猪对营养物质的需求量相符合。还需要确保每头猪都能采食到相应量的饲料，以保持其均匀度。饮水的供应需要根据猪自身的体重和采食量来确定。通常在冬季，猪的饮水量较少，仅需要其自身体重的10%左右的水量；而在春秋季节需水量增加到16%；夏天的需水量需要达到自身体重的23%左右。需要提供清洁的饮水且水温要适宜。

(4) 疫病防控。疫病控制需要针对不同日龄的猪制定相应的预防措施。育肥猪最易感的疾病为各种寄生虫病，通常是在60天对猪群进行驱虫，间隔半个月后需要再进行一次驱虫，对驱虫后猪排泄出的粪便等污染物应及时清理，可以有效防止猪群再次受到感染。做好驱虫工作的同时需要做好传染病免疫接种工作，对育肥猪必须要免疫合适的疫苗，以确保其能有足够的免疫力可以抵御传染病的风险。在没有疫苗的情况下，细菌病可以通过使用相应的抗生素或一些具有抑菌杀菌作用的中药材来预防感染发病。

(十) 母猪的最佳配种时间

一头性成熟的母猪，体内激素（雌激素、促卵泡激素、黄体生成素、孕酮、前列腺素）呈现出周期性的消长变化，在这些激素的调控下，母猪的平均性周期为21天，并表现出相应的行为，例如在雌激素调控下的发情行为，在孕酮调控下的妊娠行为和在前列腺素调控下的妊娠终止行为等。

此外，根据体内激素的变化，母猪性周期又可分为黄体期（15～18天）和卵泡期（3～5天），其中卵泡期由于雌激素的分泌，母猪会出现特定的发情标志，表明已经进入发情期。

通过观察大量发情母猪的行为，我们发现绝大部分母猪（部分遗传生理缺陷母猪除外）在发情期的行为表现出一定规律性：如果一天做2次发情鉴定，以出现静立反应为分界线，母猪发情期（3～5天）可分为非静立反应发情期和静立反应发情期。

在非静立反应发情期，母猪主要表现为咆哮，吼叫；兴奋好动，焦躁不安；公猪样爬跨；阴户红肿，阴道分泌黏液等。对于查情和配种分开的猪场来讲，当观察到上述发情表现时，可提前将母猪赶到配种栏，这样能避免母猪进入静立发情阶段后难以驱赶的问题，以及避免转移过程中造成的较大应激。而进入静立发情期后，随着时间的改变，母猪的静立反应又会表现出3种不同的情况：前期必须要有公猪在场，母猪才能表现出静立反应；中期即使没有公猪在场，母猪也能表现静立反应；后期又表现为必须要有公猪在场，母猪才表现静立反应。其中排卵常发生在静立反应后期，而静立反应中期便是输精的最佳时期。

（十一）提高母猪繁殖效率的要点

提高母猪繁殖力，除科学选择好后备母猪外，适时配种与淘汰、实现各阶段精细化饲养是实现繁殖母猪高产高效养殖的技术关键。对于中小规模养殖户，建议就近购买精液开展人工授精，不宜饲养种公猪，尤其在夏季，利用人工授精技术，可以更好地保证精液质量，提高受胎率。

1. 后备母猪的饲养管理技术要点

（1）科学配制饲粮。注意饲粮中能量浓度和蛋白质水平，特别要注意矿物质元素、维生素的补充，促进后备母猪健康发育，在第2次或第3次发情时配种。

（2）合理饲养。饲喂后备母猪专用料，切忌饲喂生长育肥猪料。后备母猪需采取前高后低的营养水平，一般90千克前实行自由采食，90千克后至配种实行限饲与自由采食结合，日饲喂2.5千克左右，分2～3次饲喂，并供给充足的清洁饮水，防止后备母猪过度肥胖，推迟发情。在配种前2周结束限量饲喂，实行优饲催情，日饲喂量增至2.5～3千克，配种后恢复每天饲喂2千克左右。

（3）合理分群。后备母猪一般为群养，每栏5～6头，每头占圈栏面积至少1.5米^2。

（4）适当运动。每天适当运动，以增强体质，增强四肢的灵活性和坚实性。

（5）适时发情。每天运动2次，增加光照时间，用成年公猪刺激法刺激后备母猪发情。适时淘汰不发情母猪。

2. 空怀母猪的饲养管理技术要点　空怀母猪饲养管理的关键是保持母

猪正常的种用体况，使母猪能正常发情、排卵，及时配种受孕，技术要点如下：

（1）供给营养水平较高的日粮，保持适度膘情。母猪太瘦或太肥会出现不发情、排卵少、卵子活力弱、受精能力低，并易造成母猪空怀。

（2）使用短期优饲技术，促进发情、排卵。在配种前10～14天，后备母猪在原日喂料量的基础上，增加料量0.5千克左右，配种结束后停止加料；经产母猪在原日喂料量基础上增加料量0.4千克，并视体况增减料量。

（3）分群饲养，适当运动，公猪诱情。一般每群4～5头，互相刺激，有利于尽早发情、配种。后备母猪可每天自由运动2～3小时。用试情公猪追逐不发情的母猪，或将公母猪同圈混养，可促进不发情母猪发情排卵，务必做好空怀母猪的发情鉴定，以免漏情而造成失配。

（4）适时配种。对于后备母猪，地方品种杂交母猪的初配年龄和体重一般是7～7.5月龄、体重80～90千克；引进品种适配年龄和体重一般在8～10月龄、体重110～120千克。发情母猪的最佳配种时间是发情中期。配种公猪精液经镜检，精子活力在0.7以上才能配种或进行人工授精。

（5）治疗生殖道疾病。母猪患有生殖道疾病时，尤其是高产母猪，应及时诊断治疗。正常生产状态下，有个别母猪长时间不发情或频繁返情，用药物催情和改善饲养管理无效或返情3次以上的母猪应及时淘汰。母猪一般3～4胎产仔数最高，到6胎开始降低，且产仔性能差，这种母猪应淘汰。

3. 妊娠母猪的饲养管理技术要点

（1）妊娠母猪两个关键时期的饲养管理。第一个时期是在母猪妊娠后第1个月，胚胎容易受环境和不合理的营养刺激而导致脱落死亡，这个时期要特别注意保持妊娠母猪安静，尽量减少应激，防止死胎和流产。第二个时期是在妊娠母猪分娩前一个月里，所需营养物质显著增加，此时要注意加强营养，保证饲料质量，适当增加饲喂量。

（2）妊娠母猪适当膘情。主要是通过改变饲料量来控制妊娠母猪膘情，防止过肥或过瘦。体况较好的母猪，妊娠前、中期给予2～2.5千克的饲粮便可，到妊娠后期（产前85天至产前1周）进行短期优饲。短期优饲是根据母猪体况每日增加 1 千克的全价混合料。

（3）妊娠诊断。配种后 18～24 天以及 39～45 天认真做好妊娠超声诊断，及时检测出再次发情或未受孕的母猪。

4. 母猪分娩及哺乳期饲养管理技术要点

（1）产前准备工作。包括准确计算预产期（猪的妊娠期为 114 天），准备好干布、丝线、剪刀、消毒液以及仔猪产箱、保温灯等接产用品和设备。接产人员应先消毒手臂和接产用具。

（2）母猪分娩前后的饲养。要特别注意临产前 5～7 天母猪的状况，发现问题要及时处理，保证母猪消化道正常，防止便秘、体温升高。分娩当天母猪可喂 1～1.5 千克日粮，并喂 2～3 次麸皮盐水汤（麸皮 20 克、食盐 25 克、水 2 千克），产后 2～3 天的饲喂量为正常饲喂量的 1/3～1/2，以后逐步过渡到自由采食。

（3）母猪分娩前后的管理。临产前 5～7 天母猪进入产房，注意观察母猪，加强护理，防止早产。进入产房前给母猪洗澡，产前将母猪乳房、阴部清洗，再用 0.1%高锰酸钾水溶液擦洗消毒，保持母猪乳房和乳头的清洁卫生，减少仔猪吃奶时的污染。

（4）母猪接产要点。要昼夜值班轮流看护临产母猪，随时准备接产。待仔猪出生后，立即用布擦干口鼻及全身的黏液，使仔猪呼吸畅通，在距仔猪腹部 3 厘米左右处结扎、剪断脐带，并用 2%的碘酊消毒断头处。

（5）母猪难产的处理。药物助产：催产素用量为每 100 千克体重注射 2 毫升，注射后 20～30 分钟可以产出小猪，如果无效要采用人工助产。人工助产：助产人员剪手指甲，用肥皂水洗手，再用消毒液消毒手及手臂，涂上润滑剂，同时将母猪阴门、尾根、臀部及附近洗净。手并成锥形，手心向上，待母猪努责时，缓缓伸入产道握住仔猪，顺势将仔猪拉出，拉出 1 头后，如转为顺产就不必再行人工助产了。术后给母猪注射抗生素以防感染。

（6）固定奶头，保证仔猪吃到初乳。把仔猪放入保育箱，保证适宜温度，出生 30 分钟后，帮助仔猪吃上初乳。

（7）哺乳期母猪的饲养管理。主要是严格按饲养标准和需要量饲喂哺乳母猪；一般日喂3次，夏季炎热天气可以在晚上增加一次。供给充足的清洁饮水；泌乳期母猪饲料结构要相对稳定，不喂发霉变质和有毒饲料。

（8）良好猪舍环境。猪舍内和猪床上要保持温暖、干燥、卫生、空气新鲜，每天清扫猪栏，坚持每2～3天用对猪无副作用的消毒剂喷雾消毒猪栏和走道。尽量减少各种应激因素，保持环境安静。

（十二）公猪的饲养管理注意事项

1. 饲养 单栏喂养。

2. 日粮与饲喂 繁殖公猪日粮可按公猪营养需求配制专门化饲料，买不到公猪料，而自己又没有能力配制时，可用哺乳母猪料代替，但禁用生长育肥猪料。可根据季节和体况，适当调整采食量。二餐制，定时饲喂，日喂2.2～2.5千克配合精料，2.5～4.0千克青料，亦看膘投料，防止过肥，影响性欲，配种频繁时，饲料中可添加鸡蛋。

3. 梳刷与运动 种公猪的体质健壮和四肢结实，依赖于适度运动和梳刷，要求每日有0.5～2小时的驱赶运动。运动分上午、下午两次进行，每次运动均伴以梳刷。通过刷拭皮毛，促进血液循环和保持体表卫生。要经常注意修整公猪蹄子，以免在交配时刺伤母猪，夏天要让公猪经常洗澡，以减少皮肤病和外寄生虫病。

4. 配种频率 种公猪每周工作5天，休息2天，每天配种1～2次。2岁以上的公猪每天配1～2次，连续3天休息1天，2岁以内的公猪每天配一次，连续2～3天休息1天，使用幼龄公猪配种，应每2～3天配种一次。最好在早饲后1～2小时进行，日配两次应早晚各一次；夏天应在早晨和傍晚进行配种，冬天应在中午进行。如遇酷热严寒恶劣天气，应选择适宜地点进行配种。

5. 精液检查 每10天应检查精液一次，但根据返情、体况、季节变化，宜增加检查次数，特别在高温季节，更应该频繁检查，人工授精精液应每批进行检查。

6. 防暑与降温 高温影响精子活力，甚至造成无精。在高温季节，务必采用遮阴、通风和冲水等措施防暑降温，舍内最高温度不超过25℃。相应的运动或配种在清晨或傍晚进行。

7. 做好配种计划 按照生产工艺要求，制定适宜的配种计划，并保证配种质量和较高的配种受胎率，按要求完成配种、产仔等规定的任务，要求情期配种受胎率在80%以上。

8. 初配年龄 小公猪的初配年龄因品种、身体发育状况、气候和饲养管理等条件的不同而有所变化。一般以品种、年龄和体重来确定，小型早熟品种应在8～10月龄，体重60～70千克；大、中型品种应在10～12月龄，体重90～120千克，开始初配。

9. 适时调教公猪 公猪调教的方法有：一是试配法，选择发情好，正在接受公猪爬跨的母猪，体格大小适宜，将小公猪引致配种场，进行配种。二是不懂爬跨的小公猪，在配种前先进行运动，并隔着围栏观看老公猪配种，然后将老公猪赶走，令小公猪爬跨。三是对屡不爬跨的小公猪，可以配种前注射雄激素，并准备好发情母猪，令其配种。

10. 克服公猪自淫 可采取以下措施：一是将公猪圈置于母猪的下风向，防止公猪因母猪气味，出现条件性自淫。二是防止发情母猪在公猪圈外挑逗。三是加强运动，增大运动量。四是克服公猪皮肤瘙痒，经常进行刷拭。五是饲养管理形成规律，分散公猪的注意力。

11. 建立正常的管理制度 妥善安排种公猪的生活日程，使公猪养成良好的生活习惯，增进健康，提高配种能力。

12. 种公猪淘汰的原则 性欲差，经调教和营养补给，仍不能交配和爬跨者；连续三次精液检查不合格者；后裔有分离现象和畸形率高者；使用年限达淘汰要求者。

四、生猪疫病防控

（一）加强猪场的消毒管理

消毒工作是切断疫病传播途径、杀灭或消除停留在猪体表存活病原体的有效办法。猪场应定期对生活管理区、生产区、猪舍内外环境（特别是卫生死角）、猪体进行认真严格的消毒。猪场应制定严格的消毒制度，并严格执行。

1. 消毒类 根据防治传染病的作用及其进行的时间，猪场消毒可以分为预防性消毒和疫情期消毒。疫情期消毒又可分为疫情期的消毒和疫情结束后的终末消毒。

（1）预防性消毒是在疫情静止期，为防止疫病发生，确保养猪安全所进行的消毒。现代化猪场一般采用每月 2 次全场彻底大消毒，每周 1～2 次的环境、圈栏带猪消毒。

（2）疫情期消毒是以消灭病猪所散布的病原为目的而进行的消毒。消毒的重点是病猪集中区域、受病原污染区域。消毒工作应提早进行，且每隔 2～3 天一次。疫情结束后，为彻底消灭病原体，要进行一次终末消毒。对病猪周围一切物品、猪舍、猪体表进行重点消毒。

2. 消毒对象

（1）生活区。办公室、食堂、宿舍及其周围环境每月彻底消毒 1 次。

（2）更衣室、工作服。更衣室每周消毒 2 次，工作服清洗时消毒。

（3）车辆。进入生产区的车辆必须彻底冲洗、消毒，消毒后车辆停留 30 分钟以上方可进入，随车人员消毒方法同生产人员一样。

（4）销售周转区。周转猪舍、出猪台、磅秤及周围环境等，每售一批猪后，则彻底消毒 1 次。

（5）生产区正门消毒池。每周至少更换消毒液 2 次，保持有效浓度。雨后和消毒水受污染时，需重新配制消毒液。

（6）生产区环境。生产区道路及两侧 5 米内范围，每月至少消毒 2 次。

（7）各栋猪舍门口消毒池与盆。每周更换池、盆消毒液 2 次，保持有效浓度。

（8）猪舍、猪群。每周至少固定时间消毒 2 次，如周一和周五，如遇天气原因可推迟 1 天。

（9）人员消毒。人员进入生产区前需沐浴更衣，换上已消毒好的衣物和水鞋。人员进入生产区和猪舍时必须脚踏消毒池，消毒盆洗手消毒。随身携带的手机、工具等物件需在紫外灯下照射 10 分钟以上方可带入生产区。

3. 消毒方法

（1）物理消毒法。常用的有紫外线消毒和火焰灼烧。紫外线是一种低能量的电磁辐射，具有杀菌作用，太阳光中具有极强的紫外线，是天然的消毒剂。运动场以及能移到室外的用具与设备等，都可利用阳光照射消毒；工作服、工作鞋等其他用具也可放置到装有紫外线灯的消毒房消毒。火焰灼烧可以杀死物体中的全部微生物，对金属器具、水泥墙壁、地板、产床等，可用短暂的燃烧火焰消毒；对病猪的尸体、垫料及其他污染的废弃物可进行焚烧。

（2）化学消毒法。采用化学消毒法最重要是在消毒过程中要选择适宜的消毒药品，一般需要考虑消毒药品的抗菌谱、杀菌能力、作用产生快慢、维持时间的长短、对人和动物是否安全、有无残留、药物本身的性质是否稳定、有无臭味、有无颜色、可否溶于水、有无腐蚀性、易燃易爆性等问题。常用消毒药的种类及其特性如下：

①过氧化物类消毒剂。具有超氧化能力，各种微生物均对其十分敏感，可将所有的病原微生物杀灭。

②碱类消毒药。如氢氧化钠、生石灰和草木灰等。氢氧化钠不能用作猪体消毒，因其对组织具有很强的腐蚀性，通常使用3%～5%的溶液作用30分钟以上可杀灭各种病原体。

③酚类消毒药。可杀死细菌、病毒、霉菌等。毒性较大，特臭，不易受环境中有机物和细菌数目的影响，而且其化学性质稳定，遇热不变性，所以通常用于环境消毒。不能用于带猪消毒，禁止与碱性药物合用。

④双季铵盐类消毒剂。属于阳性离子表面活化剂，能吸附带负电荷的细菌。此类药物安全性好，无色、无味、无毒，应用范围广，对各种病原均有强大的杀灭作用。常用于带猪消毒。

⑤醛类消毒剂。通常与高锰酸钾一起做空舍熏蒸消毒用。按每立方米空间用甲醛30毫升、高锰酸钾15克，再加等量水，密闭熏蒸2～4小时，开窗换气空置一段时间后待用。

⑥卤素类消毒剂。如漂白粉、碘酊与碘制剂等。漂白粉常用于饮水消毒，一般每50升水添加1克漂白粉；碘酊与碘制剂类可用于皮肤消毒。

（二）加强猪场生物控制

1. 猪场灭蚊蝇 彻底清理蚊蝇滋生场所，如猪栏内、地沟、粪水表面及周围堆积的废弃物，尤其是潮湿处。此外，墙壁的裂缝、粪堆和产房内都是蚊蝇常见的产卵区和繁殖区，需定期对生产区周围的死水、杂草和树木进行清理，防止蚊蝇滋生。门窗应设置防蚊网、纱窗和门帘，防止蚊蝇进入。在做好环境治理的同时，辅以适当的化学药物防治，根据场内实际情况选择合适的药物和施药器械，调整施药频率。

2. 猪场灭鼠 做好鼠患监测工作，在老鼠数量较少时就开始连续监测；尽量减少开放性食物和水源，定期排查建筑物和食物附近的老鼠藏匿之处；老鼠数量较多时可通过化学方法减少鼠群密度。猪场每年应集中灭鼠4次，平时定期投放灭鼠药，猪舍周围墙根地面铺设宽1米、厚5厘米的石子防鼠带，防止老鼠进入和打洞。

3. 猪场防鸟 料塔和猪舍应安装防鸟网，阻止鸟类进入圈舍内。猪舍入口加装塑料条，通风口加装围栏，防止野鸟飞入。及时清除路面散落的饲料等，避免吸引鸟类进场；定期检查场内所有大门，未使用时尽量保持关闭，防止鸟类携带病原进入。

（三）加强引种管理

对外引种及采购精液存在着巨大的生物安全风险，最好坚持自繁自养，以尽量减少引种，防止病毒通过种猪或精液进入猪场。确需引种的情况下，应尽量固定一个非疫区引种场。引种前先仔细评估猪群健康状态，确保种猪不携带病毒，经隔离舍隔离45天以上方可入场。同时应做好运输过程中车辆和道路的消毒工作。

（四）加强饲养管理，提高猪群抵抗力

（1）根据季节气候的差异，做好小气候环境的控制，适当调整饲养密度，加强通风，改善猪舍的空气环境。做好防暑降温、防寒保温、卫生清洁工作，使猪群生活在一个舒适、安静、干燥、卫生的环境中。

（2）实行分群饲养，由于猪生理阶段、生产目的以及饲养环境不同，营养需要不同，应根据需求饲喂不同营养水平的饲料。在常规饲料基础上可根据营养需要适量添加维生素A、维生素C等，以达到提高动物免疫力的目的。此外，在饲料中适当添加脂肪酶，既能在一定程度上破坏病毒表面囊膜，减弱其感染力，又能促进动物对营养物质的消化吸收。

（3）加强运动，增强机体抵抗力，降低易感性，同时还要有计划地进行疾病的药物预防。

(4) 实行标准化饲养，着重抓好母猪进产房前和分娩前的猪体消毒、初生仔猪吃好初乳、固定乳头和饮水开食的正确调教、断奶和保育期饲料的过渡等几个问题，减少应激，防止母猪、仔猪疾病的发生。

(5) 采用“全进全出”的饲养方式，栏舍经严格冲洗消毒，空置几天后再进新猪群。

(6) 饲料应由本场生产区外的饲料车运到饲料周转仓库，再由生产区内的车辆转运到每栋猪舍，严禁将饲料直接运入生产区内。生产区内的任何物品、工具（包括车辆），除特殊情况外不得离开生产区，任何物品进入生产区必须经过严格消毒。

(7) 加强对饲料质量的监管力度，杜绝使用发霉变质的饲料，对于难以判断是否发霉的饲料，可适当使用脱霉剂或霉菌毒素降解剂处理。

(8) 种猪场还应设种猪选购室，选购室最好和生产区保持一定的距离，介于生活区和生产区之间，以隔墙（留密封玻璃观察窗）或栅栏隔开，外来人员进入种猪选购室之前必须先更衣换鞋、消毒，在选购室挑选种猪。

(9) 场内生活区严禁饲养其他畜禽。尽量避免猪、犬、禽鸟进入生产区，严禁从场外带入偶蹄兽的肉类及制品。

(五) 严格按程序接种疫苗，预防传染病的发生

猪场根据自身的情况，要合理制定免疫程序，并严格按其进行免疫。常见猪病的免疫程序见表 1-6。

表 1-6 常见猪病的免疫程序表

不同猪群及日龄		免疫内容
仔猪	吃初乳前 1～2 小时	猪瘟弱毒疫苗超前免疫
	初生乳猪	猪伪狂犬病弱毒疫苗
	7～15 日龄	猪喘气病灭活菌苗、传染性萎缩性鼻炎灭活菌苗
	25～30 日龄	猪繁殖与呼吸综合征弱毒疫苗、仔猪副伤寒弱毒菌苗、伪狂犬病弱毒疫苗、猪瘟弱毒疫苗（超前免疫猪不免）、猪链球菌苗、猪流感灭活疫苗
	30～35 日龄	猪传染性萎缩性鼻炎、猪喘气病灭活菌苗
	60～65 日龄	猪瘟弱毒疫苗，猪丹毒、猪肺疫弱毒菌苗，伪狂犬病弱毒疫苗

（续）

不同猪群及日龄		免疫内容
初产母猪	配种前 8～10 周	猪繁殖与呼吸综合征弱毒疫苗
	配种前 1 个月	猪细小病毒弱毒疫苗、猪伪狂犬病弱毒疫苗
	配种前 2 周	猪瘟弱毒疫苗
	产前 2～5 周	仔猪黄白痢菌苗
	产前 4 周	猪流行性腹泻-传染性胃肠炎-轮状病毒三联疫苗
经产母猪	配种前 2 周	猪细小病毒病弱毒疫苗（初产前未经免疫的）
	怀孕 60 天	猪喘气病灭活菌苗
	产前 6 周	猪流行性腹泻-传染性胃肠炎-轮状病毒三联疫苗
	产前 4 周	猪传染性萎缩性鼻炎灭活菌苗
	产前 2～5 周	仔猪黄白痢菌苗
	每年 3～4 次	猪伪狂犬病弱毒疫苗
	产前 10 天	猪流行性腹泻-传染性胃肠炎-轮状病毒三联疫苗
	断奶前 7 天	猪瘟弱毒疫苗、猪丹毒弱毒菌苗、猪肺疫弱毒菌苗
青年公猪	配种前 8～10 周	猪繁殖与呼吸综合征弱毒疫苗
	配种前 1 个月	猪细小病毒病弱毒疫苗、猪丹毒弱毒菌苗、猪肺疫弱毒菌苗、猪瘟弱毒疫苗
	配种前 2 周	猪伪狂犬病弱毒疫苗
成年公猪	每半年 1 次	猪细小病毒弱毒疫苗、猪瘟弱毒疫苗、传染性萎缩性鼻炎、猪丹毒弱毒菌苗、猪肺疫弱毒菌苗、猪喘气病灭活菌苗
各类猪群	3—4 月份	乙型脑炎弱毒疫苗
	每半年 1 次	猪瘟弱毒疫苗、猪丹毒弱毒菌苗、猪肺疫弱毒菌苗 、猪口蹄疫灭活疫苗、猪喘气病灭活菌苗

注意事项：

（1）猪瘟弱毒疫苗常规免疫剂量：一般初生乳猪 1 头份/只，其他大小的猪可用到 4～6 头份/只。未能作乳前免疫的，仔猪可在 21～25 日龄首免，40、60 日龄各免 1 次，4 头份/（只·次）。

（2）有些地区猪传染性胸膜肺炎、副猪嗜血杆菌病的发病率比较高，需要进行相应的免疫。

（3）将病毒苗与弱毒菌苗混合使用，若病毒苗中加有抗生素则可杀死弱毒菌苗，导致弱毒菌苗的免疫失败。在使用活菌制剂（包括猪丹毒、猪肺疫、仔猪副伤寒弱毒苗）前 10 天和后 10 天，应避免在饲料、饮水中添加或肌内注射对活菌制剂敏感的抗菌药。

（六）猪病的初步诊断和应急处理

猪病的确诊最终依靠实验室诊断，但发病初期根据发病情况进行初步诊断并应急采取有效措施，进行隔离、紧急接种，及时扑灭，控制病情的发展，减少损失，具有十分重要的意义。但具体确诊，还需进行解剖和实验室检测。

依据症状进行初步诊断，可能的病因一般有以下几种情况：

1. 母猪无临床症状而发生流产、死胎、弱胎　细小病毒病、衣原体病、繁殖障碍性猪瘟、猪乙型脑炎或伪狂犬病等。

2. 母猪发生流产、死胎、弱胎并有临床症状的病　猪繁殖与呼吸综合征、布鲁氏菌病、钩端螺旋体病、猪弓形虫病、猪圆环病毒病或代谢病。

3. 表现脾脏肿大的猪传染病　炭疽、链球菌病、沙门氏菌病、梭菌性疾病、猪丹毒、猪圆环病毒病、肺炎双球菌病或非洲猪瘟等。

4. 表现贫血黄疸的猪病　猪附红细胞体病、钩端螺旋体病、猪焦虫病、胆道蛔虫病、新生仔猪溶血病、铁和铜缺乏、仔猪苍白综合征、猪黄脂病或缺硒性肝病等。

5. 猪尿液发生改变的病　真杆菌病（尿血）、钩端螺旋体病（尿血）、膀胱结石（尿血）、猪附红细胞体病（尿呈浓茶色）、新生仔猪溶血病（尿呈暗红色）或猪梨形虫病（尿色发暗）等。

6. 猪肾脏有出血点的病　猪瘟、猪伪狂犬病、猪链球菌病、仔猪低糖血症、衣原体病或猪附红细胞体病等。

7. 猪表现纤维素性胸膜肺炎和腹膜炎的病　猪传染性胸膜炎、猪链球菌病、猪鼻支原体性浆膜炎和关节炎、副猪嗜血杆菌病、衣原体病或慢性巴氏杆菌病等。

8. 猪肝脏表现出坏死灶的病　猪伪狂犬病（针尖大小、灰白色坏死灶）、沙门氏菌病（针尖大小、灰白色坏死灶）、仔猪黄痢、李氏杆菌病、猪弓形虫病（坏死灶大小不一）或猪的结核病等。

9. 伴有关节炎或关节肿大的猪病　猪链球菌病、猪丹毒、猪衣原体病、猪鼻支原体性浆膜炎和关节炎、副猪嗜血杆菌病、猪传染性胸膜肺炎、猪乙型脑炎、慢性巴氏杆菌病、猪滑液支原体关节炎或风湿性关节炎等。

10. 表现皮肤发绀或有出血斑点的猪病　猪瘟、猪肺疫、猪丹毒、猪弓形虫病、猪附红细胞体病、病毒性红皮病或亚硝酸盐中毒等。

11. 猪大肠出血的传染病　猪瘟、猪痢疾或仔猪副伤寒等。

12. 表现有呼吸道症状的猪病 猪流感、猪繁殖与呼吸综合征、猪圆环病毒病、猪伪狂犬病、萎缩性鼻炎、猪传染性胸膜肺炎或气喘病等。

13. 表现有神经症状的猪病 猪传染性脑脊髓炎、猪狂犬病、猪伪狂犬病、猪乙型脑炎、猪维生素A缺乏或仔猪低糖血症等。

（七）中小规模猪场非洲猪瘟防控要点

中小猪场最大的劣势就是疫病防控措施薄弱和意识差，一旦发病，很容易全军覆没。养殖场（户）要实行全封闭管理，强化消毒措施，严禁使用泔水或餐厨剩余物和血源性饲料喂猪，严格执行检疫申报制度，严禁从非洲猪瘟高风险区引种和调运生猪，及时报告疫情。禁止屠宰商、经纪人进入养殖场选购生猪，严格做好防控工作。

1. 猪舍升级改造 建2米高外围墙，清除围墙外围1米宽内杂物，硬化处理或铺20～30厘米厚碎石作防鼠带，通过围墙的排污、排水管道都用铁丝网阻拦，防止猫、犬、鼠进入；猪场生活区与生产区之间建2米高实体围墙，设唯一进出通道（消毒—淋浴通道）；不同生产区之间，用1.5米高实体围墙进行隔断；猪舍改全封闭式结构，窗户、门口、水帘加装纱窗，防蚊、蝇、鼠、鸟。

2. 做好消毒 除做好猪场内外环境消毒外，对进猪场的车辆、物资、人员等也要进行严格分类消毒。

3. 人员管理 减少人员外出次数，返场时需经过严格的洗澡消毒检测，并隔离48小时后方可进入生产区，不得携带非本场的猪肉及猪肉制品入场，养殖人员的工作服要定期集中清洗消毒。

对养殖场员工进行非洲猪瘟相关知识的宣传与培训，加强养殖人员对非洲猪瘟的认识，强化员工的生物安全意识，并建立健全的生物安全管理制度，要公示于众，使人人遵守执行。

4. 规范的免疫程序 疫苗对疫病防控的作用是不可忽略的，要根据养殖场自身的实际情况，制订出科学合理的免疫程序，做到应免尽免，要求从正规途径购买疫苗，确保免疫质量，并定期检查猪群免疫抗体水平和疫病监测制度。

5. 严格转运操作 严格转运操作，避免人车交叉污染；卖猪时，所有猪经车辆转运出栏，减少地上走动，避免病毒接触传染；猪只转运，到达出猪台或中转站后，禁止返回场内；转运结束后，及时对出猪台及中转站清洗、消毒；严禁外来车辆入场，车辆必须进场时，装载及卸载区域应该离猪舍至少50米远，每次使用前后必须清洗、消毒、干燥，返回车辆必须在卸载区清洗和消毒，车辆在运输下批动物前至少间隔48小时。

（八）为什么“管重于养、养重于防、防重于治”

之前，生猪养殖主要强调的是“养重于防、防重于治”，但是经过非洲猪瘟的洗礼，人们意识到在养好猪的前提下，切实提高猪场的管理水平和生物安全措施，已成为猪场不可或缺的一部分。

关于“管”，主要是建立科学的管理系统和实施精细化管理；关于“养”，主要是为生猪提供适合的营养物质和一个良好的、适宜的环境，并加强饲养管理，依靠机体综合免疫力的提高来抵抗疫病的侵扰，而营养则是猪免疫力的物质基础；关于“防”，则是要建立健全的猪场生物安全防疫体系，建立猪场检疫＋剖检＋检测诊断模式，同时提高猪群抗病力，并且通过系统免疫与净化相结合的方式控制好病毒性疾病；关于“治”，一旦发现，就应该立即治疗，隔离病猪，防治可能性的猪病传染，具体猪病要针对性地用药，做到尽早治疗。

“管重于养、养重于防、防重于治”应该成为以后生猪养殖做好疫病防控的十二字方针，猪场应切实做好防控措施，提高生猪养殖水平。

第四节 猪场经营管理

一、生产计划

制订计划就是对猪场的投入、产出及其经济效益作出科学的预见和安排，计划是决策目标的进一步具体化，经营计划分为长期计划、年度计划、阶段计划等。

（一）计划内容

经营计划的核心是生产计划，制订生产计划时，必须重视饲料与养猪发展比例之间的平衡，以最少的生产要素获得最大经济效益为目标。年度计划包括：生产计划、基建设备维修计划、饲料供应计划、物质消耗计划、设备更新购置计划、产品销售计划、疫病防治计划、劳务使用计划、财务收支计划、资金筹措计划等内容。

生产计划主要包括配种计划、分娩计划、猪群周转计划、圈栏安排计划、饲料使用计划等，其中繁殖计划是核心。

（二）制定程序

1. 确定总目标 必须确定是单纯养肥猪，还是单纯养种猪或二者兼养。

2. 盘点清查全部资源 在制订生产计划时，对原有的生产要素及存栏猪种类、数量，饲料的种类、数量等一定盘清。

3. 确定具体的生产目标 确定养何种猪、养殖数量、规模、繁殖与饲养周期、饲料种类和数量等。

4. 投资与资金筹集 确定投资总额，固定、流动资金等类别及资金筹集的渠道。

5. 自给饲料量 拥有土地的猪场，应确定自给饲料的种类和可提供的饲料数量。

6. 确定猪的品种和相应的技术 养何种品种，采取的相应技术和产品销售渠道。

7. 作出盈亏预测和判断　从生产周期的资金流动和资源可用性观点，对生产计划的经济可行性进行评价，即根据生产目标与市场情况，作出成本估算和盈亏预测。

二、劳动管理

为明确责任，规范劳动，需建立明确的责、权、利相统一的生产管理制度。养猪生产中通常有生产责任制、经济责任制、岗位责任制三种不同的管理形式。现主要介绍岗位责任制。

定额管理是岗位责任制管理的核心，其显著特点是管理的数量化。在养猪业岗位责任制管理中的主要定额内容有：劳动定额和饲料使用定额等。

（一）劳动定额与评价

1. 劳动定额　生产过程中完成一定养猪作业量或产品量所规定的活劳动消耗标准。按生产方式和劳动范围分为集体定额和个人劳动定额；按工作内容分为综合定额和单项定额；按时间分为常规性的定额和临时性的定额。其内容均应包括：工作名称、劳动条件、质量要求、数量标准。

所制订的劳动定额应遵循平均先进水平，不同工作内容间的定额水平要保持平衡的原则，应简单明确，易理解和运用。制订劳动定额的方法通常有：经验估测法、统计分析法、技术测定法。在生产中要把定额管理与报酬和生产责任制等结合起来，要严格质量检查和验收，按劳分配，按时兑现。

2. 劳动力资源利用评价

（1）劳动利用率。在劳动生产率不变的情况下，提高劳动利用率，能够完成更多的工作量和产品量。具体计算方法：实际参加劳动的人数与可以参加劳动人数的比率；在一定时间内，平均每个劳动力实际参加劳动的工作日，或实际参加劳动的时间占应参加劳动时间的比率；工作日中纯工作时间占工作日时间的比率。

（2）劳动生产率。提高劳动生产率是降低成本，提高经济效益的有效途径。

（3）直接指标的计算。采用“人年”作为时间单位，即用平均每个劳动力一年内所创造的产值（或产品数量、净产值、净收入）作为劳动生产率的指标计算。如某一猪场肥猪饲养第一组 3 人，一年出栏肥猪 3 000 头，每头单价 650 元，其“人年”劳动生产率为：

$$平均每人一年的劳动生产率=\frac{3\ 000头\times650元}{3人}=650\ 000（元）$$

也可采用人工日或人工时为单位计算，即每个人工日（或人工时）所创造的产品产量（或产值）。

（4）间接指标的计算。是用单位时间所完成的工作量来表明劳动生产率，如一个“人工时”加工多少饲料或饲喂多少猪。采用此种方法，应与劳动生产率结合起来加以分析。

（二）其他定额管理

1. 物资消耗定额 为生产一定产品或完成某项工作所规定的原材料、燃料、电力等的消耗标准。如饲料消耗、药品消耗等。

2. 工作质量和产品质量定额 如母猪受胎率、产仔率、成活率、肥猪出栏率、产品质量的等级品率等。

3. 财务收支定额 在一定的生产经营条件下，允许占用或消耗财力的标准，以及应达到的财务标准。如资金占用定额、成本定额、各项费用定额，以及产值、收入、支出、利润定额等。

三、生产记录和猪群管理

（一）生产记录

生产记录主要记录生猪养殖有关生产日常活动的总体情况，在场内生产记录提供生产参数的信息。这些记录形成猪场内部管理的基础，通过各种完善的生产记录，汇总成生产报表，使管理者及时了解猪场生产经营中的各种状况，从而根据分析结果作出决策。生产记录包括种猪的档案、疾病记录、猪群动态记录、配料记录和生产报表等。

1. 种猪的档案

（1）公猪档案。配种情况、采精记录、精液情况，包括活力密度等。由配种舍负责人记录。

（2）母猪档案。配种记录，包括发情日期、配种日期、与配公猪、返情日期、预产期等。由配种舍负责人记录。

（3）测定数据。留种的公猪和母猪应在不同阶段（可在30千克、50千克和100千克三个阶段）进行测定，作为育种工作的依据。测定内容包括体重、背膘厚等数据，从而计算出日增重、日采食量和料重比等指标。由育种人员负责测定记录。

（4）产仔记录。包括产仔日期，产仔总数、正常仔数，畸形、弱仔和木乃伊头数，初生重，断奶日期等。每头仔猪出生后做好编号，输入档案，形成猪的系谱。由产房负责人或产房专门编号员记录。

2. 疾病记录

（1）病原的记录。记录本场存在哪些病原，即以往猪场内发生过什么疫病，该疫病病原是什么，根据其特点现在是否还有可能存在于猪场内，其一般感染何种猪群、感染的时间，该病原的抗药性、有何预防药物。由兽医室负责人记录。

（2）用药记录管理。记录好本场常用哪些药物，每种药物用药剂量，每次使用效果如何，是否做过药敏试验。由兽医室负责人记录。

（3）种猪的疾病管理。建立种猪的健康档案，记录其每次发病、治疗、康复情况，并对康复后公猪的使用价值进行评估。由兽医室负责人记录。

记录种猪的免疫接种情况，每年接种的疫苗种类、生产厂家、接种时间、当时的免疫反应及抗体监测时的抗体水平。由兽医室负责人记录。

记录母猪是否发生过传染病，是否有过流产、死胎、早产，是否有过子宫内膜炎，是否出现过产后不发情或屡配不孕及处理的情况记录。由配种舍负责人记录。

3. 猪群动态记录　记录各猪舍的猪群变动情况，包括出生、入栏、出栏、淘汰、出售和死亡等情况。由各猪舍饲养员负责记录。

4. 配料记录　包括饲料品种、配料计划、配料日期、数量、投药情况、出仓记录等。由配料车间负责人记录。

5. 生产报表　各生产线、各猪群变动情况，包括存栏、入栏、出栏、淘汰、出售和死亡等情况。母猪舍还包括产仔胎数、头数、仔猪情况等。由各生产线负责人或各猪舍小组长负责统计。每周、每月、每季、每年都要进行一次全面的统计。

将生产记录中的数据汇总，并对猪场的种猪生产成绩、生产转群、饲料消耗、兽医防疫和购销情况等工作进行全面的分析，进而指导猪场的日常工作计划、育种工作和配种计划，提高猪场的工作效率。

（二）猪群管理

猪群管理是规模化猪场的重要技术环节，管理的好与不好，直接关系到猪场的经济效益。

1. 猪群划分 猪群的划分以猪的年龄、性别、用途等为依据，一般分为哺乳仔猪、保育猪、生长育肥猪、繁殖猪四大类。其中，繁殖猪包括后备公猪、后备母猪、鉴定公猪、鉴定母猪、成年公猪和成年母猪等。

2. 猪群结构 规模猪场的猪群存在合理调进调出与数量增减的变化，需要根据生产节律加以控制。各品种种猪的比例严格根据种猪年淘汰数的要求来限制生产，一般公猪的选留比例为5∶1，母猪的选留比例为3∶1。

猪场猪群结构由种猪、后备猪、哺乳仔猪、断奶仔猪和生长肥育猪等组成。各类猪群在生产总体活动中的地位与作用各不相同，在总群体内部比例的确定，取决于猪场的生产方向、计划任务与养猪生产水平。

繁殖母猪的比例，占猪群的1/11～1/10。其中，1～2胎母猪约占25%～30%，3～6胎的青壮年母猪应占60%，6胎以上生产性能好的母猪不应超过15%，后备母猪选留数应为淘汰母猪数的3倍。

规模猪场以人工授精方式进行配种，公猪在母猪群中的比例一般为1∶200。公猪的年龄结构，1～2岁公猪约占30%，2～3岁公猪要占60%以上，3岁以上公猪约占10%，后备公猪选留数则为淘汰数的5～10倍。

3. 猪群周转 猪群的变动称之为猪群周转。猪群周转应遵循如下原则：

（1）后备猪达到性成熟以后，经配种妊娠转为鉴定猪群。

（2）鉴定母猪分娩产仔后，根据其繁殖性能（产仔数、初生重、泌乳力和仔猪育成率等情况），合格者转入基础母猪群，不合格者淘汰育肥。鉴定公猪繁殖性能优良者转入基础公猪群，不合格者淘汰育肥。

（3）基础公母猪在利用3年后，生产性能下降者淘汰育肥。

四、提高猪场经济效益的主要措施和途径

经济效益是衡量规模化养猪场投入与产出的一个尺度，如何以较少的

人力、物力和财力投入，获得最佳的养猪经济效益，把猪群的饲养管理与饲料营养措施科学地组合应用，是提高规模化养猪场经济效益的关键。提高经济效益的途径主要靠科学技术的进步，提高经营管理水平；增加产品数量，提高产品质量；减少开支，降低成本。

1. 科学设计猪场 科学设计猪场，完善生产设备，为猪的生存创造一个舒适的猪舍内环境。根据猪只生活习性科学设计猪舍，配备必要的生产设施设备，是为猪创造一个舒适的猪舍内环境的基础和前提。这样猪只才会有最佳的生产状态，发挥最大的生产潜力，生产出最多的产品。

2. 生猪品种选择 生猪生产的最终目的是满足市场对猪肉的需求，因此市场需要什么我们就应该生产什么，最大限度地满足市场对猪肉的需要。

3. 提高饲料报酬 饲料成本占猪场总成本的70%～80%。饲料质量的优劣在很大程度上影响猪只生产性能的发挥，饲料的质量和价格是养猪生产经营成败的决定因素。因此，除购买全价配合饲料外并尽可能节约饲料、减少浪费外，要尽一切可能开辟饲料来源，如糟渣、麦麸、米糠等。

4. 科学饲喂 为适应猪场的经营规模，提高经济效益，必须讲究科学养猪，除选择良种猪饲养以外，要饲喂全价配合饲料，实行科学管理，掌握屠宰和出售的时机，提高出肉率。

5. 完善生物安全体系 建立完善的生物安全体系是猪场生产经营健康发展的前提保证。建立生物安全体系是为保证畜禽等动物健康安全而采取的一系列疫病综合防制措施，是最经济、有效的疫病控制手段。

6. 生产经营管理 加强猪场职工素质教育，提高职工的业务素质，提高劳动生产效率。提高生猪产品的产量和质量，提高市场的竞争力。生猪饲养的成本由各项费用支出组成，严格控制各项费用支出，降低饲养成本。在流通领域中，减少中间环节，降低销售费用。

7. 提高市场意识 猪场生产的目的是为了取得更多的利润，而产生利润的多少在很大程度上受市场价格的影响。因此，在搞好生产的前提下，猪场经营管理者随时关注和掌握市场行情，分析预测市场价格走向，根据市场行情来调节生产，是猪场规避市场风险，取得最大化利润的有效途径。

Chapter 2

第二章 蛋鸡养殖

第一节 蛋鸡养殖入行投资估算及必备条件

一、家庭蛋鸡场投资估算

存栏3万只左右的蛋鸡场投资估算：

（1）鸡场建筑投资：200元/米^2×1 340米^2×3=804 000元。

（2）笼具购置费：400元/组×120组×3=144 000元。

（3）风机、采暖、光照、饲料加工等设备购置费：45 000元。

（4）土地租赁费：2 000元/（亩·年）×30亩=60 000元。

（5）产蛋鸡培育费（包括雏鸡购置、饲料、兽药、人工、采暖、照明等费用）：20元/羽×30 000羽=600 000元。

存栏3万羽的蛋鸡场的总投资为：804 000元+144 000元+45 000元+60 000元+600 000元=1 653 000元。

二、现代化蛋鸡场投资估算

现代化蛋鸡场投资10万羽的总费用包括固定资产和流动资产的投资。固定资产包含设备、鸡舍厂房等，流动资产包含场地租金、鸡苗和饲料等。

（一）固定资产投资

存栏10万羽的蛋鸡场大概需要30亩地，最好分三栋，一栋3.3万羽，鸡舍的规格是108米×11米×4米。固定资产投资490万元，分为以下3个方面。

1. 养鸡设备 采用自动化设备，包括笼架、喂料系统、清粪系统、集蛋系统、温控系统、饮水系统和灯光等，10万羽鸡的养鸡设备，大概300万元。

2. 鸡舍厂房 三栋鸡舍及饲料房、蛋库、办公和宿舍等，建筑面积大概4 500米^2，按400元/米^{2}计算，需180万元。

3. 发电机　发电机至少100千瓦以上，价格为10万元左右。

（二）流动资产投资

1. 鸡苗　鸡苗价格通常会上下波动，按平均价格3.5元/羽计算。

2. 场地租金　租金费用各地有所不同，按30亩山地估算，一年租金为1 000元/亩×30亩=3万元。

3. 育成期饲料　育雏期（0～2月）消耗量：消耗饲料约1.85千克。生长期（3～5月），平均每羽鸡每天消耗饲料约0.085千克，由此推算，每羽鸡每月消耗饲料约0.085千克/天×30天=2.55千克，每羽鸡生长期（3个月）消耗饲料约2.55千克/月×3个月=7.65千克。假如饲料价格为2.4元/千克，由此推算，每羽鸡购买饲料成本=（1.85+7.65）千克×2.4元/千克=22.8元。

4. 防疫费　育雏育成期在没有大的疫情发生的情况下，5个月每羽鸡的防疫费用一般约2元/羽。

在不计人工成本的前提下，产蛋前期，流动资产的投资为：（3.5+22.8+2）元/羽×10万羽+3万元=286万元。

所以，投资一个超10万羽鸡的现代化鸡场，保守估计投资776万元（490+286=776）以上，才能开始有比较好的资金回流。当然，一般蛋鸡是分3批养的，所以流动资金一般是不需要那么多的。但是，如果育成舍自己建设的话，固定投资需要增加130万元左右。

（三）鸡场的团队建设

规模化鸡场的人员配备是很关键的，养殖场也是工厂化运作，鸡场就是一个微型企业，作为企业，团队建设就显得尤为重要。

（1）技术场长：主管全面工作和外围协调，对全场负责，对公司负责，是一个鸡场的技术主管。

（2）技术员：主管生产的方方面面及一线技术工作，是场长工作意图的贯彻者和执行者，是员工和场长之间的桥梁，起到协调和引导作用。

（3）电工：随时待命，出现电力、设备等维修问题，即刻解决。

（4）一线饲养人员：能够熟练操作养殖设备，严格按照操作规程办事，注意用电安全，懂得鸡的习性，了解鸡群的状态，发现异常及时汇报技术员。

（四）生物安全体系的建立

生物安全体系的核心内容是防止病原进入畜禽体内对畜禽造成危害，它是针对所有病原的综合防控措施，没有固定标准，不同的养殖场根据自己的需要选择不同的生物安全体系。

集约化鸡场的生物安全体系主要是依靠鸡舍的隔离功能，通过建立微生物学屏障的方法来防止病原微生物和鸡群的接触，合格的生物安全体系构架是生物安全体系的基础和关键。生物安全体系的构架包括以下几个方面：

1. 人员的控制措施 包括设立工作人员专用通道，鸡场谢绝参观，定期进行生物安全知识的培训，工作人员的自我防护。

2. 引种的管理 引进健康、无垂直传染病的雏鸡，这是保证鸡群健康的基础。

3. 物品和相关设施的管理措施 对物品、设施、工具的清洁，以及消毒处理，目的在于减少流通环节的交叉污染。注意日常环境卫生的保持，以及常用物品及工具的常规清洗和消毒。

4. 饲料和饮水的管理 鸡群的饲料和饮水的管理主要就是保证鸡群有充足的营养供给，以保证鸡群的机体抵抗力，这是一项长期的稳定的质量管理体系。

5. 消毒的管理措施 鸡场的消毒措施主要包括鸡舍的空舍消毒、物品的消毒、消毒池的消毒、带鸡消毒、场区消毒、工作人员的防护性消毒。

6. 垫料和废弃物的管理措施 垫料、粪尿、污水、动物尸体及其他废弃物是疾病传播中最主要的控制对象，是病原微生物的主要积存地，因此这些污染物的处理是保证鸡群健康生长的根本和核心。

7. 卫生、防疫制度 建立完善的卫生、防疫制度并严格执行。

三、蛋鸡场建设必备条件

（1）养殖方式：地面垫料养殖，网架养殖，笼养。

（2）鸡舍建筑规格：长 80 米～120 米，宽 14 米，高 3.5 米～4 米。

（3）养殖设备：每 100 米^{2}配备 1 台负压风机，标准进风小窗大约 60

个，水帘降温系统28米^2，水帘循环池2米×1.5米×1.5米，锅炉1台，总用电量每增加30%配备1台变压器，发电机组1套、微电脑控制系统、喂料系统、供水系统。

（4）鸡场消毒设备：喷雾消毒设备，臭氧消毒机，车辆消毒通道设备等。

第二节 标准化养殖技术体系

一、蛋鸡场标准化建设

（一）蛋鸡场选址

蛋鸡场应建在地势较高、地形开阔、平坦干燥、向阳背风、排水良好、交通方便、水电可靠的地方。为了更好地减少和控制疫病的感染和传播，养殖场应远离居民区和其他养殖场，避开交通要道，建设人工隔离带或选择具备良好天然屏障的地方。选择空气清新、水质良好、土壤无污染、环境达标的地区建场。所选场址要远离有“三废”排出的地方，离开兽医站、屠宰场、畜产品加工厂、畜禽疫病常发区等易造成病原传播的地方，离开水源保护区、旅游区、自然保护区等不能受污染的地方。

（二）场内规划布局

根据蛋鸡场建筑的功能用途，可将鸡场分为行政管理区、职工生活区、生产区、生产辅助区及粪污处理区等。行政管理区包括行政办公室、接待室、会议室、资料室、财务室、门卫室等；职工生活区包括食堂、宿舍、医务室、浴室等；生产区包括各种鸡舍、孵化室等；生产辅助用房包括饲料库、蛋库、兽医室、消毒更衣室、配电水泵、锅炉、车库等，以及污染源用建筑如病鸡解剖室、化验室。

鸡场要根据建筑群的不同功能、不同生产要求进行分区规划，为改善防疫环境创造有利的条件。鸡场各种房舍和设施的分区规划要追求生活、生产和生态的统一，应该从有利于无公害生产、有利于动物防疫出发，杜绝污染源对生产鸡群造成环境污染；还要注意人的工作、生活集中场所的环境保护，使其尽量不受饲料粉尘、粪便气味和其他废弃物的污染；此外，鸡场分区还要因地制宜，根据鸡场的不同类型、生产经营性质进行规划，各自之间要有一定间隔和屏障。综合考虑以上各种因素，一般将鸡场分为管理区（包括行政管理用房和职工生活用房）、生产区（生产用房和生产辅助用房）、隔离区（污染源用建筑），并根据地势的高低、水流方向和主导风向，按人、鸡、污的顺序，将这些区内的建筑设施按环境卫生条件的需要次序排列。

（1）管理区。管理区是担负职工生活、鸡场经营管理和对外联系的场区，应设在与外界联系方便的位置。鸡场的供销运输与社会的联系十分频繁，极易造成疫病的传播，故场外运输应严格与场内运输分开。负责场外运输的车辆严禁进入生产区，其车棚、车库也应设在场区前面。场前生活区与生产区应严格隔离，外来人员只能在场前生活区活动，不得随意进入生产区。

（2）生产区。生产区是鸡场的核心，许多综合鸡场还设有饲料加工厂、孵化场和产品加工企业。养鸡场内有两条最主要流程线，一条为“饲料库-鸡群舍-产品库”，这三者之间的联系最频繁，劳动强度最大；另外一条流程线为“饲料库-鸡群舍-粪污场”，其末端为粪污处理场。因此，饲料库、产品库（蛋库）和粪污场均要靠近生产区，但不能在生产区内，因为三者都需要与场外联系。饲料库、蛋库和粪污场为相反的两个末端，因此其平面位置也应是相反方向或偏角的位置。为保证防疫安全，鸡舍的布局应根据主风向与地势，按下列顺序配置：孵化室、幼雏舍、中雏舍、后备鸡舍、成鸡舍。孵化室与场外联系较多，宜建在靠近场前区的入口处，大型种鸡场最好在其他位置单建孵化场。育雏区与成年鸡区应有一定的距离，有条件时最好另设分场，专门育雏。综合性养鸡场中的种鸡场与商品鸡群应分区饲养，种鸡区应放在防疫上的最优位置，两个小区中的育雏、育成鸡舍又优于成年鸡的位置，而且育成鸡舍与成年鸡舍的间距要大于本群鸡舍的间距，并设沟渠墙或绿化带等隔离屏障。

生产区建筑物的布局主要是合理设计生产区内各种鸡舍建筑物及设施的排列方式、朝向和相互之间的间距。① 鸡舍的排列。在设计时应根据当地气候，场地地形、地势，建筑物种类和数量，尽量做到合理、整齐、紧凑、美观。鸡舍一般横向成排（东西）纵向成列（南北），称为行列式。将生产区按方形或近似方形布置较好。② 鸡舍的朝向。在我国大部分地区取朝南方向的鸡舍或稍偏西南或东南较为适宜，这样有利于通风换气、冬暖夏凉。③ 鸡舍间距。必须根据当地地理位置和气候、场地的地形等来确定。鸡舍间距的大小，依据不同的要求与鸡舍高度的比值各有不同，防疫间距为1∶（3～5），排污间距为1∶（1.5～1.9），防火间距为1∶（2～3），日照间距为1∶（1.5～2）。综合考虑，鸡舍间距是檐高的3～5倍。一般密闭式鸡舍间距为10～15米，开放式鸡舍间距应为鸡舍高度的5倍左右。此外，场内道路与排水设施建设应便于生产管理，鸡场还要适当进行绿化。

（3）隔离区。隔离区是养鸡场粪便等污物集中之处，是卫生防疫和环境保护工作的重点，该区应设在全场的下风向和地势最低处，且与其他两区的距离不少于50米，储粪场的设置应考虑鸡粪既便于由鸡舍运出，又便于运到田间施用。病鸡隔离舍应尽可能与外界隔绝，且其四周应有天然的或人工的隔离屏障，设单独的通路和出入口。病鸡隔离舍及处理病死鸡的尸坑或焚尸炉等设施，应距鸡舍300～500米，且后者的隔离更应严密。总之，对养鸡场进行总平面布置时，主要考虑卫生防疫和工艺流程两大因素。

（三）蛋鸡舍设计

1. 根据建筑结构分类 根据建筑结构分为开敞式、有窗式、密闭式和连栋式鸡舍。

（1）开敞式。开敞式鸡舍适合气候温暖、四季如春的地区，从早到晚的气温与鸡的生理习性相一致，冷热应激都没有。这种鸡舍的缺点是容易受到外来带病飞鸟的威胁。建设时一定要具备防护网，阻挡飞鸟接近鸡舍。这种形式的鸡舍利用自然环境，设计、建材、施工工艺及内部设置等要求较为简单，因此，它的造价较低，投资较少；能够充分利用自然资源，如自然通风、自然光照，运行成本低；还可以利用卷帘的升降来调节窗户的大小，以便调节通风透光和控制温度，卷帘鸡舍通风良好，但冬季严寒季节保温性能较差，只适于华北以南的地区使用。

开敞式禽舍的优点是造价低，节省能源；缺点是受外界环境的影响较大，尤其是光照的影响最大，不能很好地控制鸡的性成熟。

（2）有窗式。这种禽舍结合了开敞式和封闭式禽舍的优点，除安装透明的窗户外，还安装了湿垫风机等降温系统。在春秋季节窗户可以打开，进行自然通风和自然光照；夏季和冬季根据天气情况将窗户关闭，采用机械通风和人工光照。夏季使用湿垫降温加大通风量，冬季减少通风量到最低需要量水平，以利于禽舍保温。

在南北两侧设窗户进风口，通过开窗机构来调节窗的开启程度。充分利用自然资源（阳光和风能），且在恶劣的气候条件下可以进行人工调控，兼备了开敞式与封闭式鸡舍的双重功能，很适合于我国中部地区使用。

（3）密闭式。密闭式鸡舍适合任何地区，鸡舍内部气候由一套微电脑系统自动控制，使鸡舍内部环境完全符合鸡生长的需要，有利于鸡场生产性能指标的提高。目前国内规模化、集约化养殖场都是选用轻钢结构密闭式鸡舍，使鸡生长在一个良好环境中，料肉比更低，从而获得最大化的养殖效益。

密闭式蛋鸡舍的通风完全靠风机进行，禽舍采光是根据需要人工加光，舍内温度依靠加热升温或通风降温。环境条件能够人为控制，受外界环境的影响小，将鸡舍小环境与外界大环境完全隔开，使禽舍的内部条件尽量维持在接近鸡的最佳水平，满足鸡的最佳生长，减少应激，充分提高鸡的生产性能。

封闭式蛋鸡舍优点是受外界环境的影响小，能够人为调控鸡的性成熟日龄；鸡舍鸡群的生产性能比较稳定，一年四季可以均衡生产；有利于人工控制环境和管理环节；基本上切断了通过自然媒介传入疾病的途径。缺点是投资大，光照全靠人工加光，完全机械通风，对鸡舍设计、建筑要求高，电力能源依赖性强，要求设施设备配套，所以鸡舍造价高，运行成本高。

（4）连栋式。将一个较大生产规模的鸡群所需要的若干栋鸡舍以共同隔墙全部联合在一起，使其成为一体。优点是省空间，更便于恒定温控，鸡舍共用墙体，而且一些设备可以几栋鸡舍共用，节省场地，鸡舍投资较少。缺点是耗电量大，不能利用自然光和自然风，通风不好，不利于疫病防控。

2. 按照养殖方式分类 按照养殖方式分为平养舍、笼养舍、散养舍。

（1）平养舍。在地面上铺设一层垫料，然后将鸡放入鸡舍内养殖，从雏鸡开始，一直养到成鸡。除了欧洲之外，国外肉鸡舍基本上都是附有微气候控制系统的密闭式平养舍。

（2）笼养舍。将鸡放入鸡笼内养殖，目前有 A 型与 H 型层叠式鸡笼，国内蛋鸡舍大多是笼养舍，也有专门用来养殖肉鸡的，采用这种鸡舍鸡的福利不是很好，但是养殖密度是最大的，鸡舍产生的效益也是巨大的，当然鸡舍整体投入也是很大的。

（3）散养舍。这种鸡舍是福利养殖的典范，包含室内休息室，雨天、雪天、冬天时的室外活动场与整个鸡舍外的运动场，鸡不仅拥有自己的室外活动场，还有自己栖息的场所，更有恶劣天气时也能进行室外活动的活动区。此种鸡舍建筑已在欧洲被强制执行，澳洲的农场也正在使用这种鸡舍养殖生产售价更高的有机鸡蛋。

3. 按照生长阶段分类 根据鸡的生长阶段将蛋鸡场的鸡舍分为育雏舍（0～4 周）、育成舍（从 3～4 周龄到成年）与蛋鸡舍（开产后的蛋鸡）。

（四）蛋鸡场设备设施

1. 饲养笼具

（1）立体育雏笼。用于育雏，将雏鸡饲养在层叠式的育雏笼内。育雏笼一般分为 3～5 层。电热育雏笼是采用电热加温的育雏笼具，有多种规格，能自动调节温度，一些条件较好的地方已经采用。大多数农户在采用立体育雏时，为降低成本，常用毛竹竹片、木条或铁丝等制成栅栏，底网大多采用铁丝网或塑料网。鸡粪从网眼落下，落到层与层之间的承粪板上，定时清除。供温方法可采用热水管、热气管、排烟管道、电热丝、红外线灯等。

立体育雏与平面育雏相比，其优点是能充分利用育雏舍空间，提高了单位面积利用率和生产率；节省了垫料，热能利用更为经济；与网上育雏一样，雏鸡不与粪便直接接触，有利于对白痢病、球虫病的预防。但立体育雏需投资较多，在饲养管理上要控制好舍内育雏所需条件，供给营养完善的饲粮，保证雏鸡生长发育的需要。

（2）育成笼。适用于饲养 7～20 周龄鸡，有四层阶梯式和叠层式。四层阶梯笼每层笼长为 1.9 米、宽 0.38 米、高 0.34 米，全架笼宽 2.1 米、高 1.6～1.8 米，饲养量为 160 羽左右；四叠层育成笼全长为 1.8～1.9 米、宽 1.26 米、高 1.7～1.85 米，饲养量为 200～220 羽。

（3）蛋鸡笼。蛋鸡笼有二阶梯笼、三阶梯笼和重叠式蛋鸡笼（立式蛋鸡笼）。笼底有一定坡度，便于蛋滚出，阶梯式有全架和半架、全阶梯和半阶梯之分。二阶梯笼适合做个体记录和育种；人工授精的种鸡适合二阶梯笼、三阶梯笼。重叠式蛋鸡笼的笼网采用热镀锌工艺，耐腐蚀，饲养量大。

2. 给料和饮水系统　大型机械化养鸡场通常采用机械给料系统来提高劳动效率，常见的有链式给料机、螺旋式给料机、塞盘式给料机和给料车等。蛋鸡养殖饮水系统包括蓄水炉、冷却降温箱、管道、过滤器、蓄水箱、控制阀门、压力控制阀、分流管、喂水器。

3. 控温控光设备　在育雏期和北方严寒的冬季，需要使用加温设备，常用的加温设备有育雏伞（伞形育雏器）、红外线育雏器、热风炉、煤炉或煤道、人工烟道等。

在炎热的夏季需要使用降温设备，通常采用蒸发降温的方式。目前常用的降温设施有喷嘴和湿垫两种蒸发系统。喷嘴系统是在整个禽舍的重要位置上安装喷嘴，尤其是气流大的地方。水由喷嘴喷出即被雾化，然后蒸发于空气中。湿垫系统由湿垫（又叫蒸发垫）、水循环系统和排风扇组成。排风扇使空气经蒸发垫而引入鸡舍，从而降低了空气的温度。

光照设备主要由光照自动控制器和光源组成，控制器能够按时开灯和关灯，自动调节光照强度。

4. 通风换气设备　鸡舍通风换气的方式可分为自然通风和机械通风2种。

（1）自然通风是指不需要机械设备，借助于自然的风压和热压，产生空气流动，通过鸡舍外围护结构的空隙所形成的空气交换。自然通风可分为无管道和有管道2种形式。无管道自然通风是靠门、窗进行通风换气，它仅适用于温暖地区或寒冷地区的温暖季节。而在寒冷地区的封闭舍中，为保温须将门、窗紧闭，要靠专门通风管道进行换气。

（2）机械通风，由于自然通风受诸多因素的影响，特别是受气候与天气条件的制约，不可能保证封闭式鸡舍经常的充分换气。因此，为建立良好的鸡舍环境，以保证鸡健康及生产力的充分发挥，在高密度饲养的鸡舍中应实行机械通风。

机械通风按风机类型可分为正压、负压和联合通风3种形式。而按通风时气流方式又可分为纵向通风和横向通风 2 种类型。正压通风又称进气式通风或送风，是指通过风机将舍外新鲜空气强制送入舍内，使舍内压力增高，舍内污浊空气通过风口或风管自然排出的换气方式。负压通风是采取抽出式通风的方式进行通风换气。联合通风是采用正压通风（送风）和负压通风（排风）相结合的方式。

通风模式从通风的基本原理上可分为最小通风（定时排风，提供新鲜空气）和温控通风（控制温度，降温为主）。两种通风模式各司其职，各有作用。在冬季时，以最小通风为主；夏天时，以温控通风为主。

冬季以定时排风为主，在满足最小通风的基础上，尽量保温。要使用定时器来控制风机的通风。设定时间可以根据鸡舍的实际情况调节时间的长短，要会看鸡通风。比如 1 万羽鸡 1 栋的蛋鸡舍，冬季可以使用 1 台排风量 27 000 米^3/时的风机，定时排风。在做好排风的基础上，再观察风从哪里进入鸡舍。冷空气进入鸡舍的流动方向和流速都很重要。要避免进入的冷风直接吹到鸡身上，造成冷应激的问题。一般 14 米宽的鸡舍，进风小窗的风速达到 5 米/秒左右就可以。

5. 清粪设施 应用较多的是牵引式刮粪机和传送带清粪装置两种。层叠式笼养多采用传送带清粪，鸡直接排粪在传送带上，由固定刮板或转刷铲将粪刮落至集粪沟里。

（五）蛋鸡场消毒设施与布置要求

为了防止人员、车辆、物品将病毒带入鸡场，需设置人员、物品消毒通道和车辆消毒通道，对人员、物品和车辆进行消毒。

在鸡场入口、生产区入口、鸡舍入口、配料间入口，都应设有消毒更衣设施，制定详细的规章制度并严格贯彻实施。

（六）蛋鸡场鸡粪处理方法

1. 自然发酵法

（1）堆肥发酵法：通过堆肥发酵后的鸡粪，是葡萄、西瓜、果树和蔬菜的好肥料。选择在通风好、地势高的地方，最好远离居住区及鸡舍 500 米以上的下风向，将清理出的带垫料鸡粪堆积成堆，外面用泥浆封闭。一般夏季 10 天左右，冬季 2 个月左右。

（2）湿泥土密封发酵法：即将鸡粪运到粪场堆积，拍打平整，盖上

10厘米左右的厚的土泥抹平，使其不进气不漏气，让微生物在里面发酵产热，杀灭病菌和寄生虫，此法适于粪堆长期堆放不动。

(3) 塑料膜密封发酵法：在粪场的粪堆上盖上塑料膜，周围用土、石块压实，不透气，留一端掀盖方便，将每天打扫的鲜鸡粪加入，再压实。若薄膜幅面窄，可以互相压边，以水黏合；若粪太稀可适当拌土堆积，阳光照射发酵几天后，要常掀开薄膜晾晒；若有蝇蛆滋生，则盖上薄膜即可很快杀灭，反复一段时间后，粪即干成堆，若长期不出售则最好用泥土封存。此法可使粪堆升温快，灭蛆好，适合范围广。

2. 沼气发酵法　鸡粪是沼气发酵的原料之一，尤其是带水的鸡粪，可以用来制取沼气。建立中小型发酵池，经10～20天左右发酵便可生产出沼气。沼气可用作生活取暖、烧水煮饭等，还可用沼气作能源制作膨化饲料，发酵的粪便无臭味，沼气池中的粪肥要及时清除池外，用干制法或发酵法堆积贮存。沼渣用来做鱼饵或肥料。

3. 微生物发酵法　鸡舍清理出的鸡粪，可以与秸秆、锯末屑、谷壳、饲料和发酵剂、米糠（或麸皮、玉米粉等替代物）等深度发酵处理以后再施肥，粪便无臭味，既提高生产效益，改善饲养环境，还可减少苍蝇滋生，当作有机肥施用。还可以使用多菌两步发酵法，即鸡粪通过配比后经过多菌两步发酵（前期好氧，后期堆肥）后生产出生物有机肥商品，广泛应用于各种作物，是生产无公害、绿色和有机产品的优质肥料。该方法不仅能够彻底除臭，还有独特的发酵味。

二、蛋鸡品种选择

（一）国外蛋鸡优良品种

1. 海兰蛋鸡　海兰家禽育种公司育成，具有较高的生产性能，较强的适应力及抗病能力，耐热，安静不易受惊扰，易于管理。海兰褐壳蛋鸡成活率96%～98%；至72周龄年产蛋总重19.4千克，日耗料114克，料蛋比（21～72周）2.36∶1。

2. 罗曼褐蛋鸡　德国罗曼公司育成，属中型体重高产蛋鸡，四系配套，有羽色伴性基因。至74周平均蛋重64～65克，产蛋期平均日耗料110～120克。

3. 伊莎褐蛋鸡 法国伊莎公司育成，属四系配套中型体重的高产褐壳蛋鸡。具有较好的抗热性能，是当今世界主要高产蛋用鸡种之一，有羽色和快慢羽两个伴性基因。全群达50%产蛋日龄为160～168天，开产体重为1.55～1.65千克，入舍母鸡72周龄年产蛋280～290枚，蛋重63～65克，料蛋比2.3∶1～2.4∶1。

4. 罗斯褐蛋鸡 英国罗斯公司育成，属高产蛋鸡，适应性强，抗逆性好。有金银色和快慢羽两个伴性基因。72周龄年产蛋量271.4枚，平均蛋重63.6克，总蛋重17.25千克，料蛋比2.46∶1；0～20周龄成活率99%。

5. 海塞克斯（褐） 荷兰成尤里布德公司培育的中型褐壳蛋鸡，具有羽色伴性基因。该鸡性情温顺，好管理，抗寒性强，抗逆性好且具有产蛋高峰期长、破壳蛋少的特点。但耐热性较差，适宜在北方寒冷地区饲养。78周龄年产蛋量302枚，平均蛋重63.6克，总蛋重19.2千克，料蛋比2.38∶1，产蛋期末体重2.22千克，产蛋期存活率95%。

6. 星杂579（褐） 又名S579，由加拿大谢佛公司育成。该鸡具有羽色伴性基因。平均开产日龄为168天，27～29周龄达产蛋高峰；72周龄入舍母鸡年产蛋250～270枚。平均蛋重63克，产蛋期料蛋比2.6∶1～2.8∶1，成活率92%～94%。

（二）国内优良蛋鸡品种

1. 京红1号与京粉1号 均由北京市华都峪口禽业有限责任公司培育而成。

京红1号开产早，产蛋多，140日龄达到50%产蛋率；90%以上产蛋率维持9个月以上。好饲养，抗病强；适应粗放的饲养环境；育雏、育成成活率97%以上；产蛋鸡成活率97%以上；免疫调节能力强。吃料少，效益高，高峰期料蛋比2.0∶1～2.1∶1。

京粉1号是浅褐壳蛋鸡配套系，具有适应性强、产蛋量高、耗料低等特点。父母代种鸡68周龄可提供健母雏96羽以上，商品代72周龄年产蛋总重可达18.9千克以上。商品代蛋鸡育雏、育成期成活率96%～98%，产蛋期成活率92%～95%，高峰期产蛋率93%～96%，产蛋期料蛋比2.1∶1～2.2∶1。

2. 农大3号　为中国农业大学培育而成的节粮小型蛋鸡配套系，分为农大褐和农大粉2个品系。商品代生产性能高，可根据羽色辨别雌雄。72周龄年产蛋数可达260枚，平均蛋重约58克，产蛋期日耗料量85～90克/羽，料蛋比为2.1∶1。

3. 新杨白壳蛋鸡配套系　为上海市新杨家禽育种中心培育而成的蛋鸡配套系，分为新杨白、新杨粉和新杨褐3个品系。商品代至72周龄年产蛋数295～305枚，平均蛋重61.5～63.5克，料蛋比2.08∶1～2.2∶1。

4. 仙居鸡　原产浙江省仙居县，体型小而结实。单冠，颈部细长，背部平直，尾羽高翘，羽毛紧密。公鸡羽毛黄色或红色，体重约1.5千克，母鸡羽毛多为黄色，少有黑色或花色的，体重约1千克。年产蛋量与来航鸡近似，有188～211个，蛋壳黄棕色，每个蛋重41～46克。仙居鸡的性情活泼，觅食能力极强。

5. 京白蛋鸡与种禽褐蛋鸡　均由北京市华都峪口禽业有限责任公司培育而成。京白蛋鸡为白壳蛋鸡配套系，分为京白938、988，精选京白904、939、989。种禽褐蛋鸡为褐壳配套系，分为种禽褐和种禽褐8号2种。

6. 滨白42　由东北农业大学利用引进素材育成的两系配套杂交鸡，是目前滨白鸡系列中产蛋性能最好、推广数量最多、分布最广的高产蛋鸡。

（三）适宜湖南省养殖的蛋鸡品种

有京粉1号、京粉2号蛋鸡，罗曼褐蛋鸡，依莎褐蛋鸡等品种。

三、养殖生产技术

（一）雏鸡的饲养管理技术

1. 进鸡苗前的准备工作

（1）鸡舍的准备：要达到保温及通风、防雨、防风、防晒等条件，并在进鸡前对鸡舍进行消毒。

（2）育雏用具的准备：如果笼育，则要有育雏笼；如果平育，则要准备垫料。要有料桶或食槽、饮水器或水槽，还要有灯泡、温度计、围栏、记录本、免疫用具等。

（3）饲料的准备：要进行合理计算。

2. 雏鸡的生理特点

（1）雏鸡体温调节机能差。幼雏体温较成年鸡体温低3℃，雏鸡绒毛稀短、皮薄、皮下脂肪少、保温能力差，体温调节机能要在2周龄之后才逐渐趋于完善。所以维持适宜的育雏温度，对雏鸡的健康和正常发育是至关重要的。

（2）生长发育迅速、代谢旺盛。蛋雏鸡1周龄时体重约为初生重的2倍，至6周龄时约为初生重的15倍，其前期生长发育迅速，在营养上要充分满足其需要。由于生长迅速，雏鸡的代谢很旺盛，单位体重的耗氧量是成鸡的3倍，在管理上必须满足其对新鲜空气的需要。

（3）消化器官容积小、消化能力弱。幼雏的消化器官还处于一个发育阶段，每次进食量有限，同时消化酶的分泌能力还不太健全，消化能力差。所以配制雏鸡料时，必须选用质量好、容易消化的原料，配制高营养水平的全价饲料。

（4）抗病力差。幼雏由于对外界的适应力差，对各种疾病的抵抗力也弱，在饲养管理上稍疏忽，即有可能患病。在30日龄之内，雏鸡的免疫机能还未发育完善，虽经多次免疫，自身产生的抗体水平还是难以抵抗强毒的侵扰，所以应尽可能为雏鸡创造一个适宜的环境。

（5）敏感性强。雏鸡不仅对环境变化很敏感，由于生长迅速对一些营养素的缺乏也很敏感，容易出现某些营养素的缺乏症，对一些药物和霉菌等有毒有害物质的反应也十分敏感。所以在注意环境控制的同时，选择饲料原料和用药时也都需要慎重。

（6）群居性强、胆小。雏鸡胆小、缺乏自卫能力，喜欢群居，稍有外界的异常刺激，就有可能引起混乱炸群，影响正常的生长发育和抗病能力。所以育雏需要安静的环境，要防止各种异常声响、噪音以及新奇颜色入内，防止鼠、雀、害兽的侵入，同时在管理上要注意鸡群饲养密度的适宜性。

（7）初期易脱水。刚出壳的雏鸡含水率在75％以上，如果在干燥的环境中存放时间过长，则很容易在呼吸过程中失去很多水分，造成脱水。育雏初期干燥的环境也会使雏鸡因呼吸失水过多而增加饮水量，影响消化机能。所以在出雏之后的存放期间、运输途中及育雏初期，注意湿度问题就可以提高育雏的成活率。

3. 雏鸡的选择 健雏是发育正常、体况健康的雏鸡。健雏通常适时出壳，出壳时间比较一致，比较集中，通常在孵化第20天至20天6 h开始出雏，第20天12 h达到高峰，满21天出雏结束；体重符合该品种标准，雏鸡出壳体重因品种、类型不同，一般肉用仔鸡出壳重约40克，蛋鸡为36～38克；绒毛整齐清洁，富有光泽；腹部平坦、柔软；脐部没有出血痕迹，愈合良好，紧而干燥有绒毛覆盖；雏鸡活泼好动，眼大有神，脚结实；鸣声响亮而脆；触摸有膘，饱满，挣扎有力。

弱雏是发育不健全或不健康的雏鸡。弱雏通常过早或过迟出雏，出雏时间拖得很长，孵化第22天还有一些未破壳的；体重太重或太轻，卵黄吸收差的体重过重，个体瘦小的体重过轻；绒毛蓬乱污秽，缺乏光泽；腹部膨大突出，松弛；脐部突出，有出血痕迹，愈合不好，周围潮湿，无绒毛覆盖明显外露；缩头闭目、站立不稳、怕冷；尖叫不休；触摸瘦弱、松弛，挣扎无力。

4. 运输雏鸡时的注意事项 运输雏鸡时应注意保温、通风，防止挤压和脱水。

（1）初生雏鸡的适宜环境温度为33～35℃。冬季运输时注重防寒保温，防止受凉感冒，同时还要适当通风，关键是解决好保温与通风的矛盾。夏季运输主要是通风防暑，防止有通风死角，造成雏鸡“闷死”，尽量避免中午运输，防止烈日暴晒，以免发生中暑。

（2）运雏用具的准备。首先，应根据路途远近、天气情况、雏鸡数量、当地交通条件等确定交通工具，汽车、轮船、飞机均可采用。但不论是哪一种交通工具，运输途中都要力求做到稳而快，尽量避免剧烈震动、颠簸。要选择适当的包装，并留有空间，保证雏鸡的通风换气活动，防止憋闷和挤压。装雏工具最好采用专用雏鸡箱，一般长50～60厘米、宽40～50厘米、高20～25厘米，内分四小格，每小格放25羽雏鸡，每箱100羽左右。箱子四周有直径2厘米左右的通气孔若干。没有专用雏鸡箱时，也可用厚纸箱、竹筐或木箱代替，但也要留有一定数量的通气孔。无论哪种装雏工具，均必须既保温，又能通风，单位面积装放雏鸡只数要适宜，而且箱底要平面柔软，箱高不会被压低，箱体不得变形，且易于清洗消毒。冬季和早春运雏，还要带上棉被、毛毯等防寒用品，夏季运雏要带遮阳、防雨用具。所有运雏用具在装雏前，均需严格消毒。

(3) 运输时间要适宜。初生雏于毛干并能站稳后即可起运，最好能在出壳后 24～36 小时内安全运到饲养地，以便按时饮水、开食。另外，还应根据季节确定起运时间。一般冬季和早春运雏应选择中午前后气温相对较高的时间启运；夏季运雏则宜选择在日出前或日落后的早晚进行。

5. 地面育雏 地面育雏是指在室内地面上培育雏鸡的方式。地面育雏选用的垫料一般是吸水性好、清洁、不霉变的锯末、刨花、稻草和麦秸等。稻草和麦秸应铡成约 4 厘米长。垫料可经常更换，也可到育雏结束时一次性清除。地面育雏的供温方法主要有火炕（地下温床）、育雏伞、红外线灯等。地面育雏简单易行、管理方便，但雏鸡常与粪便接触，易感染球虫病。

6. 网上育雏 网上育雏是将雏鸡饲养在距地面 50～60 厘米高的铁丝网或塑料网上，也可以用木条或竹竿搭成地网，网的结构分为网片和框架两部分。网采用直径 3 毫米的冷拔钢丝焊成，并做镀锌防腐处理；网片尺寸应与框架相符，网孔 2.0 厘米×8.0 厘米或 2.0 厘米×10.0 厘米；也可购买塑料网片，网孔 2 厘米×1.5 厘米。对 7～10 天的幼雏，最好铺设麻袋、包装用麻布或小网孔塑料垫网，以减少热量的散失，适于不同日龄雏鸡运动、采食、饮水。塑料网上的麻袋（布）应在 1 周左右拆除。3 周龄后拆去小网孔塑料网，使雏鸡直接在金属网或条板网上生活。保温可用热风炉、自动燃气热风炉和电热伞等热源。这种育雏方式减少了雏鸡与地面和粪便接触的机会，可防止鸡白痢和球虫病的发生，但投资较大，饲养管理技术要求较高。

7. 立体育雏 立体育雏（也称笼育）就是用分层育雏笼培育雏鸡，一般为 4 层叠式笼，每层笼四周用铁丝、竹竿或木条制成栅栏，料槽和饮水器可排列在栅栏外。雏鸡通过栅栏采食、饮水。笼底多为铁丝网、涂塑铁丝网，鸡粪可由空隙掉到下面的承粪板上，方便定期清除。加热方式多采用暖器、热风炉或笼内设计电热板。每层可容纳雏鸡 600～1 000 羽，随鸡龄增大而降低饲养密度。雏鸡舍离地面 1 m 高，随着雏鸡日龄增长笼温与室温逐渐缩小，3 周龄时接近室温，室温最低应保持 18 ℃。该育雏方法能充分利用房屋空间和热能，提高资源利用率，能有效预防疾病；但投资大，对营养和管理的技术要求高，是目前国内外现代化和工厂集约化养鸡主要采取的育雏方式。

8. 常用的育雏供暖方式　根据热源和供暖设备的不同，常用的供暖方式有以下几种。

（1）暖风炉供暖。是以煤油等为燃料的加热设备，在舍外设立热风炉，将热风引进鸡舍上空或采用正压将热风吹进鸡舍上方。此供暖方法是目前国内大型种鸡场及商品鸡场普遍采用的方式。

（2）电热伞供暖。是平面育雏常用的供暖方式。常用育雏器是伞形的，故称为电热伞。也有方形、多角形与圆形等多种形状的育雏器。还需另设火炉、暖器或暖风炉以提高室温。

（3）自动燃气暖风炉供暖。此设备的燃料主要是天然气，设备可安装在舍内，通过传感器自动控制温度，热效率高，100%被利用，卫生干净，通风良好，是比较理想的供暖方式。

（4）火炕供暖。热源置于地下，在育雏舍外设一烧煤或烧柴的火土炕提供热源，热流沿鸡舍内地面下 3～5 厘米深处的双列烟道散发，最后由舍外烟囱排出。舍内烟道附近地面形成温床。

（5）地上烟道供暖。在育雏舍里用砖或土坯垒成烟道，距离舍内墙壁 1 米远，距离地面 25 厘米高，长度根据育雏舍大小而定。几条烟道汇合通向集烟柜，然后由烟囱通向室外。为了节约燃料和保证育雏舍内温度均匀，可在烟道外加一个罩子。在烟道外距地面 5 厘米处悬挂温度表，地面上铺设垫草。

（6）火墙供暖。把育雏室的墙壁砌为空墙，内设烟道，炉灶置于室外走廊内，雏鸡靠火墙壁上散发出来的热量取暖。

（7）红外线灯供暖。利用红外线灯散发的热量供暖进行育雏。红外线灯的规格很多，小的 200 瓦，大的 350～1 000 瓦，育雏时常用 250 瓦，可给 110 羽雏鸡提供 30℃的室温。红外线灯又分发光和不发光两种，使用时 2～6 盏灯成组连在一起，上设灯罩聚热，悬挂于离地面 40～60 厘米的高度，室温低时可降至 33～35 厘米。育雏的第 2 周开始每周将灯提高7～

8厘米，直至离地面60厘米。

9. 雏鸡适宜的湿度 雏鸡适宜的相对湿度是1～10日龄为60%～70%，10日龄以后为50%～60%。提高湿度最常用的方法是在煤炉上放置水壶或水盆烧开水，以产生水蒸气；如果在网上养鸡，可以向空中、地面喷水；地面育雏的可以放一些潮湿的草捆。要想降低室内的湿度，可以利用窗户通风换气，但应注意室内温度；地面育雏的可以往垫料上撒些过磷酸钙，用量为每平方米0.1千克，或将过磷酸钙与垫料搅拌混合，不可使用生石灰。

10. 雏鸡补光强度和时间 蛋鸡雏鸡的光照强度为：第1周为10～20勒克斯，2周以后为5～10勒克斯。具体生产中，以15米^{2}的鸡舍为例，第1周用一盏40瓦灯泡悬挂于2米高的位置，第2周换用25瓦灯泡即可。

合理的光照时间一般为：前3天每天可采用23小时的光照，以便使雏鸡尽快熟悉环境，识别食槽、水槽位置。从第4天到开产前，对密闭式鸡舍可采用每天8～10小时光照，没有遮光设备、不能控制光照时间的开放式鸡舍就采用自然光照。有条件的开放式鸡舍，4日龄以后的光照可以根据当地自然日照时间变化来确定，如果本批鸡育成后期处于日照时间逐渐缩短的时期，4日龄以后就采用自然光照；如果本批鸡的育成后期处于日照时间不断增加时期，则要控制光照时间。

11. 饲喂雏鸡的注意事项

（1）在雏鸡开食前要先饮水，在1～7日龄，可在饮水中加葡萄糖和电解多维，以利于雏鸡卵黄体的吸收。

（2）1周龄后可饮用自来水，要保证水的清洁，且不能断水。每天将饮水器用高锰酸钾消毒一次。

（3）雏鸡一般在孵出后24～26小时开食，开食料可用小米、碎玉米等饲料，3日龄后逐渐换为配合饲料。

（4）饲喂次数：一般1～45日龄每天饲喂5～6次；46日龄以后饲喂4～5次。每次不宜饲喂得太饱，要少添勤喂，以饲喂八成饱为宜。

12. 蛋鸡在育雏期的饲养密度 网养密度：1～3周龄20～30羽/米^2，4～6周龄10～15羽/米^2；笼养密度：为1～3周龄50～60羽/米^2，4～6

周龄 20～30 羽/米^2，注意强弱分群饲养。

13. 雏鸡扎堆的主要原因　雏鸡扎堆大部分情况下是因为畏寒，主要是舍内温度低造成的，可以增加保温设施来提高鸡舍内温度，解决扎堆问题。也有一部分扎堆现象是由于疾病和应激，需要查清疾病和应激原因，加以解决。

14. 怎样辨别干脚雏鸡　雏鸡脚部皮肤干燥，缺乏弹性，是由于雏鸡脱水造成的。鸡苗在孵化场的停留时间约为 48 小时。养殖户在购买后还要经过一段时间的运输才能够到达养殖场。鸡苗在密度高、气温高的运输车内，容易引发脱水，鸡苗一旦发生严重脱水，是不可逆转的，治疗的意义不大。因此，育雏和运输中避免雏鸡脱水情况的发生十分重要。一般说来，雏鸡出壳后，由于呼吸、腹内卵黄的继续吸收等原因要消耗较多的水分，其水分必须在 24～36 小时内得到补充，否则即可引起脱水。症状重的可引起死亡，轻的会影响到后期的生长发育。

15. 雏鸡断喙的最佳时间及方法　商品蛋鸡场多在 6～10 日龄进行断喙，这样可节省人力，降低成本，减少应激及早期啄羽的发生。6～10 日龄断喙后在 10～12 周龄还应做适当的补充修剪。

将断喙器的刀子烧红，达到褐红色时，用食指压住雏鸡的喉咙，在 1～2 秒之间，上喙和下喙一同烙断。一般雏鸡的上喙需要断去 1/2～2/3，雏鸡的下喙则需要断去 1/3，构成一个下长上短的喙形状。如果断喙的时候出血，则需要再烙一下。注意不要断太长或太短，也要小心不能把鸡的舌尖弄断。

16. 雏鸡断喙时的注意事项　雏鸡断喙以 8～10 日龄为宜，如果这个日龄区间的雏鸡因为某些原因状态不佳的话，断喙也需要往后推延。若刚给雏鸡接种过疫苗，需等雏鸡恢复正常之后再行断喙。另外，使用磺胺类药物时不要断喙，不然可能会发生血流难以止住的现象。密切关注雏鸡断喙处是否有出血，如果断喙后鸡群中仍有出血现象，要及时处理，以防止感染葡萄球菌等细菌。如发现出血，则应立即补烫止血。

在断喙的前一天，一般需要在饲料中增加适当的维生素 K，以缓解断喙时流血。断喙之后，需在料槽中尽量多增加一些饲料，防止鸡吃光料之后，刚刚断的喙触碰槽底，造成痛苦和出血。这种做法一般需持续 3 天，另外断喙后的第一天，也需在饲料中增加维生素 K，协助凝血，减少出血。还要加强饲养管理，保证充足饮水，减少各种应激等。

（二）育成期蛋鸡的饲养管理技术

1. 育成期的饲养方式 雏鸡生长到 5～6 周后，就要从育雏室转入育成室，直到 18～20 周再上笼饲养。育成期蛋鸡以网上平养或立体笼养较好。

2. 育成鸡合理的饲养密度 育成期网上平养 10～15 羽/米^2，阶梯笼养可达 25 羽/米^2。

3. 健康育成鸡的环境条件

（1）光照要求：光照强度以 5～10 勒克斯为宜，每天光照时间一般不超过 12 小时。应在育成期间逐渐缩短或稳定光照，并限制育成鸡过多活动。实际生产中注意不要经常变换光照强度，因为这样会使鸡紧张。

（2）温、湿度要求：温度为 16℃左右，相对湿度为 60%左右为宜。温度可通过电热炉或煤炉加热，也可通过加强通风降温。湿度可通过加湿器及地面撒碳酸钙粉等调节。

（3）通风要求：夏季通风量为 6～8 米^3/（羽·时），春秋季为 3～4 米^3/（羽·时），冬季为 2～3 米^3/（羽·时）。并且要注意，随着鸡的体重和日龄增长，通过调整鸡舍的窗户和风机的开关时间对通风量进行适当调整。

（4）饲养密度要求：一般平养每群不超过 500 羽，8～9 周龄的鸡 10～12 羽/米^2；笼养则每个小笼 5～6 羽，15～16 羽/米^2，即应该保证每羽鸡有 270～280 厘米^{2}的笼位，不低于 8 厘米宽的采食和饮水位。育成期鸡的密度对以后的生产性能具有很大的影响，密度过大，易导致体重不达标、开产不整齐、啄肛、增加死淘率等。因此，无论平养还是笼养，要想使鸡群个体发育均匀，必须通过分群法等严格控制饲养密度。

4. 控制育成鸡性成熟的方法 控制育成鸡性成熟的方法主要有两种：一是限饲，二是控制光照。

（1）限饲。育成阶段，鸡吃料较多，生长速度较快，为防止过早性成熟和成年种鸡体重过大，造成产蛋量减少，必须控制喂料量。限制饲喂可以延迟性成熟，一般可以使性成熟延迟 5～10 天；还能够降低产蛋期间的死亡率；节省饲料；控制生长发育速度。限制饲喂的方法有限制饲料喂量及限制日粮的能量和蛋白质水平。

(2) 控制光照。特别是 10 日龄以后，光照对育成鸡性成熟的影响越来越明显。光照从开食时每天 22 小时渐减至 18 周龄每天 6 小时，鸡开产日龄为 169 天；而从开食至产蛋每天恒定光照 6 小时，其开产日龄为 158 天，若恒定 22 小时，其开产日龄为 151 天；光照从开食每天 6 小时逐渐增至 18 周龄每天 22 小时，鸡开产日龄仅 139 天。

控制育成鸡性成熟的关键是把限饲与光照结合起来，只强调某个方面都不会取得很好的效果。若只采用限制饲料管理，鸡的体重符合标准，但开产日龄延迟了，原因是光照时间不足；体重较轻，如果增加光照时间，而忽视了饲料的营养和饲喂量，达不到标准体重，结果是开产蛋重小，产蛋高峰期延迟。

5. 育成鸡的关键饲养管理技术 在转入育成室前要做好如下准备工作：① 环境消毒：对育成室周围进行全面的除草消毒，室内高压冲洗，并用 10%～20%石灰溶液喷雾或浸泡地面，待干后，室内地面用清水清洗干净，干后待用。② 饮水用具消毒：平养育成，把饮水线中水排干，小鸡入室前 7 天加入 10%～20%醋酸，小鸡入室前排干冲洗，笼养育成饮水器用消毒剂消毒清洗。③ 育成室消毒：平养育成室地面用粗糠作垫草，垫 5 厘米左右，冬季略垫厚一些。调节好饮水线高度，并检查每个饮水器乳头是否漏水，漏水必须立即修复，笼养把用具全部放入室内，关闭门窗，每立方米用福尔马林 15～40 毫升、7.5～20 克高锰酸钾熏蒸 12 小时以上，再打开门窗通风。

在转群时要注意以下事项：① 转群防应激：转群前 3 天，小鸡饲料中加入电解质或维生素。饲料转换要过渡，第一天育雏料和生长期料对半，第二天育雏期料减至 40%，第三天育雏料减至 20%，第四天全部用生长期料。② 转群：转群时冬天选晴天，夏天选在早晚凉爽的时间。尽量能在一天内转完，并把体重大小一致的分在一起便于管理。体重轻的可留在育雏室内多饲养一周。转群时防止人为伤鸡。③ 转群初期饲养管理：小鸡转群后，由于环境的变化，需要适应，要防止炸群。注意观察鸡能否都喝上水，一周后鸡熟悉以后，才能按育成鸡的管理技术进行正常操作。

进行限饲、光照控制和体重控制（详见本章“控制育成鸡性成熟的方法”部分）。

保证鸡群的整齐度，经常注意把较小、较弱的鸡挑出单独护理，适当多喂一些饲料，以便使它们的体重赶上强壮的鸡。

注意通风换气，促进心、肺系统的发育，勤换垫料，每天定时清理粪便，保证室内清洁卫生。

做好疾病防治工作，40～60 日龄期做好葡萄球菌病防治工作，多雨季节做好球虫病防治工作，平养的育成鸡更要注意及时投药预防，用药不能单一，要经常更换。夏季蚊虫多，应提前做好鸡痘苗刺种。严格按免疫程序，适时进行鸡新城疫疫苗的免疫。经常做好鸡舍的卫生防疫工作，坚持每周用消毒药对鸡舍进行带鸡消毒。

18～20 周提早做好上笼准备，避免推迟上笼，减少初产应激，并要做好减蛋综合征的免疫。

6. 育成鸡提前转入蛋鸡笼的优缺点 育成鸡早的可在 17～18 周龄进行转群上笼，最迟不应超过 22 周龄。早上笼能使母鸡在开产前有足够的时间适应环境。但转群上笼会使鸡产生较大的应激反应，特别是育成期由平养转为笼养时应激反应尤为强烈，有些鸡经过转群上笼而出现体重下降、精神紧张、拉稀等，一般需经 3～5 天甚至 1 周以上才能恢复。

（三）产蛋期的饲养管理技术

1. 开产与上笼前的准备工作 鸡舍和设备对产蛋鸡的健康和生产有较大影响。转群上笼前要检修鸡舍及设备，认真检查喂料系统、饮水系统、供电照明系统、通风换气系统、排水系统和笼具、笼架等设备，如有异常应及时维修；对鸡舍和设备进行全面清洁消毒，其步骤是清扫干净鸡舍地面、屋顶、墙壁上的粪便、灰尘和设备上的污物，再用高压水冲洗干净鸡舍和设备，待干后喷洒消毒药液进行消毒，同时也要对所用的物品进行消毒。另外，要准备好所需的用具、药品、器械、记录表格和饲料，安排好饲喂人员。

2. 开产前要进行免疫接种 开产前要进行免疫接种，这次免疫接种对防止产蛋期疫病的发生至关重要。免疫程序合理，符合本场实际情况；疫苗来源可靠，保存良好，质量保证；接种途径适当，操作正确，剂量准确。接种后要检查接种效果，必要时进行抗体检测，确保免疫接种效果，使鸡群有足够的抗体水平来防御疾病的发生。

3. 产蛋鸡最佳驱虫期　开产前要做好驱虫工作。110～130 日龄的鸡，每千克体重用左旋咪唑 20～40 毫克或枸橼酸哌嗪（驱蛔灵）200～300 毫克，拌料喂饲，每天 1 次，连用 2 天以驱除蛔虫；球虫卵囊污染严重时，上笼后要连用抗球虫药 5～6 天。

4. 做好产蛋期的光照管理　光照对鸡的繁殖机能影响极大，增加光照能刺激性激素分泌而促进产蛋，缩短光照则会抑制性激素分泌，因而也就抑制排卵和产蛋。通过对产蛋鸡的光照控制，以刺激和维持产蛋平衡。此外，光照可调节后备鸡的性成熟和使母鸡开产整齐，所以开产前后的光照控制非常关键。现代高产配套杂交品系已具备了提早开产能力，适当提前光照刺激，使新母鸡开产时间适当提前，有利于降低饲养成本。体重符合要求或稍大于标准体重的鸡群，可在 16～17 周龄时将光照时数增至 13 小时，以后每周增加 20 分钟直至光照时数达到 16 小时，而体重偏小的鸡群则应在 18～20 周龄时开始光照刺激。光照时数应渐增，如果突然增加的光照时间过长，易引起脱肛；光照强度要适当，不宜过强或过弱，过强易产生啄癖，过弱则起不到刺激作用。密封舍育成的新母鸡，由于育成期光照强度过弱，开产前后光照强度以 10～15 勒克斯为宜，开放舍育成的新母鸡，育成期受自然光照影响，光照强，开产前后光照强度一般要保持在 15～20 勒克斯范围内，否则光照效果差。

5. 减少产蛋期应激的技术措施　合理安排工作时间，减少应激。转群上笼和免疫接种时间最好安排在晚上，捉鸡、运鸡和入笼动作要轻。入笼前在蛋鸡舍料槽中加上料，水槽中注入水，并保持适宜光照强度，使鸡入笼后立即饮到水、吃到料，尽快熟悉环境。保持工作程序稳定，更换饲料时要有过渡期。

使用抗应激添加剂。开产前应激因素多，可在饲料或饮水中加入抗应激剂以缓解应激，常用的有维生素 C、速溶多维和延胡素酸。

6. 控制产蛋期的饲料浪费　根据鸡的生理特点，产蛋期选用适口性好，且营养全面均衡的饲料配方。配方对能量、蛋白质等营养成分进行合理配比，选择较低成本的饲料原料，制成后的饲料既要适口性强、营养全面，又要价格低廉。

加强饲养管理，喂料要少喂勤添，对于笼养鸡一次加料不宜超过料槽的1/3，正确掌握好饲喂量。采用乳头式饮水装置，不仅可以节省用水，还能有效地防止鸡将饲料带到水槽中，造成饲料的浪费。

7. 提高产蛋量的措施

（1）适当增加饲料中蛋白质含量。为产蛋家禽提供优质配合饲料或适宜的补饲饲料，提供清洁充足的饮水。

（2）要保持合适的温度。高产蛋鸡最适宜温度为16～23℃，当温度低于13℃以下，产蛋量明显下降。在盛夏应采取防暑降温的措施；在冬天要有防寒保暖的设备；在连绵阴雨天要适当通风，保持禽舍内干燥。

（3）每天的光照要保持14～15小时，光照时间恒定。

（4）避免应激因素。

（5）补充蛋鸡多维。蛋鸡多维里面含有维生素D，能提高产蛋率和蛋壳质量。

8. 延长产蛋高峰期维持时间的措施

（1）选择优良的蛋鸡品种。选择具有体型小、采食量少、成熟早、产量高、死淘率低等优点，又有较稳定的遗传性能的蛋鸡品种。再结合科学、规范的饲养管理就可以延长蛋鸡的产蛋高峰期，获得较高的产蛋量。

（2）科学的饲养管理。饲养管理是延长蛋鸡产蛋高峰期的重要工作，制定科学合理的饲养计划，确定合理的饲喂方式，进行规范的管理，使所饲养的蛋鸡优良品种特性得以充分发挥。饲养前要做好鸡舍的清洁与消毒工作，将鸡群按照不同的日龄、体重等进行分群饲养，这样便于管理与防疫，可以使蛋鸡同时开产，对维持较长时间的产蛋高峰期有利。饲喂方式以自由采食为主，饲喂时要少喂多添，根据不同品种、不同生长阶段的营养需求提供适宜的日粮。提高鸡群的均匀度，这对于蛋鸡的产蛋性能以及产蛋高峰期的持续时间有着重要的影响。做好环境的管理工作，首先要控制好舍内的温度，同时还要兼顾到通风换气的工作，合理的光照管理可以延长产蛋高峰期。

（3）提供科学合理的日粮。蛋鸡在产蛋期对日粮的营养水平要求较高，要维持较长时间的产蛋高峰期就要注意营养的供给要充足，其中能量是蛋鸡生产水平得以充分发挥的重要营养因素，所以要注重能量的重要性。蛋鸡在生长发育17周龄左右即进入产蛋期，为满足产蛋的需求除了要注意能量和蛋白质的需求量，还要提高日粮中钙的水平。

(4) 加强蛋鸡各阶段的管理。育雏阶段的工作目的是培育出优质的雏鸡，要做好环境温度、湿度以及光照的管理工作，提高育雏的成功率。蛋鸡进入育成期后提高鸡群的均匀度非常的重要，体重达到标准，并且均匀度高的鸡群的产蛋高峰上升恰当，产蛋高峰期维持时间长，总体生长水平高，因此要进行定期称重，对于体重不符合标准的要及时调整饲喂量及饲喂方式。

蛋鸡进入预产期后要做好产蛋前的准备工作，可提前进行转群上笼，使蛋鸡尽早地适应环境。调整蛋鸡日粮营养水平，日粮中钙的含量要提高到2.0%～2.2%，同时要注意保持日粮较高的营养水平，使蛋鸡体内贮备充足的营养，以备产蛋所需。在预产期可适当地增加光照，刺激蛋鸡产蛋，保持良好的饲养环境，减少应激的发生。

在蛋鸡产蛋高峰的上升期，蛋鸡因体重还在继续增长，再加上免疫反应、加速排卵等多方面的原因，采食量会受到影响，如果采食量不足则不能满足营养的需求，这时可以给这一阶段的蛋鸡提供高营养浓度的日粮以降低鸡体的营养损耗。同时根据光照计划逐渐地增加光照时间到16～17小时，并创造安静舒适的环境以使产蛋高峰期快速上升。蛋鸡进入产蛋高峰期后要尽量减少应激的发生，协调好各因素之间的关系，保持恒定的光照时间，提供适宜的营养，进行科学的饲养管理，以维持较长时间的产蛋高峰期，获得较高的产蛋量。

(5) 制定科学合理的卫生防疫制度。疾病因素会使蛋鸡的产蛋高峰期持续时间短，甚至还会导致蛋鸡无产蛋高峰期，因此要加强鸡群疾病的预防工作，制定科学合理的卫生防疫制度。要加强鸡舍内的卫生清扫与消毒工作，给鸡群提供安全的饲料和饮水。另外，最重要的是要根据本地区及本场的情况制定免疫程度，并要严格按照程度来操作，以避免疫病的发生。

9. 引起产蛋量突然下降的原因 在正常饲养管理条件下，良种蛋鸡产蛋有一定的规律性。第一枚蛋产出后，产蛋率迅速上升；在产蛋率达到

50%（即群体开产）后的3～4周内，即进入产蛋高峰；维持一定时间后，缓慢下降。实际生产中，经常由于饲养不当、疾病感染等多种因素引起鸡群产蛋量突然下降，造成较大的经济损失。

引起产蛋量突然下降的原因有：

(1) 饮水不足，会造成产蛋量下降5%～10%。缺水24小时以上，产蛋量下降25%～35%；缺水36小时以上，造成停产，一段时间后才能恢复。

(2) 缺钙，蛋壳质量下降，连产软壳蛋。

(3) 缺盐或盐分过多，引起换羽或腹泻，产蛋量下降。

(4) 维生素不足，引起蛋壳质量下降，产软壳蛋，产蛋量下降或停产。

(5) 饲料量不足，产蛋率下降，啄羽。

(6) 传染性疾病，如传染性支气管炎，传染性喉气管炎、鼻炎，新城疫等等疾病，会导致产畸形蛋、软壳蛋，产蛋量下降或停产。

(7) 黄曲霉毒素中毒、药物中毒、脂肪肝综合征、笼养蛋鸡疲劳症、光照程序错误等因素均会导致产蛋量下降。

10. 产畸形蛋的原因与防治措施

(1) 畸形蛋产生原因：主要有如下几个方面。

① 营养缺乏症。维生素A缺乏时，易使生殖系统感染，致使卵巢发育和再生能力退化，繁殖力下降。维生素D缺乏时，钙、磷吸收失调，致产蛋率降低，软壳蛋增多。维生素E缺乏时，卵巢功能下降，卵泡发育受阻，成熟卵泡的数量下降，产蛋率下降。饲料中缺锌、钙或钙、磷比例失调，均能引起产蛋率下降，产软壳蛋。蛋白质缺乏，致使卵巢发育异常，卵泡不成熟，产小蛋，产蛋率下降。

② 环境不适宜。光照不足时，鸡下丘脑垂体分泌激素不足，卵泡发育不正常，产蛋率下降，畸形蛋增多。温度不适宜，当温度低于5.0℃或高于25.0℃时，鸡体内激素分泌紊乱，产蛋率下降，畸形蛋增多。应激反应，鸡体接触的环境突然变化，如噪声、长途运输、气候骤变、饲料更换、疫苗免疫等使鸡体不适应，引发不良反应，从而使鸡体内激素分泌紊乱，产蛋率下降，产畸形蛋。

③ 发生疾病。传染性支气管炎，可引起卵泡膜充血、出血、变性，输卵管缩短、肥厚、粗糙、局部充血、坏死，有时在输卵管腔内留有卵黄物质，卵泡破裂、卵黄物质流到腹腔，产蛋率下降10%～50%，排出无黄蛋、小黄蛋、软壳蛋、蛋壳粗糙花纹蛋等。产蛋下降综合征，引起输卵管和卵巢萎缩、水肿、单核细胞浸润、产蛋率下降10%～50%，产软蛋、破蛋、薄壳蛋等。马立克氏病，可使鸡卵巢呈菜花状变性，卵子不成熟，形状不规则，导致产蛋率下降，畸形蛋增多。鸡新城疫，引起卵泡和输卵管严重充血和出血，有时卵泡破裂导致卵黄流入腹腔，产蛋率下降20%～30%，产软壳蛋、沙壳蛋等。鸡白痢，慢性或隐性感染都能引起卵巢、卵子、输卵管等发生病变，形成大小形状不同，颜色、硬度不一的卵泡，使之产生畸形蛋，产蛋率下降。大肠杆菌病，引起输卵管和卵泡变性，输卵管炎性渗出物堵塞输卵管，引起腹膜炎，导致产蛋率下降，畸形蛋增多。

④ 体内异物。如寄生虫、输卵管脱落的组织等，引起鸡产蛋率下降，有时可产出无黄蛋。

(2) 防治措施：主要包括如下几个方面。

① 饲喂全价饲料。提供满足家禽不同产蛋阶段的营养需要，就是按不同品种、不同产蛋时期、不同产蛋季节以及抗病营养需求合理配制饲料，确保日粮中各种营养元素之间的平衡。

② 创造适宜的环境。在保证营养的前提下，为蛋鸡创造舒适安静的饲养环境，使光照不低于16小时，舍内温度保持在18.0～21.0℃，尽可能减少应激反应，使体内卵泡生成素及其他激素分泌正常，促使卵泡按时正常成熟，输卵管畅通无阻，正常产蛋。

③ 严格按程序免疫与消毒。为了使鸡群健康成长，养鸡场（户）应按既定的免疫程序进行免疫接种，绝不能存在侥幸心理推迟或不进行免疫接种。要根据蛋鸡品种、当地疫病在不同季节的流行特点、新发疾病的情况等，及时选择有相应流行毒株的疫苗进行防疫，把疫病消灭在萌芽状态。

11. 啄蛋、啄羽的原因与防治措施 主要原因：①饲养密度过大、免疫、高温等应激刺激；②鸡体的寄生虫如鸡虱损坏皮肤和毛囊，造成鸡啄自己的羽毛；③由于体内缺乏某种营养素造成蛋鸡异嗜癖，特别是含硫氨基酸、烟酸、泛酸、叶酸、生物素、微量元素等不足或这些营养配比不平衡等。

防治措施：改善饲养环境，减少饲养密度；如有寄生虫要进行驱虫；定期补饲沙砾，断喙，群体损伤可服抗应激药或啄羽灵（含多种微量元素、维生素、氨基酸等）。

12. 从体型外貌鉴别产蛋性能高低的方法

（1）外貌鉴定的意义。对于蛋用种鸡，在早春分群之前，可根据外貌鉴定选留好的个体进行配种繁殖。商品代蛋鸡在秋季产蛋之后，结合蛋鸡外貌，留优去劣，更新补充鸡群。在全年任何时候，通过外貌鉴定，从大群中挑出一部分高产鸡进行强制换羽，延长利用年限。

（2）外貌鉴定的方法。通过“看”与“摸”，对比高产鸡与低产鸡的表征，然后选优去劣。重点观察鸡的第二性征或产蛋有关的部位，如冠与肉髯、耻骨间开张的大小、肛门的情况等（表 2-1）。

表 2-1　高产鸡与低产鸡外貌和身体结构的对比

项目	高产鸡	低产鸡
冠与肉髯	发育良好，鲜红，触感细致、温暖	发育不良，发灰白色，触感粗糙与冷凉
头部	清秀，头顶宽，呈方形	粗大或狭窄
喙	短而宽，微弯曲	长而窄直
胸部	宽、深、向前突出	窄浅，胸骨短而弯曲
背部	宽、直	短、窄或呈弓形
腹部	触感柔软，皮肤细致，有弹性，无腹脂硬块	皮肤粗糙，弹力差，过肥的鸡有腹脂硬块
胸骨末端与耻骨间距离	以指估测，在 4 指以上	在 3 指以下
耻骨间距	相距 3 指以上	相距 2 指以下
耻骨	薄而有弹性	较厚，弹力差
肛门	松弛、湿润	较松弛
脚和趾	胫坚实，呈棱形，鳞片紧贴，两脚间距宽，趾平直	两脚间距小，趾过细或弯曲

13. 夏季高温环境如何养好蛋鸡　蛋鸡最适环境温度为 13～20℃，若

温度高于29℃，则产蛋量下降10%～20%；37.8℃时，鸡有中暑的危险。因此，防暑降温是保持高产的关键。具体办法有：

（1）降温。在鸡舍的向阳面搭设遮阳网，避免阳光直射；在自然通风条件较差的情况下，可直接向鸡舍内喷洒凉水降温；在鸡舍周围种草植树，减少反射热。

（2）及时清粪。鸡粪易发酵产生热，而且散发有害气体，每天早晚各清扫一次鸡舍，保持舍内清洁干燥。

（3）通风换气。密闭式鸡舍可安装风扇或吊扇，加强通风换气，促进鸡体散热，是减缓热应激的有效手段，纵向通风比横向通风能获得更好的通风换气效果，夏季舍内风速以1.0～1.2米/秒为宜。湿帘是当前规模化生产最经济有效的降温措施，纵向通风结合湿帘降温预防热应激效果更好。开放式鸡舍可安装风扇，打开所有门窗，以促进空气流通，开放式鸡舍缓解产蛋鸡热应激的最佳措施是喷水，使鸡只的体温下降。

（4）绿化降温。在鸡舍向阳面种植树木、藤本植物，地面种草栽花，既对鸡舍实行了绿化，又能降低热辐射，还可吸收二氧化碳，降低尘埃密度，净化鸡舍内外空气。

（5）喷水降温。在高温自然通风条件较差的情况下，如每天在11：00—16：00时段、舍温超过33℃时，用喷雾器或喷雾机向鸡舍顶部和鸡体喷水。鸡体喷雾降温时，要在鸡只头部上方30～40厘米喷洒凉水效果最好，且雾滴越小越好，在喷水的同时要保证鸡舍内空气流动，最好采取纵向通风的方式。但在舍内舍外高温高湿的情况下喷水降温效果差，这时要严格控制喷水量。

（6）降低饲养密度。夏季密度过大时，鸡易发生热衰竭症，因而应根据养鸡数量的多少结合转群，淘汰病、残、弱鸡，降低饲养密度。一般笼养每羽鸡所需面积为0.4米^2，每笼3羽；平地散养，以3～5羽/米^2；大群饲养，每群以200羽为宜。

14. 冬季寒冷环境如何养好蛋鸡 秋冬季节气候寒冷，要养好蛋鸡，应做好以下几个方面：

（1）注意秋冬季节变化，控制好环境。控制好环境的目的在于尽量注意各个季节的日照时间与强度的变化对鸡的影响，防止漂浮于大气中的一些病原体对家禽的感染，使高密度鸡群仍能生活于基本符合其生理机能需要的小气候中，从而达到高产、稳产的目的。防寒保温工作主要包括减少鸡舍热量的散发、减少鸡体热量的散发、防止鸡的羽毛被淋湿、防止冷风吹袭鸡体、在粪沟处冬季要安装插板御寒。

（2）补充人工光照。补充时间：一般自然光照少于 12 小时，应采用人工补光的办法，每天补到 14～16 小时。补光时间大约从 9 月下旬开始至次年 3 月底为止。每天补光时间有早晨、晚上或早晚几种。如在早晚两头补光，则可早上提前、晚上延迟，以免鸡生理机能受到干扰，引起减产或换羽。

光照强度：如灯高 2 米，则每 15 米^{2}地面设一盏有良好反射罩的 40 瓦灯泡，鸡体所受到的强度大约为 10 勒克斯。对发育差、鸡龄小、体重轻的鸡群不要进行补光，可推迟一段时间再补充，否则容易使鸡群早产、早衰，全年产蛋量减少。

（3）注意通风。在秋冬季节，为了保持鸡舍内温度，往往将门窗紧闭，忽视了通风，致使舍内氨、二氧化碳、硫化氢等有毒气体浓度严重超标，同时，致病微生物的尘埃比例也大大影响鸡群的健康与产蛋。一般冬季鸡舍内换气主要靠风力和温差，依靠风力换气时，也不能让风直接吹到鸡体。特别是早上开窗时，既要注意保证舍内最低换气量，又要解决好保温与换气之间的矛盾，才能获得较好的经济效益与生产效益。

（4）合理制定饲料配方。鸡的产蛋量与年龄、体重、产蛋率、饲料中能量水平以及气候等因素有关，应根据季节变化和产蛋需要，适当调整日粮营养水平。鸡在冬季的采食量明显高于夏季。据测，蛋鸡 1 月份采食量比 7 月份高 16%～20%。根据冬季鸡的采食量大、消耗热能多的特点，在饲料搭配上应增加能量饲料的比例，适当降低饲料中蛋白质含量，但也要防止过多的能量转化为脂肪，引起过肥或脂肪肝综合征。所以，产蛋鸡群要测定体重，对体重超标的，也要采取限喂措施。

15. 强制换羽的意义及实施方法 强制换羽是指家禽完成一个产蛋周期后或因其他原因需要停产时，采取人工技术方法使家禽迅速大量脱换羽毛的过程。与自然换羽相比较，强制换羽能够缩短休产期，促使家禽提前开产，集中产蛋，并且强制换羽可以延长母禽的利用期，有利于根据市场需求变化调节种蛋或商品蛋的供应。

实施强制换羽的方法如下：①选择健康的家禽进行强制换羽，淘汰体弱的个体。②绝食期 10～15 天，蛋鸡、蛋鸭停食 10 天；肉种鸡、肉种鸭、种鹅停食 15 天。绝食期不停水，光照时间缩短到 8 小时。③绝食结束后，逐步恢复采食和光照，第一天每羽家禽采食 50 克，第二天 70 克，第 3 天后，适当限饲，以防止家禽体重增加过快。光照恢复到每日 14 小时。

16. 蛋鸡提供沙砾的原因　沙砾虽然不是饲料，却是鸡饲料中不可缺少的一部分，特别是笼养鸡，由于接触不到地面，必须在日粮中添加 0.5%～1.0%绿豆大小的沙砾，一般每周喂一次，每百只鸡喂 0.5 千克左右。原因是鸡没有牙齿和软的嘴唇，主要依靠喙去啄食，饲料进入口腔内不经过咀嚼由舌送入食管后贮存于嗉囊中，再由嗉囊进入腺胃，稍停留还没有消化就进入肌胃里。肌胃由坚厚的平滑肌束与腱膜相连构成，黏膜中有许多小腺体，这些腺体能分泌一种胶样物质，覆盖在表面迅速硬化，形成一层黄色的角质膜（鸡内金），并具有粗糙的摩擦面，加上肌肉收缩时的压力和沙砾的作用，能磨碎饲料，起咀嚼作用。因此，沙砾对肌胃的正常活动和对饲料的研磨起着重要的作用，可以提高对饲料的消化率。

17. 识别停产母鸡的方法　一般可以通过观察鸡冠、泄殖腔、腹部和耻骨进行识别。鸡的鸡冠与生殖器官的活动有密切关系，产蛋期鸡的鸡冠、肉垂变得大而红润，温热而光滑；停产时萎缩、干燥、无光泽，红色减退，表面常有鳞状皮屑脱落。正在产蛋的鸡，泄殖腔大而松弛，颜色稍淡而湿润；停产鸡泄殖腔小而皱缩，颜色黄而干燥。鸡产蛋时腹部的容积也扩大，母鸡的卵巢和输卵管在产蛋时较停产时增大 20 倍左右。同时，母鸡产蛋时食欲旺盛，消化器官容积增大，要求体腔容积也扩大，因此胸骨末端至耻骨间距离增大，皮肤变得柔软而有弹性；非产蛋鸡腹部容积小，皮肤紧而发硬。此外，产蛋鸡的耻骨开张，富有弹性，宽度在 2 指以上；停产鸡耻骨末端较硬，彼此靠得很近，宽度仅有 1～2 指。

（四）饲料配制技术

1. 我国禁止在蛋鸡饲料中使用的添加剂

（1）不宜用于种蛋鸡的添加剂。可引起产蛋率下降的有抗球虫药磺胺喹噁啉；可引起孵化率下降的有抗球虫药尼卡巴嗪，预防多种传染病的痢菌净、复方敌菌净和痢特灵（呋喃唑酮）；可引起胚胎畸变的有常与磺胺类药物配合应用的抗菌增效剂三甲氧苄氨嘧啶。

（2）不宜用于商品蛋鸡的添加剂。有些添加剂会影响鸡蛋的味道，如氯苯胍，对鸡的6种常发球虫病都有防治效果，但却使鸡蛋产生一种特殊臭味。

（3）有致癌、致畸、致突变或其他危害作用的添加剂。抗菌促生长剂，如金霉素，在饲料中的浓度不得超过500毫克/千克；红霉素在饲料中的浓度超过185毫克/千克时禁止用于产蛋鸡。其他，如新生霉素、北里霉素、硫酸黏杆霉素，抗寄生虫剂，如氯羟吡啶、尼卡巴嗪、拉沙洛西钠、越霉素A等，产蛋期应全部禁用。另外，呋喃唑酮，禁止用于14周龄以上的后备鸡和产蛋鸡。

2. 微生态制剂在蛋鸡饲料中的作用与添加方法 微生态制剂的作用机理就是通过在饲料中添加无病原性、无毒副作用、无耐药性和无药物残留的一些微生物来促进肠道内有益微生物的生长，抑制有害微生物的生长繁殖，从而调整胃肠道内的微生态平衡，达到防止疾病发生、降低死亡率、提高饲料利用率、提高蛋鸡生产性能的作用，减少了粪污排泄量，而且克服了抗生素所产生的菌群失调、二重感染和耐药性等缺点。微生态制剂是一类天然生长促进剂，有着抗生素不可替代的优点。

有研究表明，微生态制剂能够提高蛋鸡产蛋性能，提高蛋鸡养殖收入，改善蛋壳质量，尤其是提高产蛋中后期和高温季节蛋壳硬度，降低鸡蛋破损率，还能够降低有害气体浓度，有效调节蛋鸡肠道内的微生态环境，降低禽舍内氨气、硫化氢等有害气体浓度，减少粪便中有机物和有害细菌的含量，使得蛋鸡圈舍内环境得到明显改善，另外微生态制剂可产生大量的饲料分解酶、B族维生素、氨基酸和多种促生长因子，优化肠道消化体系，促进营养物质的消化吸收，提高饲料利用率，减少粪污污染，改善养殖环境，促进蛋鸡业健康发展。

3. 蛋鸡饲料中如何添加食盐 蛋鸡日粮中的食盐含量一般以0.37%～0.50%为宜，用量必须准确，以防鸡食盐中毒。因此，在配制日粮时，应首先考虑动物性饲料的含盐量，然后再确定补充食盐的用量。如在日粮中使用咸鱼粉时，必须先分析它的含盐量，否则就会因咸鱼粉用量过多引起食盐中毒。

四、蛋鸡疫病防控

（一）养鸡场常用的消毒剂与使用方法

1. 常用的消毒剂与使用方法

（1）甲醛：熏蒸时，需要在一定的温度和相对湿度条件下进行，对温度的要求是16～25℃，低于15℃时则消毒效果下降，温度越低消毒效果越差。相对湿度的要求是60%～90%，相对湿度低于60%则消毒效果下降，湿度越低消毒效果也越差，湿度高则消毒效果好。熏蒸箱内多层放置的种蛋，可在高温（30～32℃）和高湿（80%～90%）条件下进行消毒，同时箱内应安装风扇，在熏蒸时间内，不断地吹动甲醛气体，使其均匀地达到多层蛋的中心部位，分布至所有的空间内，以达到消灭蛋壳上病原菌的目的。

熏蒸前要紧闭门窗和通风口，熏蒸后立即打开门窗和通风口，进行通风换气。熏蒸结束后立即将种蛋从熏蒸箱内取出，装种蛋的托盘用塑料托盘，不能用纸制托盘，因纸制托盘可吸收甲醛气体。运蛋车则需用氨水中和后，方可自熏蒸室内出来。

3%～4%甲醛可用于洗刷和浸泡消毒器具，因甲醛对人的黏膜有刺激性，操作时应戴防毒面具。鸡舍若用3%～4%甲醛洗刷消毒时，可不再用甲醛熏蒸消毒，否则，一般的鸡舍都需用甲醛熏蒸消毒。

（2）氢氧化钠：2%～3%的氢氧化钠溶液常用作鸡舍和鸡场门口消毒池内的消毒液，因车辆和人员的频繁往来，消毒液易失效，须常检查消毒液是否有效，无效时应立即更换，或向消毒液内加入氢氧化钠。2%～3%溶液可杀灭细菌和病毒，用于消毒地面、料槽和饮水器、运输用具和车辆等；5%～10%溶液可杀灭细菌的芽孢。因其对人的皮肤有腐蚀作用，操作时工作人员应戴橡胶手套，在消毒物的表面干燥后，要用清水冲洗1次，洗掉其上附着的氢氧化钠，热溶液的消毒效果要更好一些。氧氧化钠对铝制品有腐蚀性，铝制品的设备和器具不能用于盛氢氧化钠消毒剂，氢氧化钠对棉毛织品和油漆表面也有损害作用。

（3）氧化钙：常配成10%～20%乳剂，用来粉刷鸡舍墙壁，因其会吸收空气中的二氧化碳而变成碳酸钙，失去消毒作用，所以应现配现用。氧化钙（生石灰）1千克加350毫升水制成熟石灰粉末，可撒在阴湿地面、粪池周围及污水沟等处消毒，需3～5天用1次，不宜用生石灰粉末消毒。

在寒冷地区，一般的消毒液因易结冰而失效，常用氧化钙作为消毒剂，先制成熟石灰粉末后，再撒于路面和鸡舍与鸡场门口的消毒池内，对往来的人员和车辆进行消毒。

（4）来苏儿：对结核分枝杆菌的杀灭力较强，0.3%～0.6%溶液在15分钟内可杀灭结核分枝杆菌，1%～2%溶液常用作鸡舍人员洗手的消毒液，3%～5%溶液可用于鸡舍墙壁、地面、鸡舍内用具的洗刷消毒和运料及运鸡车的喷雾消毒，也可用作消毒池内的消毒液。因其有粪臭味，不可用于鸡蛋、鸡体表及蛋与鸡肉产品库房的消毒。经来苏儿消毒的物体，须再用清水冲洗1次。

（5）复合酚：商品名称为菌毒敌、菌毒灭、毒菌净、农乐或畜禽灵等，是高效广谱的酚与酸复合型消毒剂，其中含酚41%～49%，醋酸22%～26%，有特异的臭味，不仅对细菌、病毒和真菌有杀灭作用，对寄生虫虫卵也有杀灭作用，而且还可抑制蚊、蝇等昆虫的滋生。常用浓度为0.3%～1.0%，主要用于鸡舍、笼具、运动场、路面、运输车辆和病鸡排泄物的消毒，一般用药1次，可维持药效7天。若环境污染特别严重时，可适当地增加药液浓度和消毒次数。复合酚与其他药物或消毒液混用时，可降低药液的消毒效果。药液用水稀释时，水温以10℃左右为佳。

（6）漂白粉：1%～3%澄清液可用于料槽、饮水器和其他非金属制品的消毒。5%～20%乳剂可用于鸡舍墙壁、地面和运动场的消毒。饮水消毒时可每立方米水中加6～10克，搅拌均匀后30分钟即可饮用。鸡粪消毒时可将漂白粉撒布在鸡粪便上，按1∶5比例均匀混合，进行消毒。池塘水消毒可加1毫克/升有效氯即可。

（7）过氧乙酸：市售商品为20%浓度的制剂，根据消毒对象的不同，具体应用如下：①浸泡消毒：手臂消毒（0.04%～0.2%浓度）。②喷洒消毒：笼具等的表面消毒（0.04%～0.2%浓度）。③喷雾消毒：带鸡喷雾消毒，每立方米 30 毫升（0.3%浓度），另外用于对室内空气、墙壁、地面消毒（0.5%浓度）。④饮水消毒：每 1 000 毫升水中加成品（20%过氧乙酸）1 毫升。⑤鸡舍密封后，用 5%浓度喷雾消毒，每立方米空间用 2.5 毫升。增加湿度可增强杀菌效果，当温度为 15℃以上时，相对湿度以 70%～80%为宜，15℃以下时则应为 90%～100%。

（8）新洁尔灭：市售商品有 1%、2%、5%和 10%制剂，用时需看清且根据产品说明进行稀释。0.1%浓度用于手臂洗涤和鸡舍内器具浸泡消毒，有时也用于种蛋浸泡消毒，浸泡时的水温要求 40～43℃，浸泡时间不应超过 3 分钟。对金属无腐蚀作用，为防止金属生锈，可在新洁尔灭溶液中加入 0.5%亚硝酸钠。若水质过硬，可适当地增加药物浓度。新洁尔灭属于低效消毒剂，不宜用于饮水、粪便和污水的消毒，不可与碘、碘化钾和过氧化氢等消毒剂配合使用。

（9）百毒杀：为新型季铵盐类阳离子表面活性消毒剂，市售商品为无色、无臭、无刺激性和腐蚀性，并且性质稳定，不受环境酸碱度、水质硬度、粪便污水等有机物及光和热的影响，可长期保存，应用范围广泛。百毒杀是一种广谱杀菌剂，它对细菌、病毒、真菌和藻类都有杀灭作用，并且是速效、强效和长效的。由于本消毒剂对人和畜禽无毒，无刺激性和副作用，因此，既可用于鸡群的饮水消毒、带鸡消毒等预防性消毒，也可用于疫情发生时的紧急消毒，紧急消毒时的药物用量加倍即可。

2. 使用消毒剂时的注意事项 ① 用活苗对鸡进行免疫时，在免疫前 2 天和免疫后 3 天，不要用消毒剂对鸡进行消毒，因消毒剂可能对鸡产生不利影响，干扰免疫力的产生，若用灭活苗免疫时，则不需要考虑此问题。② 消毒可以防止鸡发生传染病，有利于鸡病防治，但也不能频繁对鸡群消毒，即便在发生疫情做紧急消毒时，连续消毒日数也不应超过 7 天，以防止消毒剂在鸡体积聚残留而产生不利影响。另外，频繁消毒也增加了鸡场的生产成本。预防性消毒更不能频繁使用，隔 1～2 周进行 1 次即可。③ 饮水消毒应慎重，通过饮水途径消毒，在它杀灭胃肠道内病菌的同时，也杀灭了胃肠道内生存的正常菌群，引起消化吸收紊乱而产生不利影响。同时，消毒剂可能对胃肠道黏膜产生刺激作用，影响到营养的吸收与利用，此法一般不用于 1 月龄以上的鸡，有时只用于数日龄的雏鸡。④ 带鸡消毒应慎用，在鸡群没有疫情发生时，一般养鸡场不做带鸡消毒，或每月进行1次，因带鸡消毒要求的条件较多，如温度、湿度、雾滴大小和消毒剂等，若条件不具备时，则达不到预期的效果，并且易使鸡生产性能下降，如增重和产蛋减少。

（二）商品代蛋鸡免疫接种方法

目前，商品代蛋鸡免疫接种的常用方法有：滴鼻、滴眼、刺种、羽毛囊涂擦、擦肛、皮下或肌内注射、饮水、气雾、拌料等，免疫方法的选择，主要是根据疫苗的特性、免疫效果和劳动量等情况来决定的（表2-2）。

表2-2 商品蛋鸡、种鸡防疫程序表（参考）

日龄（天）	疫苗	用法与用量
1	MD-CVI988 液氮苗	颈部皮下注射1羽份
1～3	新城疫、传染性支气管炎二联冻干活疫苗	滴鼻、点眼1羽份
6～8	新城疫、传染性支气管炎二联冻干活疫苗	滴鼻、点眼1羽份
	新城疫-法氏囊病VP2亚单位-禽流感H9三联疫苗	颈部皮下注射0.3～0.4毫升
15～16	支原体F株（支原体F株）弱毒活疫苗	点眼1羽份
	禽流感H5（Re-5＋Re-4）或禽流感（H5＋H9）油乳剂灭活疫苗	颈部皮下注射0.5毫升
24	鸡痘	刺种1羽份
30	传染性喉气管炎活疫苗	点眼、涂肛1羽份
35～40	L-H_{52}二联活疫苗	滴鼻、点眼1～2羽份
	新城疫-禽流感（H9）二联灭活疫苗	颈部皮下或浅层胸肌注射0.5毫升
45～50	禽流感H5N1（Re-5＋Re-4）灭活疫苗	浅层胸肌注射0.5毫升
60	新城疫活疫苗（CS2株）	饮水2羽份
	鸡传染性鼻炎油乳剂灭活疫苗	颈部皮下注射0.5毫升
80～90	传染性喉气管炎活疫苗	点眼、涂肛1羽份
100	鸡痘活疫苗	刺种1羽份
	鸡传染性鼻炎灭活疫苗	颈部皮下注射0.5毫升
	支原体F株（支原体F株）弱毒活疫苗	点眼1羽份
110	I-H52活疫苗	滴鼻点眼1羽份
	新城疫-传染性支气管炎-减蛋综合征三联灭活疫苗	浅层胸肌0.5～0.8毫升

（续）

日龄（天）	疫苗	用法与用量
120	禽流感 H5N1（Re-5＋Re-4）灭活疫苗	颈部皮下注射 0.5～0.8 毫升
125	新城疫-传染性法氏囊病二联亚单位灭活疫苗（种鸡用）	腹股沟皮下注射 0.6 毫升
130～140	新城疫活疫苗（CS2）	注射 2 羽份
	新城疫-禽流感（H9）二联灭活疫苗	颈部皮下注射 0.5～0.8 毫升

注：①病毒性关节炎、禽脑脊髓炎、大肠杆菌应根据当地的流行情况适当免疫；②使用法氏囊亚单位疫苗，无须使用法氏囊冻干苗，如选择法氏囊冻干苗，建议在第 12 天、第 20 天使用法氏囊冻干苗（B87）滴口免疫；③高致病性禽流感按照国家规定的免疫程序进行，开产后建议每隔 2～3 个月免疫 H5 灭活疫苗（RE-5＋RE-4）；④开产后每隔 6～8 周用蛋鸡饮水专用新易灵（HC 株）活疫苗1～2 羽份饮水。

（三）鸡病诊断程序

由于鸡在解剖生理上与家畜有较大的差异，所以，诊断鸡病也有其自身的特殊性。一般运用病史调查、群体检查和个体检查等方法进行。

（1）病史调查。调查了解鸡群的来源、品种和用途、年龄、饲料结构、卫生防疫制度，结合本次发病的时间、经过、治疗情况等，综合分析做出判断。如马立克氏病和鸡白痢等，常通过疫病鸡场的种蛋或幼雏携带传播；鸡白痢主要发生于 1 月龄以内的雏鸡；蛋用鸡易发生矿物质缺乏症等。

（2）群体检查。在鸡舍内一角或运动场外直接观察鸡群的状态。注意观察鸡对外界刺激的反应、饮食状况、活动情况等；观察鸡冠肉髯的颜色、大小、质地是否有光泽；观察羽毛是否清洁、排列匀称、富有光泽，以及换羽是否推迟或提前；观察排出的粪便颜色、硬软、排粪姿势等；观察鸡的姿势，关节伸展是否自如，有无关节肿大、麻痹、变形等；还要观察呼吸状况，有无其他特殊表现，如呼吸快慢、咳嗽、发出各种异常呼吸音等。

（3）个体检查。在全群观察后，对有异常变化的典型病鸡，进行进一步的个体检查。①体温检查。鸡的正常体温为 39.6～43.6℃。体温升高，见于急性传染病、中暑等；体温降低，见于慢性消耗性疾病，如贫血、泻痢等。②头部检查。注意检查喙的硬度、颜色，上、下喙是否变形；观察眼结膜的色泽，有无出血点和水肿；观察口腔内有无假膜、炎症、充血、出血、水肿或黏稠分泌物等。③嗉囊检查。常用视诊和触诊的方法检查嗉囊，注意嗉囊的大小、硬度及内容物的气味、性状。④胸部检查。了解鸡的营养状况，同时注意胸骨、肋骨有无变形，是否疼痛，有无囊肿、皮下水肿、气肿等。⑤腹部检查。用视诊和触诊的方法检查腹部，注意腹部的大小和腹壁的柔韧性。⑥泄殖腔检查。可用拇指和食指翻开泄殖腔，观察其黏膜的光泽、完整性及其状态。若怀疑有肿瘤、囊肿、难产等，可选用凡士林涂擦食指，然后小心伸入泄殖腔内触摸鉴别。

通过上述检查进行综合分析，仅能做出初步诊断。要想确诊，还需进一步做病理剖检和实验室诊断。再根据临床症状、特殊病变和病原，做出最后诊断。

（四）如何通过鸡的外部表现识别病鸡

首先，必须做好鸡群情况的观察记录，主要观察鸡群的精神状态、饮食状态和运动、休息状态。若鸡群精神状态较差，饮食、饮水量减少，运动、休息姿态异常，则应进一步仔细检查。

其次，检查鸡群的生长和生产情况。若出现生长发育不良、生长停滞、产蛋率和产蛋量突然下降等，则提示鸡群已患病。最后，要注意检查鸡群的死亡情况。一般大型鸡群中偶尔出现少数鸡只死亡是正常的，但如果日渐增多，要及时诊治。病鸡与健康鸡的区别：一般来说，健康鸡精神活泼，两眼有神，冠髯鲜红，羽毛丰满（雏鸡为绒毛）、有光泽，喜合群，听呼唤；病鸡则表现为精神沉郁，不爱活动，打瞌睡，冠髯发绀或苍白，羽毛蓬松，翅尾下垂，呼吸困难及拉稀等。

对有上述表现的病鸡及时从鸡群中剔出，单独饲养，进行隔离诊断和治疗；同时，对同群的其他鸡只也应该采取相应的预防措施。

（五）如何根据鸡粪性状判断鸡病

快速准确地掌握鸡群健康状况是有很多技巧的，比如通过鸡粪的颜色、形状或者气味等信息，就可以基本判定。通常情况下，鸡粪的形状是条状或者圆柱状的，硬度表现为较为松软但并不稀松，颜色多为黑白相间、灰白相间或者棕绿与白色相间（更准确的说法是：鸡粪便为黑色、灰色或者棕绿色，上面覆盖着一层白色）。如果鸡粪不是以上形状，那很有可能是鸡出现了某种疾病或者是鸡每天早晨的第一次排便，由于是盲肠粪便的排泄，所以颜色可能会出现黄棕色或者酱褐色，且呈现为糊状，这种情况是正常的。另外，就气味而言，正常的鸡粪便只有比较轻微的臭味，如果气味出现异常，也可以基本判断鸡群健康或者饲养方式出现了问题。

鸡粪的不正常颜色主要有红色、白色、绿色、灰白色。

红色粪便：鸡的球虫病，可出现血样蚯蚓状粪便，其主要侵害3月龄以内的雏鸡，以形成急性卡他性坏死性肠炎为特征。主要以柔嫩艾美耳球虫和毒害艾美耳球虫致病最强。

白色粪便：一般为鸡白痢，主要由沙门氏菌引起，以出壳后2周内发病率与死亡率最高，以白色下痢、衰竭和脓血症为特征。成年鸡主要损害在生殖器官。

绿色粪便：一般来说是肝出现问题，常见于危害肝脏的各种传染病，如禽霍乱、鸡副伤寒、禽流感、鸡新城疫。

灰白色粪便：表示肾脏出现问题，肾肿胀，尿酸盐沉积，一般见于痛风、法氏囊炎症和传染性支气管炎。

（六）为何鸡群症状消失后不能立即停用抗生素药物

使用抗生素治疗后，虽然鸡群症状消失了，但鸡体内各种平衡尚未恢复，鸡体内仍然残留少量病原菌，因此，在鸡群症状消失后再继续用药1～2天，用以巩固疗效，避免疾病复发或耐药菌株产生。

（七）如何预防蛋鸡高致病性禽流感

（1）严格进行引种检疫，防止禽流感传入。引种时要认真调查当地禽流感发生和防治情况，并对要引种鸡群进行禽流感血清学检查，引进后进行隔离观察，确认健康后方可进场。

（2）养鸡场不要饲养其他禽类及野鸟，因为它们可能成为禽流感病毒的携带者和传播者。

（3）加强卫生消毒措施，减少病毒感染和传播。疑似本病发生时，应立即隔离、封锁；并采集病料送有关化验室进行检查，发现有强毒株感染时，立即采取严格处理措施。基本方针是：早诊断，划分疫区，严格封锁；扑杀感染强毒株的所有禽类；对疫区内可能受到强毒污染的场地进行彻底消毒，防止疫情扩散。

（4）可以用国家定点的生物制品厂生产的禽流感疫苗进行免疫注射。目前使用的疫苗品种有灭活疫苗和重组活载体疫苗两大类。

灭活疫苗有 H5 亚型、H9 亚型、H5-H9 亚型二价苗、H5N1 亚型毒株、H5 亚型变异株（2006 年起已在北方部分地区使用）、H5N1 基因重组病毒 Re-1 株（是 G/GD/96/PR8 的重组毒，广泛用于鸡和水禽）等；H9 亚型，F 株等，均为 H9N2 亚型。重组活载体疫苗有重组新城疫病毒活载体疫苗（rl-H5 株）和禽流感重组鸡痘病毒载体活疫苗。

为了达到一针预防多病的效果，目前已经有禽流感与其他疫病的二联和多联疫苗，在临床上可根据鸡场的情况选用。蛋鸡（包括商品蛋鸡与父母代种鸡）参考免疫程序：14 日龄进行首免，肌内注射 H5N1 亚型禽流感灭活苗或重组新城疫病毒活载体疫苗。35～40 日龄时用同样的疫苗进行二免。开产前再用 H5N1 亚型禽流感灭活苗进行强化免疫，以后每隔 4～6 个月免疫 1 次。在 H9 亚型禽流感流行的地区，应免疫 H5 和 H9 亚型二价灭活苗。

（八）商品代蛋鸡新城疫免疫程序

1 日龄时，用新城疫弱毒活疫苗首免；7～14 日龄用新城疫弱毒活疫苗和（或）灭活疫苗进行免疫；12 周龄用新城疫弱毒活疫苗和（或）新城疫灭活苗强化免疫；17～18 周龄或产蛋前再用新城疫灭活疫苗免疫 1 次；开产后，根据免疫抗体检测情况进行疫苗免疫。

（九）蛋鸡维生素 A 缺乏症症状与防治方法

（1）症状。采食量减少、羽毛失去光泽、角膜混浊、眼睛有分泌物流出、站立不稳、脚爪弯曲等。

（2）防治方法。①根据各品种鸡的饲养标准在饲料中添加足量的维生素 A，是防止本病发生的最重要的环节，因为用来生产全价配合饲料的常规动物性和植物性原料，基本上不含维生素 A。②全价配合饲料储存时间不能太久，以免发生腐败、变质及氧化而破坏饲料中包括维生素 A 在内的多种营养成分。

（十）蛋鸡维生素 E 缺乏症症状与防治方法

（1）症状。本病多发生于雏鸡和育成鸡。成年鸡缺乏维生素 E 时，一般不表现明显的症状，产蛋鸡产蛋基本正常，公鸡往往睾丸缩小，表现为性欲不强，精液中精子数目减少，甚至无精子，种蛋的受精率、孵化率都降低，孵化时胚胎死亡较多。雏鸡维生素 E 缺乏时主要表现脑软化症、渗出性素质病、白肌病三种类型。

①脑软化症。一般发生在 2～4 周龄前后的幼鸡。表现共济失调，两脚痉挛，头向后方或向下方挛缩，有时向侧方扭转，丧失平衡，边拍翅，边向后仰倒，或向前冲，最后痉挛衰弱而亡。

②渗出性素质。一般发生在 3～8 周龄的鸡，除缺乏维生素 E 外，与缺硒也有一定的关系。病鸡表现为头、颈、胸及大腿内侧出现皮下水肿，水肿部位颜色发青或呈蓝绿色。有的病鸡由于腹部皮下液体积聚，致使雏鸡运动困难，站立时两肢分叉距离加大。穿刺皮肤，常流出一种蓝绿色黏性液体。

③肌营养不良（白肌病）。一般多发生在 1 月龄前后的雏鸡。病雏主要表现为消瘦、衰弱，行走无力，生长发育不良，陆续死亡。剖检可见全身肌肉营养不良，尤其是胸肌和腿肌的肌纤维呈淡白色条纹状。

（2）防治方法。①为了预防维生素 E 缺乏，平时应注意加强饲养管理，提高其抗病力，并于饲料中增加青绿饲料和带谷皮的籽实饲料，或定期喂给大麦芽、谷芽、中药黄芪和植物油等富含维生素的饲料。②治疗时，对于患有脑软化症的病雏，可每天口服维生素 E 5 国际单位，连用 3～4 天；对于患有渗出性素质及白肌病的病雏，可于每千克饲料中添加维生素 E 20 国际单位（或植物油 5 克）、亚硒酸钠 0.2 毫克、蛋氨酸 2～3 克，连用 2～4 周。对于成年病鸡，可于每千克饲料中添加维生素 E 10～20 国际单位，或植物油 5 克，或大麦芽 30～50 克，连用 2～4 周，并酌情饲喂青饲料。

（十一）蛋鸡维生素 B_2 缺乏症症状与防治方法

（1）症状。最典型的症状是脚趾卷曲形成所谓“卷爪”麻痹症状。病鸡生长缓慢，衰弱，消瘦，不愿走动，严重者倒卧在地。产蛋鸡产蛋量下降，种蛋孵化率降低，胚胎死亡率升高。剖检可见坐骨神经明显变粗，可为正常的 4～6 倍。产蛋母鸡还表现为肝脏肿大，肝的脂肪含量增加。

（2）防治方法。在鸡的日粮中应添加青绿饲料、麸皮、干酵母等含维

生素 B_2 丰富的成分，也可直接添加维生素 B_2。饲料应避免含有太多的碱性物质，并避免强光照射。治疗雏鸡每羽可内服维生素 B_2 0.1～0.2 毫克，育成年鸡每羽内服 5～6 毫克，产蛋鸡每羽 10 毫克，连用 7 天后其种蛋孵化率恢复正常。但“卷爪”症状很难治愈，坐骨神经的损伤已很难恢复。

第三节| 蛋鸡场经营管理

一、生产计划

养鸡场每年应根据市场变化和本场的具体条件，制定切实可行的生产计划并付诸实施。

1. 产蛋计划 种鸡场的主要生产指标是种蛋的产量。计算本场饲养的鸡，从开产到淘汰全程的产蛋数量。包括每周、每月产量和产蛋率。

2. 孵化计划 根据本场拥有的孵化器数量，全年的孵化能力为：

年孵蛋量=容蛋量（枚/台）×台数×年孵化批次。

按照鸡群周转计划，安排全年饲养的雏鸡数量、育成鸡数量以及产蛋鸡数量。制定出相应的孵化批次和具体出雏时间。此外，销售鸡苗，还要提前按计划签订销售合同。

3. 育雏、育成计划 根据本场育雏、育成舍的面积、笼舍面积以及对市场行情的预测，计算出每批应进的雏鸡和育成鸡数。

4. 生产指标 养鸡场要根据当地具体情况和条件，制定出全年的生产指标，生产指标是制定生产计划的依据。主要生产指标包括：育雏、育成成活率，产蛋鸡产蛋率，育雏、育成、产蛋期每日每羽耗料量等。

5. 鸡群周转计划 养鸡场的生产从进雏鸡、育雏、育成到上笼产蛋、下笼淘汰、种鸡场，还要进行种蛋孵化、雏鸡出售，这样周而复始，不停地运转。其生产过程环环紧扣，不能脱节。只有从生产实际和市场行情的预测出发，保证生产中每个环节不出问题，才能获得较高的经济效益。

6. 饲料供应计划 饲料是养鸡生产成败的物质条件之一，饲料的质量和价格直接制约着养鸡生产，只有高品质的饲料和较低的饲料价格，养鸡场才能取得理想的经济效益。若养鸡场的饲料来源于饲料厂，则可根据鸡群各阶段的需要购进全价饲料。每次购买量最好不要超过 5 天的用量。

7. 产品销售计划 种鸡场的主要产品是鸡苗，其次为淘汰的和不合格的种蛋；商品肉鸡场的产品是达到上市日龄和体重的肉鸡。对于所有产品的产出量，经营者都要根据市场条件，并对市场进行充分的调查研究和预测，按照生产计划、购售合同和生产过程中的具体情况进行调整，这样才不至于使其产品售价不理想，最终获得最大的效益。

二、劳动管理

工作人员要求身体健康，无人畜共患病，进入鸡舍要换干净的工作服和工作鞋。

工作人员上岗前要进行技术培训，合格后上岗。

对工作人员实行绩效管理，完善各岗位的经济目标责任制和生产技术指标责任制，实行多劳多得，调动和激发员工的工作积极性。

三、生产记录与管理

在育雏与育成、产蛋阶段做好记录是鸡场管理的必要组成部分。详细的生产记录可告诉饲养者过去已经发生的事情，并帮助和指导饲养者今后的生产和规划。详细的记录包括下列内容：

（1）雏鸡品种、来源以及进鸡时间和数量。

（2）鸡群的免疫程序和投药计划。

（3）育雏、育成、产蛋期鸡群的死亡数、淘汰数。

（4）产蛋期每日产蛋量，包括正常蛋、畸形蛋、破损蛋。

（5）鸡场每周和每日的饲料消耗量。

（6）从第五周龄开始每周抽样的平均体重。

（7）销售的产品的重量和羽数。

（8）种鸡产蛋期每日详细的光照时间，包括早晚开灯、关灯时间。

（9）育雏、育成、产蛋期间所用的饲喂方案。

四、提高蛋鸡养殖经济效益的主要途径和方法

（1）选养优良品种鸡。优良品种鸡生长快、早熟、新陈代谢旺盛，饲料消耗少，经济效益较高。

（2）选好育雏季节。合适的育雏季节可以提高育雏成活率，降低生产

成本，实现育成后蛋鸡群高产稳产。春雏宜在2—3月培育，秋雏宜在8—9月培育。这两个季节育出的鸡体质健壮，成活率高，产蛋率可在80%以上。

(3) 提高鸡群成活率。坚持预防为主，改善生产环境，严格防疫消毒制度，尽可能使饲料营养全价，减少疫病造成的损失。

(4) 适时更新鸡群。鸡群产蛋量以第一年最高，以后逐年下降15%～20%。最好在产蛋1年后，留优去劣分批淘汰，待产蛋率下降到40%时全部淘汰，更新鸡群。

(5) 强制换羽，延长蛋鸡饲养期限。对超过1年的高产鸡群，实施人工强制换羽，使鸡休息一段时间后，进入第二个产蛋期。既可以节约育雏和育成期的饲料开支，又可以较快获得经济收入。

(6) 使用全价配合饲料。饲料的营养成分要全面平衡，否则会影响生产性能的充分发挥，造成饲料浪费。

(7) 保证饲料品质。市场上原料品质参差不齐，如购入掺假或劣质原料就无法保证配合饲料的质量，严重时不得不把差的原料废弃。

(8) 妥善贮存饲料。购进的饲料要防止雨淋、受潮、发霉变质、生虫等。存放时间过长，会降低其营养成分而造成浪费。

(9) 定期补喂沙砾。如不定期补喂沙砾，饲料消化率会降低3%～10%。通常每周补喂沙砾1次，雏鸡、育成鸡每100羽补喂450克直径4～5毫米的沙砾。

(10) 加入不同添加剂。在混合料中应考虑加入抗氧化剂、防霉剂以减少饲料有效成分损失，并加入有保健促生长作用的添加剂、酶制剂等，以提高饲料利用率。

(11) 最好自配饲粮。用预混料或浓缩料自配饲粮既省运费，又能保证质量，每千克配合料可节省0.1元。

(12) 适时断喙。断喙能防止鸡群啄癖，并减少饲料浪费3%～7%。通常断喙在6～9日龄进行，也可在4～5周龄时与转群或换笼结合进行。

(13) 及时淘汰残次鸡。对于病鸡、弱鸡、残鸡、寡产鸡、停产鸡要及时发现并淘汰。残次鸡占鸡群总数的5%～8%，多者达11%。多养1天，每羽鸡要耗料100克。

(14) 上料时少给勤添。每次给料不超过饲槽的 1/3，尽量让鸡把料槽内的料吃净后才加料。

(15) 合理用药，降低保健费用。进鸡前对鸡舍和用具要清扫、洗刷、药浸及熏蒸消毒。

(16) 重视灭鼠。1 只老鼠 1 年可盗食饲料 9 千克，而且污染饲料，咬伤雏鸡及偷食鸡蛋。

(17) 维持鸡舍适宜的温度。舍内温度过高会减少采食而影响生产性能，温度过低就要多消耗饲料，由此浪费的饲料可达 10%。通常要求舍内温度保持 13～23℃。

(18) 节约用水用电。采用乳头饮水器比水槽饮水可节约用水 80%，又能保持鸡舍干燥、清洁、卫生。掌握好光照时间和强度。光照过强过长，易使鸡群发生啄癖。

(19) 降低鸡蛋破损率。鸡蛋正常破损率为 1%～2%。若饲料中钙、磷比例失调或不足，或因维生素 D 缺乏、疫病等，破损率达 10%以上。

(20) 学习新技术，挖掘生产潜力。中国农村每羽鸡年产蛋为 14～15 千克，料蛋比 2.3∶1～2.8∶1，死淘率超过 20%，而美国每羽鸡年产蛋 18.5 千克，料蛋比为 2.1∶1～2.2∶1，死淘率不超过 10%。如果把各项指标都提高到美国的生产标准，养鸡效益将会大大提高。

Chapter 3

第三章 肉鸡养殖

第一节 肉鸡养殖入行投资估算及必备条件

一、家庭肉鸡场投资估算

1. 每批饲养 1 000 只肉鸡场投资估算 鸡场建筑投资：100 米^2，约 2.0 万元；加温、照明、料桶、饮水器等设备约 0.2 万元；养殖成本：2.0 万～2.5 万元（黄羽肉鸡 20～25 元/只）。总计成本 4.2 万～4.7 万元。

2. 每批饲养 5 000 只肉鸡场投资估算

（1）养殖场建设成本。鸡舍主体搭建成本：鸡舍宽 6 米×长 100 米×高 2.5 米，约 9.0 万元；地面硬化约 1.5 万元。合计约 10.5 万元。

鸡舍内部功能区建设成本：网床约 0.7 万元，取暖设施约 0.3 万元，照明设施约 0.2 万元，供水设施等约 0.5 万元，通风墙式进风扇 4 组约 0.1 万元。合计约 1.8 万元。

饲养器具成本：水槽约 0.4 万元，料槽约 0.6 万元，其他约 0.1 万元。合计约 1.1 万元。

养殖场总建设费用约 13.4 万元。

（2）养鸡场生产成本（以快大鸡为例）。鸡苗购进，全年平均每只为 2.0～3.5 元。以饲养 42 天计算，每只鸡大约需要饲料 5 千克，料重比为 1.85∶1，饲料 3.0 元/千克，每只鸡全部饲料成本大约为 15.0 元。每只鸡全程用药成本 0.3 元、水电成本 0.1 元、煤炭成本 0.1 元，人工成本 0.4 元，大约为 0.9 元。每只合计 17.9～19.4 元。

每批 5 000 只肉鸡，平均 42～45 天出笼，合计费用为 8.95 万～9.70 万元。

总投资 22.35 万～23.10 万元。

3. 大棚养殖每批 1 万只快大鸡投资估算

（1）养殖场建设成本。养殖密度 7～9 只/米^2（肉杂鸡 12～14 只/

米²），需要大棚实用面积1 200米²。每个大棚 300 米²左右，需要 4 个大棚。全部占地面积是大棚实用面积的 2 倍左右，则全部占地面积在 2 400 米²左右。网上平养，建设成本约 80 元/米²，则每个棚建设成本大约为 2.4 万元，4 个棚全部建设成本约为 9.6 万元。

(2) 养鸡场生产成本。每批 1 万只肉鸡，每只成本 17.9～19.4 元，合计成本 17.9 万～19.4 万元。

一批鸡总投资为 27.5 万～29.0 万元。

二、现代化肉鸡场投资估算

立体式笼养方式是肉鸡养殖的发展趋势。以 3 万只肉鸡养殖规模为例，主要投资是鸡舍和自动化肉鸡养殖设备。

1. 养殖场建设成本 鸡舍规格为 1 190 米²（85 米×14 米），较高标准鸡舍，200 元/米²，则鸡舍的造价 23.8 万元。

采用层叠式肉鸡笼养设备，包含笼架、喂料、饮水、清粪、通风、保温等系统，按国产设备中高档热镀锌标准，约 20 元一个鸡位，3 万只鸡约为 60 万元。

鸡舍建设总造价约为 83.8 万元，此外，还有一些基础设施，如办公室、工人宿舍、发电机等，总的造价要高些。

2. 养鸡生产成本（以快大鸡为例） 每只肉鸡饲养成本为 17.9～19.4 元，3 万只鸡的饲养，成本为 53.7 万～58.2 万元。

综上所述，3 万只肉鸡动物总投资为 137.5 万～142.0 万元。

三、肉鸡场建设必备条件

（一）必须符合相关规定和申报手续

建场前，必须经所在街道和区环保、畜牧、自然资源、规划等部门同意，办理用地审批、环境影响评价、规划条件审查等相关手续。

建场时，报当地畜牧部门备案；场、区建设布局要符合有关标准规范，生产区、生活区、隔离区、污物处理区明显分开；遵循畜禽粪便无害化处理设施与主体工程同时设计、同时施工、同时投入使用的规定，实行污染物集中治理和废弃物综合利用，污染物排放要符合相关规定。

建成后，办理动物防疫手续，投产后30d内到区畜牧部门备案登记。

（二）必须办理动物防疫条件合格证

1. 法律依据 《中华人民共和国动物防疫法》（以下简称《动物防疫法》）第二十五条规定，开办动物饲养场和隔离场所，应当向县级以上地方人民政府农业农村主管部门提出申请，并附具相关材料。

《动物防疫法》第二十四条规定，动物饲养场和隔离场所、动物屠宰加工场所及动物和动物产品无害化处理场所应符合以下条件：

（1）场所的位置与居民生活区、生活饮用水水源地、学校、医院等公共场所的距离符合国务院农业农村主管部门的规定；

（2）生产经营区域封闭隔离，工程设计和有关流程符合动物防疫要求；

（3）有与其规模相适应的污水、污物处理设施，病死动物、病害动物产品无害化处理设施设备或者冷藏冷冻设施设备，以及清洗消毒设施设备；

（4）有与其规模相适应的执业兽医或者动物防疫技术人员；

（5）有完善的隔离消毒、购销台账、日常巡查等动物防疫制度；

（6）具备国务院农业农村主管部门规定的其他动物防疫条件。

2. 准备材料 根据《动物防疫条件审查办法》的有关规定，场所建设竣工后，应当向所在地县级地方人民政府兽医主管部门提出申请，并提交以下材料：①《动物防疫条件审查申请表》；②场所地理位置图、各功能区布局平面图；③设施设备清单；④管理制度文本；⑤人员情况。

3. 办理流程

（1）向所在地县级地方人民政府农业农村主管部门（简称“主管部门”）提出申请，并提交材料。申请材料不齐全或者不符合规定条件的，主管部门应当自收到申请材料之日起5个工作日内，一次告知申请人需补正的内容。

（2）主管部门应当自收到申请之日起5个工作日内完成材料初审，并将初审意见和有关材料报省级主管部门。省级主管部门自收到初审意见和有关材料之日起15个工作日内完成材料和现场审查，审查合格的，颁发动物防疫条件合格证；审查不合格的，应当书面通知申请人，并说明理由。

第二节 | 标准化养殖技术体系

一、肉鸡场标准化建设

1. 场址选择 养鸡场应建在地势高、干燥、交通便利、背风向阳、排水良好，无有害气体、烟雾、灰尘及其他污染源，供电可靠的地方。场地水源充足、水质良好（一个生产规模1万只的鸡场，每天需要饮水3～4吨，而其他用水，如洗刷、降温、生活用水等也不少于10吨），年出栏肉鸡100万只，按0.2～0.3米^3/只估算。

鸡场应满足卫生防疫要求，周围3 000米无大型化工厂、矿厂或其他养殖污染源。场区距铁路、高速公路、交通干线不小于1 000米；距一般道路不小于500米；距其他畜牧场、兽医机构、畜禽屠宰场不小于2 000米；距居民区不小于3 000米，并且应位于居民区及公共建筑群常年主导风向的下风向处。

鸡场周围应具备就地无害化处理粪污的场地和排污条件，并通过畜禽场建设环境影响评价。

肉鸡场不应选在规定的自然保护区、水源保护区、风景旅游区，受洪水或山洪威胁及泥石流、滑坡等自然灾害多发地带。

2. 规划和布局 鸡场建筑整体布局合理，便于防火和防疫。鸡场内分设生活管理区、生产区、无害化处理设施及焚烧炉处理区。生产区和生活管理区相对隔离，生产区应在生活管理区的常年主导风向的下风向，粪便污水处理设施和禽尸体焚烧炉应设在生产区、生活管理区的常年主导风向的下风向或侧风向处。场内净道与污道应分开。

种鸡场、孵化场和商品肉鸡场之间应有500米以上的距离，种鸡场位于孵化场的上风向；孵化场位于商品肉鸡场的上风向。种鸡场内后备鸡饲养舍应在成鸡舍的上风向。

3. 场舍基本要求 鸡舍的基本要求有：①建筑面积。每栋鸡舍建筑面积应根据饲养量来确定，兼顾目前和未来发展需求，舍饲面积不宜太小（表 3-1 和表 3-2）。②管理方式。鸡舍建筑类型和式样的选择要与资金投入、生产工艺和设备配置相符合。当前国内多采用自然通风的开放式地面平养或网上平养鸡舍。舍内地面可铺垫料，亦可用木（竹）条或漏粪板，按饲养需要安装供料、饮水设备，用护网将鸡舍隔成一定面积的饲养间，即为肉用仔鸡舍。

表 3-1 雏鸡的饲养密度（只/米^2）

周龄＼饲养方式	立体笼养	平面育雏
1～2	60～75	25～30
3～4	40～50	25～30
5～6	27～38	12～20

根据放养区面积、植被状况，参考表 3-2 计算出放养鸡规模。一般每一鸡舍（棚）容纳 500 只的青年鸡（5～8 只/米^2）。根据放养鸡规模和建筑规格计算出放养鸡舍面积。

表 3-2 不同放养场地放养鸡数量表（只/万米^2）

放养场地	果园	农田	林地	山场	草场
放养鸡数量	525～750	375～525	450～600	300～750	525～825

4. 肉鸡舍结构类型 可分为开放式和密闭式两大类。前者包括侧壁敞开式和有窗式鸡舍两种，可利用自然通风和采光，但舍内环境易受外界因素的影响，是当前国内比较普遍的一种鸡舍形式。密闭式鸡舍又称无窗鸡舍，由于与外界相对封闭，具有隔温和遮光功能，可调节和控制舍内环境，比开放式鸡舍有更大的优越性。但因造价高，基础设施投资大，且对机械和电力依赖性大，生产成本相对较高。

育雏鸡舍和普通放养鸡舍可用砖瓦结构，简易棚舍材料可用竹竿、木棍、角铁、钢管、油毡、石棉瓦以及篷布、塑料编布等搭建，简易棚舍的主要支架要牢固。

地基要坚实、组成一致，最好建在沙砾土层或岩性土层上。地面要求高出舍外地面 10～15 厘米，平整坚实，易于清扫消毒。屋顶、墙壁应光滑平整、耐腐蚀、易清洗消毒、保温隔热。屋顶形状以 A 字形为主，跨度较小的也可建成平顶或拱形。所有门窗、通风口应设防蚊蝇、防鸟设施。

雏鸡舍，高 2.4～2.5 米、宽 5～6 米、长 15～20 米，设 1～2 个门，位置在鸡舍南墙的两端或山墙，门口设缓冲间，门高 2 米、宽 1～1.2 米。在南、北墙距舍内地面 1.2 米处，每隔 3 米设一个宽 0.5～0.6 米、高 0.8～0.9 米窗户。

放养普通鸡舍，高 2.2～2.5 米、宽 4～6 米、长 10～12 米。设一个门，位置在鸡舍南墙的一端或山墙，门高 2 米、宽 1.2～1.3 米。在南墙距舍内地面 1 米处，平均每隔 2.5 米设置一个窗户，宽、高 0.8～1 米。

放养简易棚舍，高 2～2.2 米、宽 3～5 米、长 8～10 米。一般不设窗户，在棚舍一端或侧面设一个门，高 2 米，宽 1.2～1.3 米。

5. 肉鸡养殖辅助设施设备

饲养设备：包括育雏笼、饮水器、水槽（盆）、蓄水设施，储水桶、储料间、料车、料槽、保健砂盆等。每只鸡所占料槽位、水槽位 3～5 厘米。

供暖设备：包括热风炉、暖气等。

通风设备（雏鸡舍）：主要是排风机，采用纵向负压通风。在雏鸡舍临近污道端的山墙上距室内地面 1.5 米处安装排风机，在临近净道端的山墙上设进风口。雏鸡每千克体重所需换气量为 3.68 米^3/时，风速 0.3～0.5 米/秒。通风量应按鸡舍夏季最大通风值计算所需排风机的数量。安装排风机时，大小功率风机结合，以适应不同季节的需要。

天窗：按每 15 米^2 在舍顶设一个天窗，大小为 30 厘米×30 厘米，高出舍顶 50 厘米，顶端安装风雨罩（帽）。

照明设备：15～25 瓦白炽灯距离地面 1.8 米左右，按 2.7～3.3 瓦/米^{2}计算所需白炽灯数量。

栖架：放养鸡舍内设 A 字形栖架，由木杆、竹竿或钢管搭建。每只鸡所占栖架的位置不低于 17～20 厘米。

清粪设备：包括清粪车等。

无害化处理设备：包括焚尸炉等。固体粪污以高温堆肥处理为主，病死尸以深埋或焚烧为主。

电力设备：接入当地低压220伏或380伏电网。在远离电网、具备风力发电条件的放养场可配备300瓦风力发电设备或汽（柴）油动力发电设备，用于照明及灯光诱虫。

消防设备：包括风力灭火机或往复式灭火水枪等。消防通道可利用场内道路，紧急状态时能与场外公路相通。

诱虫设备：灯光诱虫，有虫季节在傍晚后于棚舍前活动场内，用支架将黑光灯或高压灭蛾灯悬挂于离地3米高的位置，每天开灯2～3小时。激素诱虫，果园和农田每公顷放置15～30个性激素诱虫盒或昆虫性外激素诱芯片，30～40天更换1次。

防兽害设备：放养区周围设置1.5～2.0米高的铁丝网或尼龙网护栏。放养鸡舍（棚）前活动场周围设2米高的铁丝或尼龙丝防护网，并与鸡舍（棚）相连，用于夜间防护。也可采用养鹅预警，并配备稻草人、竹筒、木箱、尼龙罩、鞭炮等用具防制兽害。

6. 肉鸡场的粪污处理方式

（1）吸粪车清运还田模式。通常是把收集的粪污全部放入氧化塘贮存，氧化塘分为敞开式和覆膜式两类。粪污通过氧化塘贮存进行无害化处理，在施肥季节进行农田利用。一般采用厌氧消化后再还田利用，可避免有机物浓度过高而引起的作物烂根和烧苗，同时经过厌氧发酵可回收利用沼气，减少温室气体排放，且能杀灭部分寄生虫卵和病原微生物。

主要优点：粪污收集、处理、贮存设施建设成本低，处理利用费用也较低；粪便和污水全量收集，养分利用率高。

主要不足：粪污贮存周期一般要达到半年以上，需要足够的土地建设氧化塘贮存设施；施肥期较集中，需配套专业化的搅拌设备、施肥机械、农田施用管网等；粪污长距离运输费用高，只能在一定范围内施用。

适用范围：适用于与粪污量相配套的农田。

（2）粪便堆肥利用模式。以养殖场的固体粪便为主，经好氧堆肥无害化处理后，就地农田利用或生产有机肥。主要有三种模式：①新鲜鸡粪收集（刮粪板→集粪池）→传送带→有机肥车间→添加一定比例辅料

（含糠、稻草粉等）→添加菌种→混合搅拌→堆肥发酵→干燥→制粒或粉碎→生物有机肥分装→回归土壤（有机农业）。②刮粪板→集粪池→运至专业有机肥厂→粉状与颗粒有机肥模式。③全自动传送带式清粪系统→直接售卖。

主要优点：好氧发酵温度高，粪便无害化处理较彻底，发酵周期短；堆肥处理提高粪便的附加值。

主要不足：好氧堆肥过程，翻堆搅拌频率高，劳动强度大。

适用范围：适用于只有固体粪便、无污水产生的规模化肉鸡场。

（3）垫料（发酵床）模式。

①简易发酵床模式。主要方法是：鸡笼下加15～25厘米厚的稻糠或木屑，组成垫料发酵床，每平方米均匀播撒100克发酵菌种（每月加撒1次），喷水拌匀至含水量60%，3～5天用铲子或简易翻耙机翻耙1次，将掉落在垫料上的鸡粪翻耙到垫料中，鸡粪与垫料中的微生物复合菌得到充分接触，鸡粪得到及时降解。发酵床由于鸡舍抽风机抽出一些热量，温度一般在30℃左右。1批鸡清理1～2次发酵床，并将清理垫料堆1～2米高，温度升到60～70℃，翻耙2～3次，7～10天杀灭病菌和虫卵，水分挥发部分后可作为有机肥料出售。由于发酵床补菌和垫料翻动，鸡粪被微生物复合菌降解，鸡舍内不需要经常冲洗地板、鸡笼和处理鸡粪产生的氨气。

主要优点：处理成本低，可节省物力和财力，大大提高养殖效益，改善养殖环境，实现了污染物零排放。

主要不足：垫料发酵床运行期间补料、喷水和翻耙较为烦琐，劳动力成本高，也有自制翻耙机运行良好的，水嘴漏水也会导致湿度超标，寒冷地区使用受限。

适用范围：适用于已建鸡舍且资金不宽裕的鸡场。

②机械翻耙发酵床模式。本模式为改进的简易发酵床模式，是在阶梯笼养架下面事先修建了很深的槽，垫料可以高达0.5米左右，垫料层上方装有固定轨道的自动垫料翻耙机，可将掉落在垫料上的鸡粪翻耙到垫料中，鸡粪与垫料中的微生物复合菌得到充分接触，从而使鸡粪被垫料中微生物复合菌完全降解。

主要优点：鸡场鸡粪不需要再清扫冲洗，养殖场臭味氨气大幅度减少，无任何的粪污排放污染环境，节约大量人工、用药、用水等。

主要不足：需要一定投资，对给水设备要求高，否则垫料中水分失控，含水偏高造成垫料发酵床厌氧运行，有机质降解能力严重下降，还容易使得室内氨气等臭气增加，蚊蝇成群，鸡群易发生呼吸道疾病。

适用范围：适用于规模较大，且有一定资金的鸡场。

③发酵垫料平养模式。详见后续养殖模式部分。

（4）种养平衡模式。种植业利用养殖动物预防病害，利用动物的排泄物作为肥料提高效益；养殖业通过种植品种吸收排泄物中的氨氮变废为宝调节生态环境平衡，同时获得有机生态产品，两者互利互惠达到提质增效的目的。

主要优点：养殖业产生的畜粪用于种植业生产是对生物链的回归，既能解决养殖业的污染问题，又能减少种植业的化肥用量，还能生产出有机环保的安全食品。

主要不足：需要因地制宜，同时熟悉养殖业与种植业的产、供、销产业链，对经营管理能力提出了更高的要求。

适用范围：适用于具备种养结合条件的养殖场。

二、肉鸡品种选择

1. 国内饲养的主要肉鸡品种 目前我国饲养的肉鸡品种主要分为两大类型。一类是快大型白羽肉鸡（一般称之为肉鸡），另一类是黄羽肉鸡（一般称之为黄鸡，也称优质肉鸡）。

（1）白羽肉鸡。我国的白羽肉鸡品种几乎全部从国外进口，以引进祖代为主。目前引进品种主要来自三大育种公司，分别是美国科宝公司（Cobb-Vantrees），主要产品有科宝 500（Cobb 500）、艾维茵 48（Avian 48）和科宝 700（Cobb 700），产品特点是增重速度快，饲料转化效率高，出肉率高和死亡率低；美国安伟杰公司（Aviagen），其主要产品有罗斯 308（Ross308）、罗斯 508（Ross508）和爱拔益加（AA＋）等；法国哈巴德公司（Hubbard），其主要产品是哈巴德（Hubbard Hi-y）。

（2）黄羽肉鸡。国内黄羽肉鸡分布较广，按来源分为三类：地方品种、培育品种和引入品种。

地方品种：我国地方品种除个别蛋用品种外，大部分为黄羽肉鸡品种。按照体型大小可分为三类：大型、中型和小型。大型黄羽肉鸡包括浦东鸡、溧阳鸡、萧山鸡和大骨鸡等，中型黄羽肉鸡包括固始鸡、崇仁麻鸡、鹿苑鸡、桃源鸡、霞烟鸡、洪山鸡、阳山鸡等，小型黄羽肉鸡包括清远麻鸡、文昌鸡、北京油鸡、三黄胡须鸡、杏花鸡、宁都黄鸡、广西三黄鸡、怀乡鸡等。

培育品种：按其生产性能和体型大小，大致可分为以下四类：①优质型“仿土”黄鸡，如粤禽皇 3 号鸡配套系等。②中快型黄羽肉鸡，如江村黄鸡 JH-3 号配套系、岭南黄鸡Ⅰ号配套系、粤禽皇 2 号鸡配套系和康达尔黄鸡 128 配套系等。③快速型黄羽肉鸡，如江村黄鸡 JH-2 号配套系、岭南黄鸡Ⅱ号配套系和京星黄鸡 102 配套系等。④矮小节粮型黄鸡，如京星黄鸡 100 配套系等。

引入品种：目前有矮脚黄鸡、安卡红肉鸡和狄高肉鸡等。矮脚黄鸡是由法国威斯顿培育的高产黄羽肉鸡，安卡红肉鸡是由以色列 PUB 公司培育的快大型黄羽肉鸡配套系，狄高肉鸡是由澳大利亚英汉集团家禽发展有限公司培育的快大型黄羽肉鸡配套系。

2. 土鸡和快大型肉鸡的优缺点 快大型肉鸡都是采用四系配套杂交进行制种生产的，大部分鸡种为白色羽毛，少数鸡种为黄（或红）色羽毛。快大型肉鸡突出的特点是早期生长速度快，体重大，一般商品肉鸡 6 周龄平均体重在 2 千克以上，每千克增重的饲料消耗在 2 千克左右（也有的为 1∶1.76），产品胸肉和腿肉产量高（19.6%），适用于麦当劳、肯德基等制作快餐食品。由于它生长期短，一般只有 42 天左右，肌肉中肌苷酸等风味物质沉积量偏低，因此如按中国人传统的煲汤等吃法，味道不如土鸡鲜美，肌肉纤维较粗，因此咀嚼口感不如土鸡。这类肉鸡在西方和中东地区较受消费者喜爱，因为较易加工烹调，是主要的快餐食品之一。

土鸡一般都是用我国地方良种鸡（黄羽或麻羽）进行本品种选育或进行品系选育和配套杂交进行生产的，也有与引进的鸡种（如红布罗、阿纳克、海佩克等）进行配套杂交育成的。生产中应用的多数是两系杂交和三系杂交。肉鸡的口味与生长速度可能是一对负相关性状，长速快往往口味差，所以有些公司还推出特优型、普通优质型和速长型三种类型的肉鸡，以满足不同消费群的需要，其生长速度也依次由慢到快。生长速度较快大型肉鸡慢，饲料报酬低，饲养成本也较高，但适应强，容易饲养，鸡肉风味品质好，因此受到中国（尤其是南方地区）和东南亚地区消费者的广泛欢迎。

通常人们认为土鸡肉较快大型鸡肉营养更丰富，更安全。其实从现代营养学理论和实际生产过程来看并不正确。快大型肉鸡和土鸡相比，肌肉比例更高一些，相应的蛋白质、氨基酸含量也更高一些。鸡肉产品的安全性关键取决于饲养方式及饲养过程中的安全危害因素控制水平。相比地面平养和放养方式，笼养和网上平养更容易控制寄生虫疾病的发生；快大型肉鸡由于生长快，对疾病的抵抗力较差，饲养期用药较多，因而其终产品中的药物残留控制更为重要。

3. 肉鸡品种的选择　如果为放养模式，应尽可能选择本地适应能力强、勤于觅食、抗病力强、肉质好、产蛋量高的土鸡，或是有地方鸡血缘的改良鸡种，这样不仅保持了土鸡肉蛋产品的风味和产蛋率高的优势，而且与引进的良种鸡相比抗病能力更强。大型鸡对生长环境的要求较高，不适宜在放养模式下生长。

引种应选择具有种畜禽生产经营许可证和动物防疫合格证的种鸡场，最好购买正规鸡苗孵化基地产出的健康鸡种，此类鸡苗具备强大的母源抗体，在饲养过程中具备不易生病、生长快、成活率高等特点。雏鸡最好来自同一鸡场，如果来自不同鸡场，雏鸡需经隔离观察和检疫，确认无传染病后方可合群饲养。健康优质的鸡苗通常具有羽毛光滑、体型匀称、腹部肌肉紧实等外形特征。

推荐小规模养殖户直接购买脱温鸡饲养；如果饲养阉鸡，可从专门从事公鸡去势的公司购买去势后 10 天以上的阉鸡。

国内大部分优质鸡品种都适合在湖南省养殖，但具体选择什么品种，需要根据当地的消费习惯来确定。

4. 鸡苗运输注意事项

（1）加强运输人员及车辆的管理。选择责任心强、有专业知识的人员以及技术较好的驾驶员担任运输工作，车况要良好，且运送前后应做好清洁消毒工作。

（2）适时运输。根据气温情况选择运输时间，气温高时宜选早、晚运输，途中要经常检查所运鸡的状态，以免热、闷、挤压；气温低时宜选中午运输，备好保温物品以免着凉。

（3）健康检查。鸡在长途运输前，必须进行健康检查，凡体质瘦弱、有病鸡只应暂时停运，另作处理。同时应检查药品、器械设备和相关检疫证件等是否齐备。

（4）平稳启运。启运时车速应稍慢，使习惯在室外自由运动的土鸡在进行长途运输前有一个适应过程，途中车速一定要平稳，不可忽快忽慢，严防紧急刹车。

（5）状态检查。随行人员要勤于观察鸡群的状态，特别在车上、下坡或停车 30 分钟以上时，如有异常情况要及时采取措施，发现病鸡要及时隔离和治疗。

（6）喂料饮水。鸡在上车前应防止饲喂过饱，如运输时间在 12 小时以上，最好能提供 1～2 次的充足饮水，饮水中最好能添加适量矿物质、维生素添加剂和某些预防性药物。

三、肉鸡的生产技术模式

（一）从肉鸡养殖规模上划分

大致有四种：第一种是集约化模式，是把养殖业上下游集约到一起，通过系统的管理，来获得系统经济效益的一种生产模式；第二种是规模化模式，相对于第一种模式较为单一；第三种是专业户模式，也主要是单一的只负责养殖环节，养殖规模次于前两种模式；第四种是散户养殖模式，规模、养殖风险、环保压力等都是最小的，技术要求最低。

目前集约化和规模化模式主要有“公司＋农户”“公司＋基地＋农户”等组织形式。采取的养殖方式主要是垫料平养，又可分为地面平养和离地网上平养两种。散养土鸡一般生长周期较长（半年以上出栏），主要有庭院式、林下养殖等方式。

（二）从肉鸡养殖阶段上划分

一种方式是公司养小鸡至脱温，农户养脱温鸡到上市。所谓脱温鸡，是指孵化场或者养殖专业户，利用技术和设备方面相对于普通农户的优势，结合刚出壳雏鸡对环境的要求高，尤其是对温度方面的要求高，把刚出壳的雏鸡饲养在舒适的环境中，并统一按要求接种疫苗，直至雏鸡具有适应自然环境的能力时再出售，脱温养殖时间主要根据自然环境温度定，同时也考虑到市场需要，一般是在14（夏天）～28（冬天）日龄出售。

这种模式，雏鸡享受相对完善的疫病防治程序，尤其是准确、合理的免疫程序，抗体均匀度、体重均匀度较为一致，成活率大幅度提高；减少了养殖户在鸡群饲养过程中最重要最困难的环节，降低了设备的投资、人力损耗、饲养风险等；缩短了饲养周期，每年能多饲养1～2批鸡，可以提高收益30%以上。

另外一种方式是农户养刚出壳鸡到90日龄，公司回收后再养到120日龄左右。这种方式，公司可以控制肉鸡上市之前的卫生防疫和停药期，提高肉鸡上市的卫生安全和产品品质。

（三）从主要技术特点上划分

1. 地面平养模式

（1）传统地面平养模式。适用于中小型肉用仔鸡饲养场和养鸡专业户。垫料在鸡舍熏蒸消毒前铺好，要注意垫料不宜过厚，以免妨碍鸡的活动，避免小鸡被垫料覆盖而发生意外。垫料一般铺5厘米厚，沙子可铺6～8厘米厚，一次性铺够。育雏开始前3天，可在垫料上铺一层吸水性好的报纸或棉布等，防止雏鸡误食垫料（特别是木屑）。随着日龄的增加，垫料因被踩踏厚度降低，粪便增多，应不断地添加新垫料，一般在雏鸡2～3周龄后，每隔3～5天添加一次，使垫料厚度达到15～20厘米。垫料太薄，鸡舍易潮湿，氨气浓度会超标，将影响肉用仔鸡生长发育，并易暴发疾病，甚至造成大批死亡。同时，潮湿而较薄的垫料还容易造成肉用仔鸡胸部囊肿。因此，要注意随时补充新垫料，对因粪便多而结块的垫料，要及时用耙子翻松，以防止板结。要特别注意防止垫料潮湿，首先在地面结构上应有防水层，其次对饮水器应加强管理，对漏水现象及时处理。

在潮湿地区养肉鸡，早、中期每3天要翻一次垫料，并适当加铺一层垫料。到了夏季“返潮”严重、鸡大、垫料易污染时，不可翻起垫料，要用平锹铲除垫料表层，铺一层新垫料，效果最好。除此之外，还可以使用组合垫料，如把麦秸与稻草、稻壳与木花混合使用。但使用垫料时要注意垫料 pH，当 pH=8 时，氨气产生量达到最高，可用化学和物理方法处理垫料，以降低 pH，防止氨气产生。

主要优点：①由于垫料与粪便结合发酵产生热量，可增加室温，对肉用仔鸡抵抗寒冷有益；②垫料中微生物的活动可产生维生素 B_{12}，这是肉用仔鸡不可缺少的营养物质之一，肉用仔鸡活动时扒翻垫料，可从垫料中摄取维生素 B_{12}；③厚垫料饲养方式对鸡舍建筑设备要求不高，可以节约投资，降低成本；④鸡群在松软的垫料上活动，腿部疾病和胸部囊肿发生率低，肉用仔鸡上市合格率高。

主要缺点：①鸡与粪便接触，容易发生球虫病、鸡白痢等疾病，且舍内空气中的尘埃也较多，容易发生慢性呼吸道病和大肠杆菌病等；②占地面积大，垫料来源和处理比较困难，垫料成本高；③垫料的管理难度大，首先进鸡前垫料必须经过彻底熏蒸消毒，其次在饲养过程中保持垫料绝对干燥；④鸡舍简陋，通风难、空气质量差，垫料潮湿、结块，如地面没有防水层，下雨返潮，无法保证垫料干燥；⑤水线的质量差，或水线水压调节不合适，经常出现漏水现象，造成鸡饮水时弄湿垫料，使得球虫病难以控制，甚至影响鸡群肠道健康；⑥空舍时间短，在晾晒和运输过程中容易被病毒和细菌污染，一旦消毒不彻底，饲养过程中很易感染疾病。

（2）发酵垫料养殖模式。这是目前商品肉鸡中小规模饲养场（2 万只左右）的主要养殖模式。垫料厚度为 40 厘米左右，湿度在 40%～55%。发酵垫料的填充介质有稻壳、锯末、花生壳，其次是刨花、玉米芯渣等；稻草、麦秸也是很好的垫料，同时提供含有少量能量的玉米粉等。发酵垫料接种了大量的微生物，随着养殖的进行，粪便增多，水分增加，微生物生长繁殖过程中会降解鸡的排泄物，大幅减少氨气的产生。养殖结束后，垫料不出鸡舍，按照发酵垫料的要求，添加稻壳、锯末和菌种，加水混匀后堆积发酵。堆积发酵过程要彻底，防止在下批养殖过程中产生热应激。

主要优点：鸡场鸡粪不需要频繁清扫冲洗，发酵垫料的运行较为简单，氨气的减排效果显著；在冬季，有利于肉鸡的生长，降低供热成本，鸡通过啄食垫料可以补充 B 族维生素、菌体蛋白等有益物质，达到促进生长的作用。

主要不足：在炎热的夏季，会加重热应激，不利于肉鸡的养殖；在南方湿热环境下需严格控制垫料含水量，太湿会降低发酵垫料层的分解能力，如果垫料太干，容易起灰尘，引起鸡群呼吸道疾病。

2. 网上平养模式　肉鸡网上平养，即在离地面约60厘米高处搭设网架（可用金属、竹木等材料），架上再铺设金属、塑料或竹木网、栅片。

木条和竹片网垫可就地取材进行制作，成本相对比较低，使用寿命也比较长。但是，这类网垫在制作过程中要精细、平整，避免木刺和竹刺刺伤鸡的足底，如果加工不当，鸡易患足底病，产蛋量下降，公鸡不能交配，肉鸡的上市价值下降。因此，现在有专业的工厂机械化生产的竹片网垫。塑料网垫使用也比较广泛，其型号和质量也因用途不同而不同，较薄而软的网垫多用于育雏鸡，需要相对较密的底网架，或者是选用厚质网垫。铁丝网垫在饲养中也有应用，但最好选用编织型，不得有铁刺，锈蚀损坏的要及时更换。

鸡群在网垫、栅片上，鸡粪通过网眼或栅条间隙落到地面，在鸡群出栏后一次清除。网眼或栅缝的大小以鸡爪不能进入而鸡粪能落下为宜。采用金属或塑料网的网眼形状有圆形、三角形、六角形、菱形等，常用的规格一般为1.25厘米×1.25厘米。网床大小可根据鸡舍面积灵活掌握，但应留出足够的过道，以便操作。网上平养一般都采用人工操作，有条件的可配备自动供水、给料、清粪等机械设备。

优点：①鸡与粪便不接触，降低了球虫病等疾病的发生率；②鸡粪干燥，舍内空气新鲜；③鸡体周围的环境条件均匀一致；④取材容易，造价便宜，特别适合缺乏垫料的地区采用；⑤便于实行机械化作业，节省劳动力。

缺点：腿部疾病和胸部囊肿病的发生率比地面平养要高。

3. 立体多层笼养模式　笼养是指从引进鸡苗至出售都在笼中饲养。笼养是最近几年兴起的商品肉鸡饲养方式，分为国产笼和进口笼两大类型。

优点：①笼养鸡粪漏在鸡笼下面，鸡只不与粪便接触，有利于控制球虫病和肠道病的发生；②鸡粪可及时被清理，降低鸡舍内有害气体含量，提高舍内空气质量；③肉鸡增重好，达到上市体重的时间比平养可提前1

周左右；④笼养肉鸡的活动空间小，降低了肉鸡自身体能消耗，饲料消耗少，同样体重的肉鸡饲料消耗比平养降低10%左右或料肉比降低0.1；⑤节约土地资源，笼养肉鸡如果采用三层重叠式，饲养量是传统平养的1.5～2倍，四层重叠式可达到平养的2.7倍，从而大幅度提高单位建筑面积的饲养密度，节省建筑投资（平养肉鸡饲养密度12～14只/米^2，而国产笼可饲养18～20只/米^2，进口笼可达到21～24只/米^2）；⑥可提高劳动生产率，笼养完全采用自动化操作，自动供料、供水、出粪、出鸡、控制环境，因而大大减少了人力成本的支出；⑦节能，燃料成本低，笼养由于饲养密度高，整个饲养期间节能效果特别明显，燃料费较网养降低25%。

缺点：设备投资高；高密度饲养，生物安全风险大；高密度笼养还缺乏成熟的通风理论支持，特别是对我国南方高温地区的夏季饲养是一个挑战；受动物福利的影响，笼养肉鸡的产品出口欧洲将会受到限制。

4. 生态放养模式 肉鸡生态放养一般生长周期较长（半年以上出栏），主要有三种模式，分别是庭院式散养模式、林下散养模式、代养式散养模式。

（1）庭院式散养模式：是农户在房前屋后进行养殖的方式，特点是养殖数量少，从几只到几百只，鸡只在房前屋后自由行动，自由采食，鸡生长速度很慢。

（2）林下散养模式：通过“果树－昆虫－草－鸡－鸡粪肥土、植树长果－果树避雨、挡风遮阳”的良性循环，建立林园合理生态食物链。场地由圈舍和运动场组成，适合在人口密度较低、人均占地面积较大的山区或丘陵地区进行，养殖规模一般在2 000只左右。

林园内裸露的地方可种上适宜于鸡食用的牧草品种，可选用黑麦草、菊苣和紫花苜蓿。放养密度一般以200只/亩左右较适宜。林园养鸡往往采用“全进全出制”，一批鸡上市后，对林园全面清理消毒，最好将园内土壤翻新一次，这样有利于防疫和肥土，对果树生长和下批鸡养殖有益。

（3）代养式散养模式：是指“公司＋农户（或家庭农场）”模式，由公司实行全产业链管理，即公司负责种苗生产、饲料、技术服务配套、按市场价回收。这种模式适合政府牵头在规划区域打造特色产业。

（4）生态放养模式主要注意事项：①选好适合的生态肉鸡品种；②选好饲养场地，选择草原牧地、天然林地、农家田地等地饲养；③选择合适的育雏季节，最好选择 3—6 月份育雏，抓好幼雏、育成阶段放养训练；④选好人工补饲饲料；⑤做好疫病防治、天敌防范。

5. 简易大棚养殖模式　大棚养鸡是农村规模养殖中兴起的一项投资低、效益高及环境污染少的技术，可以将圈养与生态放养相结合。塑料大棚主要是在棚顶毛竹外表蒙上一层稻草，再铺上一层塑料薄膜，最后再用铁丝拉固，能利用太阳辐射光和热，通过塑料薄膜产生“温室效应”使大棚内增温，也能利用鸡只自身产生的热量。通过配套环境控制技术，使棚舍内的湿度、采光、通风等也能达到鸡只生长发育所需要的适宜小气候条件。大棚饲养区要合理分布大棚的间距、大小、通风等，大棚之间的间距应为跨度的 3～5 倍。与传统的砖瓦结构相比，大幅减少了砖的使用，建造也相对简单，节省了建舍资金。一般一个塑料大棚约 2 000 元，饲养密度要控制在 2 000～3 000 只，一般可用 3 年。然而建规范化鸡舍，一般一批要养 4 000～5 000 只，投入一般在 4 万元左右。

大棚养鸡的注意事项：①鸡只养在地面，饲料、饮水与粪便等全在棚内，容易滋生病菌，氨气浓度较高，鸡只容易染病，增加了用药成本，产品质量不安全；②大棚如用煤炉加温，安全性差，易导致煤气中毒；③大棚如果排水设施差，碰上雨天，雨水会流进棚内，易造成鸡相互挤压而死，而且由于大棚内湿度大，卫生条件差，易导致肉鸡品质差。

四、肉鸡饲养管理技术

1. 肉鸡饲养前的准备工作

（1）饲养人员的配备。饲养员应有一定的养鸡专业知识和饲养管理经验，吃苦耐劳，责任心强。为防疫需要，饲养员应采取封闭式管理，进出饲养场地应严格消毒。养鸡专业户可以在专业人员的指导或有经验的饲养员带领下一边学习养鸡知识，一边实践饲养技术。

（2）饲养设备配备与育雏计划。应配备肉鸡饲养常用设备、用具，包括供暖设备、饮水设备、喂料设备和清粪设备等；应根据市场需求和设备条件确定饲养肉鸡的品种，根据鸡舍大小、饲料来源、资金的多少、设备条件确定饲养量。

（3）准备充足的饲料、垫料、药品等。地面育雏时，还要准备足够的垫料；要充分利用当地饲料资源，根据肉鸡营养需要和雏鸡日粮配方，准备好各种饲料，特别是各种饲料添加剂、矿物质饲料和动物性蛋白质饲料；要准备一些常用的消毒药、抗鸡白痢病药、抗球虫药和疫苗等。

（4）对育雏舍和用具等进行严格的消毒并进行试温预热。进鸡前，育雏舍和用具要进行严格的消毒。在育雏前两天对育雏室和育雏器进行试温，使其达到标准要求，并检查能否恒温。要做好安全检查，用炉火供温，要安排烟道，严防倒烟漏烟、火灾或煤气中毒。

（5）建立和健全记录制度。准备好相关记录表格，进行必要的饲养记录，如进鸡数量，每周、每天饲料消耗情况，每周鸡群增重情况、死亡或淘汰鸡只数，温湿度，疫苗接种等相关事宜。

（6）鸡舍与器具消毒。育雏舍首先要进行彻底的清扫，将鸡粪、污物、蜘蛛网等铲除、清扫干净。屋顶、墙壁、地面用水反复冲洗，待干燥后，喷洒消毒药和杀虫剂，烟道消毒［可用3%克辽林（煤焦油皂溶液）］后，再用10%的生石灰乳刷白，有条件的可用酒精喷灯对墙缝及角落进行火焰消毒。

密封性较好的育雏舍，在进鸡前3～5天用福尔马林-高锰酸钾进行熏蒸消毒。因两种试剂均有毒，操作时，要戴口罩、手套等。熏蒸前窗户、门缝要密封好，堵住通风口，关好门窗。洗刷干净的育雏用具、饮水器、料槽（桶）等全部放进育雏舍一起熏蒸消毒。熏蒸的方法是保持舍内温度15～25℃，湿度70%～90%。按每立方米空间用30毫升的福尔马林、15克高锰酸钾的比例，先将高锰酸钾放入非金属性耐高温容器（如瓦钵、搪瓷容器）内，然后倒入福尔马林溶液，迅速离开。熏蒸24～48小时后打开门窗，排出剩余的消毒气体。

2. 育雏温度控制 育雏前两周，雏鸡自身体温调节功能较差。温度过低，容易发生感冒或感染呼吸道疾病以及发生啄癖，所以育雏时一定要设置好适宜的温度标准。

刚出壳的肉用雏鸡要求温度为33～35℃，以后每周下降2～3℃，衡量温度是否合适，除了观察温度计外，主要是观察鸡群精神状态和活动表现。温度过高，雏鸡远离热源，张口喘气，饮水量增加，张翅下垂，进食下降；温度过低，雏鸡互相拥挤，扎堆，靠近热源，羽毛蓬乱，不断发出“唧唧”叫声，采食减少。育雏期温度要求为：0～7日龄为29～31℃，8～14日龄为27～28℃，15～121日龄为24～25℃，以后为18～21℃。

为了节约燃料，育雏前期可将较大的育雏室隔成小间，隔出的育雏面积要保证21只/米^2，随着雏鸡日龄增大及育雏所需温度的逐步降低，逐渐将隔帘向后移动，直到育雏期结束时达到饲养密度10.8只/米^2。用保温伞育雏，每支保温伞可养400～500只雏鸡，保温伞周围高度为30～50厘米。第一周，保温伞下的温度为35℃，而保温伞周围温度为27℃。第二周，保温伞下的温度为29～32℃，保温伞周围温度为24℃。保温伞护围3天就开始逐步扩大，直到一周后全部拆除。

随着育雏日龄的增加，肉用雏鸡应逐步降低育雏温度，最后停止加温。具体脱温时间，应根据育雏季节、雏鸡健康状况及外界气温变化灵活掌握。一般早春、晚秋、冬季育雏可在4～6周龄左右脱温；晚春、初夏及早秋育雏，可在3～4周龄脱温；夏季育雏，只需早、晚加温几次就行。脱温时，要有过渡时间，不能突然停止加温。可以先白天不加温，晚上加温；晴天不加温，阴天、变天加温。要逐步减少每天的加温次数，最后达到完全脱温，脱温过渡期为1周左右。

3. 雏鸡初次饮水与喂料　雏鸡被运到育雏舍后，稍加休息就应及时让其饮水，特别在长途运输后，体内水分损失较多，适时饮水可补充雏鸡生理所需水分，有助于促进食欲和对饲料的消化吸收。饮水最好在雏鸡出壳后12～24小时内进行，最长不超过36小时，且在开食前进行。初生雏鸡具有较强的模仿性，初饮时可先人工辅助使雏鸡学会饮水，将饮水器均匀摆放在料槽之间。饮水温度应与舍温接近，保持在20℃左右，最好在饮水中加入适量青霉素（2 000国际单位/只）、维生素C（0.2毫克/只）和5%～8%葡萄糖或白糖。最初几天还可在饮水中加入0.01%的高锰酸钾，可消毒饮水、清洗胃肠和促进胎粪排出，有助于增强雏鸡体质，提高雏鸡成活率。另外，要做到自由饮水，并保持饮水清洁卫生。随着肉用仔鸡日龄的增加，及时调整饮水器的高度，使饮水器边缘的高度与鸡背的高度相近。

肉用仔鸡初生雏的第一次给料叫“开食”，适时开食有助于雏鸡体内卵黄充分吸收和胎粪的排出，对雏鸡早期生长有利。开食时间在开水后或同时进行。在开食时，5日龄前的雏鸡可将饲料撒布在背景深色的厚纸或塑料布上，也可放在浅盘中，并增加照明，以诱导雏鸡自由啄食。5日龄后可改用料槽饲喂，并随着鸡的生长，保持槽边高度与鸡背高度平齐，使每只鸡有2～4厘米长的槽位。雏鸡开食可直接用全价料，少给勤添，任鸡自由采食。

具体要求如下：

（1）养鸡密度：入雏时养30只/米^2，以后逐渐疏散调整，建议非封闭式鸡舍养10.8只/米^2，封闭式鸡舍养12只/米^2，环境控制鸡舍养13.5只/米^2。

（2）食槽设置：第一周每100只鸡配备1～2个平底料盘（大盘1个，小盘2个），以后改用料槽后，每只约占5厘米料槽，如用料桶则每50只鸡1个料桶。

（3）饮水设置：在不断水的前提下，前两周每1个饮水器（容量4升）养70只雏鸡，改用水槽后则每只鸡应占有2厘米的饮水位置，如用吊塔自动饮水器，则每个饮水器可养100只鸡。

4. 肉鸡喂料量和喂料次数 肉用雏鸡的喂料量依日粮能量水平、料槽结构、喂料方法、鸡龄的大小和鸡群健康状况而异，但每天的饲喂量以肉用仔鸡够吃和全部吃净为准。采用干粉料自由采食时，在料槽内饲料吃尽时就应及时补料，每次投料前应及时清槽，特别要注意夜间及时加料。湿拌料除第一天喂3次外，以后每天喂5～6次，5周后每天喂4次，这种饲喂方式仔鸡采食量大，有利于消化吸收，但劳动强度大，有时弱雏进食不足，群体均匀度差，一般不被广泛采用。

提高肉用仔鸡采食量，可提高增重速度和饲料利用率，同时降低饲料浪费。一般采取以下措施：

（1）控制鸡舍温度与光照。温度适宜则鸡只食欲好，采食多，在夏季天气炎热时，要加强舍内通风，降低舍温。同时，早晚增加光照，以便增加采食量。

（2）重视日粮的全价性，提高日粮的适口性。

（3）尽量用颗粒料。鸡只有喜食颗粒料的习性，且颗粒料外硬内软，进入嗉囊后容易软化破碎，缩短了采食、消化的时间，鸡容易产生饥饿感，从而增加采食量。此外，制颗粒料需要 80～100℃温度，可以破坏一些原料如豆饼、棉籽饼等含有的抗膜蛋白酶、棉籽酚等有害物质，也可以使原料带有香味，增加肉鸡食欲。

（4）建立良好的条件反射。定时定点喂料，有利于肉鸡建立采食条件反射，保持旺盛的食欲，同时注意不突然更换饲料品种。

（5）少喂勤添。自由采食、自由饮水的情况下，少喂勤添，不喂霉变饲料，保证饮水，能保证鸡只有良好的食欲。

（6）合适的食槽高度。按鸡只日龄大小提供结构合理的食槽，调整料槽高度。

5. 肉鸡合理的饲养密度 肉鸡大多数采用地面垫料平养，因此下文主要指这种模式下的饲养密度。

一般 1～2 周龄肉用仔鸡 25～40 只/米^2，3～4 周龄宜养 15～25 只/米^2，5～8 周龄宜养 10～15 只/米^2。由于肉鸡生长速度快，最关键的饲养密度是上市时的，一般指上市时每平方米面积可养毛鸡的总重量，而不是多少只鸡。总的原则是在开放式鸡舍（自然通风）条件下，每平方米出笼鸡总毛重为 20～22 千克；如果在环境控制鸡舍，则可为 30～33 千克。

另外，还应与肉用仔鸡出栏体重结合起来考虑，如出栏活重在 1.3 千克以下，则后期饲养密度应为 18～20 只/米^2；出栏活重 1.3～1.7 千克，饲养密度应为 15～18 只/米^2；出栏活重 1.7～1.9 千克，饲养密度应为 13～15 只/米^2；出栏活重 1.7～2.3 千克，饲养密度应为 10～12 只/米^2。

如采用网上平养或笼养时，鸡和粪便分离，污染小，食槽、水槽可挂于笼外，饲养密度可以高一些。

因此，需根据饲养目的、季节、气候等条件适当调节鸡群密度，如冬季饲养密度可以大一些，通风条件不好的，饲养密度应小一些。

6. 肉鸡合理的光照 合理的光照有利于肉用仔鸡增重，节省照明费用。光照分自然光照和人工光照两种。自然光照就是依靠太阳直射或散射光通过鸡舍的开放部位如门窗等射进鸡舍；人工光照就是根据需要，以电灯光源进行人工补光。

（1）光源选择。选用适宜的光源有利于节省电费开支，又能促进肉用仔鸡生长。光源的稳定性要好，具体指标就是频闪，由于鸡比人敏感，不稳定的光源人感觉不到，但是鸡能感觉到，会导致鸡的光感系统紊乱。

光源主要有白炽灯、日光灯、节能灯、LED灯等，各有优缺点。白炽灯、日光灯、节能灯等光源比较稳定，白炽灯的光特性最接近自然光；白炽灯和日光灯能耗高，一盏15瓦日光灯的照明强度相当于40瓦的白炽灯，而且使用寿命比白炽灯长4～5倍；节能灯光强衰减快；LED灯较节能，但光源的稳定性差。所以要选择LED灯，就要选择光源稳定性好的、无频闪的。

无论采用哪种光源，光照强度不要太大（白炽灯泡以不大于60瓦为宜），使光源在舍内均匀分布，并且要经常检查更换灯泡并保持清洁。

（2）光照方法及时间。一般有连续光照、间歇光照和混合光照。

①连续光照。目前饲养肉用仔鸡大多施行24小时全天连续光照，或施行23小时连续光照，1小时黑暗。黑暗1小时的目的是使肉用仔鸡能够适应和习惯黑暗的环境，不会因突然停电而造成鸡群拥挤窒息。有窗鸡舍，可以白天借助于太阳光的自然光照，夜间施行人工补光。

②间歇光照。指光照和黑暗交替进行，即全天施行1小时光照、3小时黑暗，或1小时光照、2小时黑暗交替。试验表明，施行间歇光照的饲养效果好于连续光照。但采用间歇光照方式，鸡群必须具备足够的吃料和饮水槽位，保证肉用仔鸡有足够的采食和饮水时间。

③混合光照。即将连续光照和间歇光照混合应用，如白天依靠自然光连续光照，夜间施行间歇光照。要注意白天光照过程中需对门窗进行遮挡，尽量使舍内光线变暗些。

（3）光照强度。整个饲养期光照强度原则是由强到弱。一般在1～7日龄，光照强度为20～40勒克斯，以便让雏鸡熟悉环境。以后光照强度应逐渐变弱，8～21日龄为10～15勒克斯，22日龄以后为3～5勒克斯。若灯头高度2米左右，1～7日龄为4～5瓦/米^2；8～12日龄为2～3瓦/米^2；22日龄以后为1瓦/米^{2}左右。

7. 夏季防暑降温措施 到了夏季，高温、高湿气候对肉用仔鸡生产极为不利，肉用仔鸡表现为生长发育缓慢，发病率高，成活率降低，应采取以下几项措施：

（1）搞好防暑降温。鸡没有汗腺，体内产生的热仅靠呼吸散失，因而肉用仔鸡对高温的适应力很差。防暑降温是夏季养好肉用仔鸡的关键环节，应在鸡舍前面搭棚遮阴，防止阳光直射鸡舍；加强鸡舍内的通风换气，以利于鸡舍内排热、排湿。

（2）适当降低饲养密度，有利于鸡舍内的降温防潮。

（3）采用沙子作垫料。夏季养鸡利用干燥无污染的沙子作垫料，既便于肉用仔鸡沙浴和鸡体散热，又能使肉用仔鸡采食沙砾，有利于食物的消化。鸡入舍前，在舍内地面铺垫沙子4～5厘米，以后视地面潮湿程度隔3～5天铺垫一层。

（4）调整日粮成分。夏季的高湿环境使肉用仔鸡的采食量明显减少，一般可减少10%～15%。为了满足肉用仔鸡的营养需要，应适当提高日粮中的能量和蛋白质水平，同时增加维生素、矿物质含量。另外，用碳酸氢钠代替日粮中的部分食盐，有利于鸡体内热量的散失和鸡的增重。

（5）夏季高温季节肉鸡容易产生热应激，导致鸡肉pH下降、嫩度降低、氧化程度增加。在热应激条件下，增加饲料的能量蛋白质水平，提高饲粮苏氨酸、精氨酸水平，并选用优质、可消化利用率高的饲料原料能够提高肉鸡胴体品质；在饮水或饲料中添加碳酸盐或氯化钾、氯化铵等能调节体内的电解质平衡和酸碱平衡，减少热应激的影响；在饲料中添加适量的核黄素、维生素C和维生素E，可缓解高温对肉鸡肉品质的不良影响；有些中草药含有丰富的维生素、矿物质、微量元素和氨基酸等营养物质，添加某些具有清热解毒、杀菌抗病功效的中草药，能够减轻和消除热应激对肉鸡的危害。

8. 冬季防寒保温措施　冬季，尤其在我国北方，气候寒冷，是肉用仔鸡生产的淡季。但是，如果饲养管理得当，冬季也能把鸡养好，获得较高的经济效益。

（1）做好防寒保温工作。保温是冬季养好肉用仔鸡的关键，在寒冷气候来临前搞好鸡舍维修，严密门窗、缝隙，门窗加挂保温帘子，适当增加垫料厚度，采用保温性能好的稻草、麦秸、稻壳等作垫料，以减少地面寒气影响，提高舍内温度。可根据条件采用暖气、红外线、烟道、火墙、火炉等增温，同时要注意舍温的恒定，切忌昼夜温差过大。

（2）注意舍内通风换气。肉用仔鸡饲养密度大，生长发育迅速，随着体重增加，呼吸量和排泄量也随之增加，如不进行适当的通风换气，不仅使舍内湿度过高，而且还会造成舍内空气污浊，氨的浓度过大。若舍内设置火炉又增加了一氧化碳等有害气体的含量，严重时甚至引起中毒。因此，在强调保温的同时，要注意舍内通风换气，在背风面墙壁设置换气孔，一般可采用弯头式通风装置，有条件的可在中午采用动力排气通风。通风前提高舍温 2～3℃，以保持通风后舍温稳定。

（3）调整日粮成分。冬季气温低，鸡体代谢旺盛，可适当提高日粮中的能量水平。据资料介绍，在冬季的肉用仔鸡日粮中增加 2%～5%的动、植物脂肪，可取得较好的增重效果。

（4）精心管理。冬季肉用仔鸡饲养可采取自由采食、自由饮水方式，适当增加饲喂次数，每只鸡应有 3～5 厘米的槽位，每日连续 23 小时光照，1 小时黑暗，光照强度 1～2 瓦/米^2。由于舍内湿度大，空气比较污浊，肉用仔鸡易患球虫病和呼吸道疾病，要注意预防。

9. 放养鸡的补料方案 经过 3 周以上喂养后，雏鸡体重一般可以达到 0.3 千克以上，具备了放养的条件，这时可以把它散放到林子里、水库边、草甸里，雏鸡在广阔的田野里捕捉昆虫，吃嫩草、草籽，自由活动。这一时期长达 15 周，在补料上可由日喂 5 次逐渐减少到 2 次。在日喂 2 次时，早晨放出时少喂，晚上回来时多喂。放养鸡也离不开配合饲料，否则其市场性能无法得到保证，甚至还可能影响鸡只健康。

10. 饲料和鸡肉品质的关系 饲料的质量不仅决定了鸡肉的产量，还决定了鸡肉的品质和安全，饲料占整个养殖成本的 70%左右。

（1）饲料添加剂对鸡肉品质的影响。国家对饲料添加剂的生产和使用都有严格的规定，正确使用饲料添加剂不会影响鸡肉产品的品质和安全。合理、科学使用饲料添加剂不仅可以提高肉鸡生产性能和抗病能力，提高饲料的利用效率，节约资源，而且还可以改善鸡肉产品的品质。

（2）通过饲料改善鸡肉品质和提高鸡肉风味的方法。在肉鸡饲粮中添加 10～20 毫克/千克大豆异黄酮可改善鸡肉的肉色、系水力和 pH，防止贮藏过程中肌肉发生氧化反应，减缓宰后肌肉 pH 的下降速度，防止劣质肉的产生。在肉鸡饲粮中添加 600～2 700 毫克/千克甜菜碱可提高鸡肉中肌酸、肌酸酐、肌苷酸等风味前体物质以及肌红蛋白含量，改善鸡肉风味和肉色。饲粮中添加50～100毫克/千克L-肉碱可提高胸肌的红度值、肌苷酸和粗脂肪含量，改善鸡肉肉色和风味。在饲粮中添加200～300毫克/千克茶多酚可提高鸡肉抗氧化能力，降低鸡肉的滴水损失，减少贮藏损失。饲粮中添加500毫克/千克糖萜素可降低肉鸡胸肌的滴水损失、亮度值和黄度值，提高红度值和肌苷酸含量，提高鸡肉系水力，改善肉色和风味。在肉鸡宰前饲粮中添加丙酮酸盐，可延缓宰后肌肉pH下降，降低肌肉滴水损失。

在育肥肉鸡饲料中添加一些调味香料（如丁香、八角、生姜、辣椒）可以刺激鸡的食欲，改善鸡肉品质，使鸡肉味道更好，并可以保持肌肉新鲜。在肉鸡饲料中添加0.2%的大蒜粉可使鸡肉更香。肉鸡日粮中添加稀土可提高鸡肉香味，改善肉汤滋味。

五、肉鸡疫病防控

（一）商品肉鸡常见传染病的综合防治措施

商品肉鸡的常见病有两大类。一类是非传染病，包括消化不良、维生素缺乏症、缺硒病等；另一类是传染病，包括大肠杆菌病、沙门氏菌病、烟曲霉菌病、葡萄球菌病、传染性法氏囊病、鸡新城疫、鸡传染性支气管炎、鸡球虫病、禽流感等。

1. 非传染病 非传染病多由于饲养管理不当，如营养配合不当、温度不当、空气不适等原因造成的。通过加强饲养管理，调整饲料的营养配方，加强对饲养员的技术培训等措施可以有效控制非传染病的发生。

2. 传染病 肉鸡传染病的流行是一个复杂的过程，是由传染源、传播途径和易感鸡三个环节相互联系而造成的。因此，通过制定合理的免疫程序、给药程序和消毒程序等防疫措施，可消除或切断造成流行的三个环节的相互联系，使疫病不发生或不致继续传播。这些措施应包括“养、防、检、治”四个基本内容的综合性措施。综合性防疫措施又可分为平时的预防措施和发生疫病时的扑灭措施两方面。

(1) 预防措施：①做好环境消毒工作。消毒指通过物理、化学或生物的方法来杀灭对鸡的生长和发育有威胁的致病菌的过程。经常消毒的鸡场，环境中的病原微生物能保持在最低水平，同时外来的野毒也不易侵入，可有效对传播途径进行切断。鸡场周围建议每月消毒2次，场内的污水池、排粪坑、下水道出口等每月消毒1次。鸡场、鸡舍进出口要设置消毒池，每周更换1次消毒药。鸡舍内要定期进行带鸡消毒，正常情况下每周1次，疫病流行期间每周不低于2次，如果鸡场已经发现病例，则需每天定时消毒。鸡舍在鸡出栏后要进行彻底清洗，用甲醛进行密闭熏蒸。定期对装蛋箱、托盘、喂料器等雾化消毒。饲喂器具要定期在太阳下暴晒，饲养员衣物也要定期更换，每次出舍需用紫外照射5分钟，确保消毒效果。②提升鸡场管理水平。同一生产区只能饲养同一批次和品种的鸡，不同生产区之间要严格进行隔离，防止鸡出现串舍情况。严格执行全进全出制，鸡群出栏后至少空舍14天以上，其间杜绝饲养其他禽类。封闭式的鸡舍要防止野鸟、老鼠、犬、猫等动物的进入，开放或半开放的鸡舍也应在门、窗、天窗等位置用铁丝或尼龙网封闭。鸡场周围要设置栅栏，杜绝外来人员的随意进入。定期对场内的蚊子、苍蝇等进行杀灭。春季和秋季是疾病流行的高发期，尤其是流感类疾病，秋季很多候鸟会往南飞，将北方的病原带到南方，等到冬季过后，天气转暖，南方的候鸟又会飞回来，导致春季也是流感类疾病的高发期，季节性疾病一定要做好提前防控。养殖场内的生活区和生产区一定要分开，生产区应根据规模及需要划分为若干个小区，各小区的排列不能在同一风向上。各生产区应设置各自的净道和污道，净道供人员、饲料、鸡蛋、新进鸡只等通过，污道可供专门的粪车、死亡鸡尸体以及其他污染物流通。③做好水质卫生控制。很多疾病都是由于水质偏差或饮水被污染后，病原经口传播。控制水质能最大程度减少疾病的发生。鸡的饮用水应清洁无毒，以符合人用标准为宜，即水中细菌总数小于100个/毫升，大肠杆菌数少于3个/升。由于优质肉鸡养殖场大多是家庭农场模式，水源直接为地下水，对于深水井而言，水质一般都合格，微生物也较低。如果水井较浅，地表水很容易被污染，微生物超标严重。对于水质不合格的鸡场，建议每周冲洗一次水线，冲洗前可使用0.5%浓度的酸化剂或8%的双氧水溶液浸泡8小时以上，之后再用毛刷洗，最后用高压水枪进行冲洗，这样冲洗得更干净。也可在饮水中加入一定浓度的消毒剂，如氯制剂、碘制剂、复合季铵盐等，在此提醒，饮水消毒剂一定严格按照规定的剂量添加，切不可过量，一般以饮水线末端达到有效浓度即可。另外，饮水消毒是预防性的，不要将其看作治疗性看待，而且是为了防控疾病不得已采取的措施，不适合长期使用，解决问题的根本还是净化水源，控制污染。④做好饲料卫生控制。饲料在符合正常营养指标的前提下，卫生指标也必须合格，卫生指标不仅包括原料、半成品和成品，还包括运输和后期储存过程的控制。很多饲料出厂后都检测合格，但在运输过程中或在养殖场储存时，受到各种霉菌、细菌的污染，就很容易暴发疾病。还有些饲料在加入料槽后，由于暴露而受到粪尿、鼻腔分泌物、唾液等污染，这也会造成疾病传播。一般情况下，鸡饲料原料尽可能避免使用动物源性饲料，如确实需要，须严格控制原料中的大肠杆菌、沙门氏菌数量，严禁使用不合格原料。使用植物性原料时，主要把控霉菌的污染。成品料也必须严格控制微生物，同时要对每批次的饲料样品进行留样。很多自配料的鸡场饲料中未添加防腐剂和抗氧化剂，很容易腐败变质，最好在一周之内用完，不可超过半个月。制定合理的饲料使用计划，做好运输过程的消毒工作，储存过程要科学，使用端要对所有批次的使用计划进行记录。⑤对鸡群进行科学免疫。制定合理的免疫程序，免疫程序应根据当地疫情的流行情况、上一次的免疫情况、各主要传染病的消长规律、鸡场的管理水平等综合制定，并随时监测，及时修订。建立疫苗检验制度，对于使用的每一批次疫苗都要进行质量把关，采购也一定要从正规途径进苗。疫苗使用前要对产品的感官、性状、储存温度、生产厂家和日期、有效期等进行核对。活疫苗一定要确保真空，油乳苗要确保分布均匀、无分层及破乳现象。疫苗免疫后的 15～20 天，需随机在鸡群中抽样进行抗体的检测，免疫失败的必须进行补免。⑥鸡场废弃物应无害化处理。鸡场的废弃物应分类处理，鸡粪应根据季节、鸡舍环境控制等情况定时清除，鸡粪及被污染的垫料等应通过专用的污道运出鸡场，堆肥地点离生产区的距离不得低于500 米，最好进行堆肥发酵、有机肥加工或发酵沼气等方式处理，既能杀灭病原，又能将粪便重复利用。活疫苗的瓶子及包装物应先用消毒液浸泡后用专用袋子密封，之后运出鸡场集中无害化处理。各场建立无公害的焚烧车间，对病、弱、残、死的鸡进行淘汰，尸体无害化焚烧处理，实验室检测时采集的病料也要进行焚烧。兽医人员剖检过程使用的一次性手套、包装袋、鞋套等不能随意丢弃，必须集中无害化处理。

（2）扑灭措施：隔离和消毒。一旦发现疫情，应将病鸡或疑似病鸡立即隔离，指派专人管理，同时向养鸡场所有人员通报疫情，并要求所有非必需人员不得进入疫区和在疫区周围活动，严禁饲养员在隔离区和非隔离区之间来往，使疫情不致扩大，有利于将疫情控制在小范围内。在隔离的同时，一方面立即采取消毒措施，对鸡场门口、道路、鸡舍门口、鸡舍内及所有用具都要全部消毒，对垫草和粪便也要全部消毒，对病死鸡要做无害化处理；另一方面要尽快作出诊断，以便尽早采取治疗或控制措施，可以请兽医师到现场诊断，本场不能确诊时，应将刚死或濒死期的鸡，放在严密的容器中，立即送有关单位。当确诊或怀疑为严重疫情时，应立即向当地兽医部门报告，必要时采取封闭措施。

（二）疫苗的免疫接种方法

严格执行科学化的免疫程序才能确保鸡群健康生长和生产，主要应做好马立克氏病、新城疫、传染性法氏囊病等传染病的防疫。对一些强制免疫的疫病，如新城疫和高致病性禽流感，必须严格地按照免疫的程序来进行处理。发现病鸡应立即隔离治疗，必要时可实施隔离，避免交叉感染造成不应有的损失。

免疫程序要根据当地疫病流行情况来制定，也可参考表3-3来制定。

表3-3 推荐免疫程序

日龄（天）	疫苗名称	免疫方法
3～5	肾型传支W93	滴鼻或饮水
8～10	新城疫克隆30或Ⅳ系＋H120	滴鼻或饮水
13～15	法氏囊B87或法氏囊多价苗	滴鼻或饮水
15～18	禽流感H5＋H7二联灭活苗	皮下或肌内注射
23～25	法氏囊B87或法氏囊多价疫苗	滴鼻或饮水
30～35	新支流（鸡新城疫、传染性支气管炎、禽流感）三联灭活苗	皮下或肌内注射
40～45	禽流感H5＋H7二联灭活苗	皮下或肌内注射
50～60	禽霍乱灭活苗	肌内注射
90～100	新支流（鸡新城疫、传染性支气管炎、禽流感）三联灭活苗	皮下或肌内注射

（三）疾病的防治

1. 鸡啄癖的防治

（1）及时移走啄癖鸡，单独饲养，隔离被啄鸡或在被啄的部位涂擦龙胆紫、黄连素（小檗碱）等苦味浓的消炎药物，一方面消炎，另一方面使啄癖鸡知苦而退。严重者应于淘汰，以免扩大危害。

（2）首次断喙在7～10日龄，二次断喙在18周龄进行。其方法为上喙断去鼻孔至喙尖的1/2，下喙断去1/3。尽量把喙修成斜面既防止啄癖，又可以节省饲料。同时在饲料中添加维生素C和维生素K防止应激。

（3）合理配合日粮。日粮除要满足蛋白质、矿物质、维生素需要外，可适当降低能量饲料（玉米不要超过65%），提高蛋白质含量，增加粗纤维，同时在饲粮中添加0.2%的蛋氨酸或1%～2%的羽毛粉，能有效预防啄癖的发生。另外，切勿喂霉变饲料。

（4）营养缺乏引起的啄癖，应分析具体原因，如缺盐时，可在日粮中添加1.5%～2.0%食盐，连续3～4天，但添加时间不能长，以防中毒；缺硫时，可在饲料中加入0.8%～1.0%的芒硝或天然石膏粉，每羽鸡1～3克；粗纤维含量太低，可能是引起互啄最常见的营养因素，而且是最容易在配方上忽略的因素，许多配方中粗纤维含量不到2.5%。据经验3%～4%的粗纤维含量可以有助于减少互啄的发生，这与粗纤维能延长胃肠的排空时间有关。

（5）控制饲养密度。建议土鸡、黄杂鸡在0～4周龄的密度最多不能超过50羽/米^2，5～8周龄不能超过30羽/米^2，9～18周龄不能超过15羽/米^2。

（6）通风。氨气浓度过高，首先会引起呼吸系统的病症，并诱发其他病症，包括啄癖，当鸡舍中氨气浓度达15毫克/千克时，有较轻的刺鼻气味；当鸡舍中氨气浓度达到30毫克/千克时，有较浓的刺鼻气味；当鸡舍中氨气浓度达到50毫克/千克时，鸡只出现咳嗽流泪、结膜发炎等症状。鸡舍的氨气浓度以不超过20毫克/千克为宜。

（7）光照强度及光色。光照强度过强也是啄癖的重要诱因，第一周鸡舍可使用40～60勒克斯光照强度，产蛋期的光照强度也可达20～25勒克斯，其他时间不要超过20勒克斯。如果灯泡离地面2米，灯距间隔2米，灯泡的功率不能超过15瓦。鸡舍灯光最好为红色，因红光使鸡安静，可减少啄癖的发生。

(8) 饮水。除非特殊情况，应随时为鸡群准备充足的干净饮水。

(9) 改变料型。颗粒料比粉状料更易引起啄癖，如果发生啄癖，可以在料中撒一些谷粒或麦粒，可以防止啄癖的加重。

2. 肉鸡猝死的防治 肉鸡猝死综合征又称暴死症、急性死亡综合征，是发生于肉鸡的一种常见病，常发生于生长特快、体况良好的2周龄至出栏时肉鸡，特点是发病急、死亡快，死亡率在1%～5%之间。

该病以肌肉丰满、外观健康的肉仔鸡突然死亡为特征，病前无任何明显发病先兆，采食正常，鸡突然失去平衡向前或向侧跌倒，翅膀剧烈扇动，肌肉痉挛，有的向上蹿跳发出尖叫而死亡。一般从发病到死亡只有1分钟左右，多数死亡鸡背部着地，双脚朝天，颈部扭曲，死于食槽边。

死后剖检常不见明显病理变化，主要见肌肉组织苍白，嗉囊、肌胃、肠道充盈。心脏体积增大，心包积液增多，右心房扩张瘀血，肺水肿，气管内有泡沫，肝脏、肺充血，肾脏苍白，心肌纤维变性。

该病多与营养、光照、防疫、饲养、密度、应激反应等饲养管理因素有关。肉用仔鸡阶段生长速度快，而自身的一些系统功能（如心血管功能、呼吸系统、消化系统等发育尚不完善）跟不上其发育速度，导致过快增长与系统功能不完善之间的矛盾；另外，饲料中蛋白质、脂肪含量过高，维生素与矿物质配比不合理也是重要因素之一。青年鸡采食量大，超量营养摄入体内造成营养过剩，呼吸加快，心脏负担加重，相应的需氧量增加，严重造成快速生长与系统功能不完善的不良后果，从而发生猝死现象。

适当控制前期生长速度，尽量不用能量太高的饲料，1月龄前不添加动物油脂，尽量少喂颗粒料。雏鸡在10～21日龄时，每羽鸡用碳酸氢钾0.5克饮水或拌料进行预防，效果很好。每千克日粮中添加300～500毫克生物素已被证实是降低猝死死亡率的有效方法。

3. 肉鸡腹水综合征的防治 导致肉鸡腹水综合征的因素很多，主要是由以下原因导致的缺氧引起：①饲料蛋白、能量水平过高；②氨气、灰尘过多、湿度过大；③一氧化碳、日粮或饮水中硝酸盐慢性中毒、Na^+含量过高、添加剂和药物使用过量、黄曲霉毒素中毒等；④维生素 E、微量元素硒等营养缺乏；⑤苗鸡孵化后期温度过高；⑥继发大肠杆菌等病；⑦高海拔低压缺氧。

防治方法：肉鸡腹水综合征，一般初期症状不明显，到产生腹水时已是病程后期，并发症导致死亡率增高，治疗困难，故应以预防为主，主要从改善饲养环境、科学管理、科学配方等方面考虑。如用 0.3%的过氧乙酸每周带鸡喷雾 1～2 次，既可除氨，又可给鸡舍增氧；日粮中添加亚麻油，可降低腹水症；每吨饲料中添加 500 克维生素 C 和 1%微量元素硒添加剂，可有效预防腹水症。

（四）怎样避免鸡肉药物残留

药物残留是鸡肉安全的最大隐患，应从以下几个方面避免鸡肉产品中出现药物残留。

（1）必须周密慎重地选定饲养场地和建筑。对肉鸡饲养场地的土壤进行检测，选择地势较高、干燥、通风、排水良好的建筑位置，并尽量做到硬处理（如砖、水泥构造），从而有效地控制污水渗漏面造成的二次污染。

（2）饲料。饲料中添加剂的添加标准要严格按照农业农村部有关饲料和添加剂标准添加。切不可随意增加品种和用量。加强饲料和药物保管，不可将饲料、药物或其他化学物质放在一起。各个时期的饲料、加药饲料和非加药饲料不可混放在一起，以免误用。更换饲料时要先彻底消除前期饲料，并清洗料桶、食槽及其他相关设备。贮藏饲料场所要尽量卫生干净，防止饲料受潮霉变，不用霉变饲料喂鸡，否则可引起肉鸡疾病并导致药物残留。

（3）饮水和消毒药的安全使用。肉鸡的饮用水要检测微生物含量和有害物质的含量。

（4）严格用药管理是控制药物残留的关键措施。要根据鸡只健康情况和抗体监测制定合理的免疫程序，从而控制各种疾病的发生，减少用药量。对选用的一切药品都必须经化验室进行药物残留分析。加强技术服务力度和用药管理，通过对药物残留危害性的宣传与教育，使每个肉鸡饲养单位和饲养户了解到擅自滥用药物的危害和严重后果。

（五）执行休药期的原因

休药期是指从最后一次给药时起，到出栏屠宰时止，药物经排泄后，在体内各组织中的残留量不超过食品卫生标准所需要的时间。

严格执行休药期的原因：当前食品动物禁用的兽药在使用过程中仍然存在大量滥用、非法使用、不遵守休药期的现象，导致药物残留事件屡有发生，给人民群众的身体健康造成了重大危害。为了减少或避免供人食用的动物组织或产品中药物或其他外源性化学物残留对人的健康造成的不利影响，为了保证鸡肉内的药物残留不超过食品卫生标准，应对药物的使用做出相关的规定和规范。凡供食品动物应用的药物或其他化学物均需规定休药期。制订休药期的根据是药物或化学物从动物体内消除的速率和残留量。

（六）如何避免饲料药物交叉污染

避免饲料药物交叉污染的措施：

（1）工艺设计。在进行饲料加工工艺设计时，要尽可能缩短输送距离，少用水平输送设备。吸风除尘系统尽可能设置独立风网，避免引起饲料的二次污染。对于加药饲料生产，尽可能采用专用生产线，以最大限度地降低交叉污染危险性。

（2）设备设计和工作精度。计量设备应根据不同配比的物料特性来选择，采用大小合适的电子秤称量不同的组分，最小组分不应小于其最大称重的4%。混合机的残留量应不超过混合机每批额定混合产量的0.05%～0.20%，且应该具有自动清理功能，设备的内表面和过渡部位必须清洁、光滑，不留死角。

（3）物理清洗。真空吸尘、清扫、洗刷是常见的3种物理清洗法。针对可能发生不安全交叉污染的设备，应制定书面的清理规程，培训操作人员履行其清理职责，所有设备的清理都要记录下来，并定期核实清理规程的有效性。

（4）排序法加工。排序法是指根据“防交叉污染”来安排不受交叉污染威胁的产品生产。饲料应按照预先确定的次序进行加工。

（5）冲洗。冲洗就是使用一定数量的一种原料，如玉米粉、豆粕或麦麸等，带走先前加工药物饲料或动物源性饲料时输送设备上的残留。

（七）怎样正确使用药物性饲料添加剂和兽药

（1）针对性使用。药物添加剂用于所处卫生条件较差的畜禽。应根据饲养目的、饲养条件以及畜禽营养状况、生理状态、年龄、体重等情况，有目的、有针对性地选用，切不可滥用。

（2）混匀。添加剂必须准确均匀地混合到饲料中去。建议首先应该将添加剂（假设重2千克）混合到50千克饲料中，然后再进行最后的混合，亦即采用逐级混合法。

（3）严格按照说明书使用。必须遵从预混料包装上的说明，特别要注意数量说明和混合次数说明。大多数产品还标有正确的贮存方式，应该加以注意。对适用对象、剂量和注意事项等严格控制。

（4）做好使用记录。准确记录有助于保护使用者的经济利益，确保添加剂量，并且可以减轻公众对在动物中滥用药物的忧虑。

（5）小心贮藏。药物产品理想的贮存室应该只有一个可上锁的出口，并且应该远离人和动物频繁活动区。

（6）保护工人健康。必须保护生产人员的健康。工作时必须为工人提供手套、面罩和眼睛防护罩。即使在进行抗生素和预混料混合操作时还是很有必要穿防护性隔离衣，以减少身体暴露在药物中的时间。

（7）避免不同批次饲料间的交叉感染和混淆。保证饲料生产的干净、次序合理和易于辨认。

（8）接受兽医指导。兽医可以在药物的使用、休药期等方面给予指导。

（八）病死鸡无害化处理方式

病死鸡无害化处理的方法有：①深坑掩埋。建造用水泥板或砖块砌成的专用深坑。美国典型的禽用深坑长2.5～3.6米、宽1.2～1.8米、深1.2～1.48米。深坑建好后，要用土在其上方堆出一个0.6～1.0米高的小坡，使雨水向四周流走，并防止重压。地表最好种上草。深坑盖采用加压水泥板，板上留出两个圆孔，套上PVC管，使坑内部与外界相连。平时管口用牢固、不透水可揭开的顶帽盖住。使用时通过管道向坑内扔死禽。②焚烧处理。以煤或油为燃料，在高温焚烧炉内将病死鸡烧成灰烬。③饲料化处理。死鸡本身蛋白质含量高，营养成分丰富。如果在彻底杀灭病原体的前提下，对死鸡作饲料化处理，则可获得优质的蛋白质饲料。如利用蒸煮干燥机对死鸡进行处理，通过高温高压先灭菌处理，然后干燥、粉碎，可获得粗蛋白达 60%的肉骨粉。④肥料化处理。堆肥的基本原理与粪便的处理相同。通过堆肥发酵处理，可以消灭病菌和寄生虫，而且对地下水和周围环境没有污染。

（九）为什么说“养胜于防、防胜于治”

“养胜于防、防胜于治”指在肉鸡的饲养过程中做好日常的饲养管理比其预防措施有效，而肉鸡防疫免疫措施比有关疾病的治疗措施更有效。在肉鸡的养殖过程中，应该重视其日常饲养管理，尽量少用药或不用药。总场和各分场都按照防疫程序进行严格防疫，这是一种有效降低成本的方法。树立“养胜于防、防胜于治”的理念对保证鸡肉质量安全有重要的意义。这一理念的实质是少用药甚至不用药，这可以避免药物残留这个一直困扰养殖户的难题，同时增强广大消费者对鸡肉品质和食品安全的信心。

（十）肉鸡长途运输中减少应激的措施

①在长途运输之前，对体质瘦弱、有病的鸡只暂时停供饲料，供水充足，药品和器械齐备，相关的检疫证件齐全，以及车况和通信设备完好。②在运输途中提供的饲料，必须要有丰富的营养成分、易消化，每天有1～2 次的充足饮水。为减少应激反应的危害，可以在饮水中添加适量的电解质、维生素和一些防疫药物以及补液盐等。③肉鸡在上车前不能喂得过饱，刚开车运行时应控制车速，让车上的肉鸡有一个适应过程，在行驶中规定车速不能超过 50 千米/时，超过 5 小时后可提高到 80 千米/时，同时要严防紧急刹车。④应经常检查鸡群的情况，发现问题及时处理，尤其是停车饮水和喂料时要注意观察，发现病鸡及时隔离和治疗。⑤运输到达目的地后应将肉鸡放到指定的鸡舍内休息；准备适量的优质饲料和饮水，在饮水中加适量的补液盐和多维葡萄糖；彻底检查鸡群健康状况，对未死病鸡，进行宰杀，若发现鸡肉有黑色和绿色斑点，应火化或深埋。

第三节 肉鸡的屠宰加工

一、肉鸡产品质量安全与品质

1. 影响鸡肉产品质量安全的因素 影响鸡肉产品质量安全的因素较多，但归纳起来，有以下几个方面：①饲料因素：饲料原料是否受霉菌毒素或重金属污染，饲料中的药物性添加剂是否按种类和剂量规定添加，饲料生产加工过程中是否有药物交叉污染，饲养过程中是否严格使用停药期饲料等。②饮水因素：肉鸡饮用水是否符合卫生标准，是否有大肠微生物或重金属超标。③兽医用药是否规范，病、死鸡是否严格淘汰和进行焚烧处理。④运输和加工过程中是否被不洁净器具污染。⑤产品在贮藏过程中是否过期、变质。

2. 加强肉鸡饮用水卫生质量的原因 ①肉鸡的饮用水如果不清洁卫生，污染了细菌病毒，肉鸡饮用后会直接感染疾病，引起疫病的流行传播，造成重大损失。家禽饮水应清洁无毒，无病原菌，符合人的饮水标准，即每毫升含大肠杆菌不超过 3 个，每升含细菌总数不超过 100 个，生产中要使用干净的自来水或深井水。②水中如果含有大量的泥沙、有害矿物质，也会影响鸡的健康，引起中毒或营养不良等疾病。③二次污染：洁净水进入鸡舍后，由于暴露在空气中，舍内空气、粉尘、饲料中的细菌可对饮用水造成污染，所以要进行饮水消毒。④注意事项：过量消毒剂通过饮水进入胃肠后，可能会影响正常菌群的平衡，影响饲料的消化吸收，因此饮水消毒要谨慎。⑤通用的消毒剂是氯制剂（如漂白粉），放入水中消毒并在 30 分钟后待其自动挥发后让鸡群饮用，就不会随水进入消化道引起病变。

3. 鸡舍的空气质量对鸡肉品质和安全的影响 鸡舍的空气质量对鸡肉品质和安全有一定的影响。集约化鸡场内饲养密度大时，导致舍内潮湿且不断产生有害气体，影响鸡舍内空气质量，如果通风不良则会引起疾病的暴发。鸡舍内氨浓度高时对肌肉内含水量和 pH 都有影响。当鸡舍内空气中氨浓度达25毫克/千克时，会使鸡的肌肉中pH提高，肌肉含水率增高，色素下降而变得灰白，可食度与鲜味均下降。

4. 从饲料营养方面保障优质安全鸡肉的生产 为保障优质安全鸡肉生产，在饲料营养方面首先要做到选用优质新鲜的饲料原料和绿色安全的饲料添加剂，并采用科学饲料配制技术配制饲料，严格禁止激素类、抗生素类和其他违禁药物等危害人体健康的药物在饲料中的应用，严格禁止受农药、霉菌毒素和病原微生物污染的饲料原料在肉鸡饲料中的应用，严格控制饲料中重金属含量和宰前饲粮中高剂量矿物质的应用。

二、肉鸡的屠宰加工

1. 国家为什么要限制活鸡销售，推行集中屠宰制 推行集中屠宰制能有效地改善活禽经营市场及周边卫生状况，有利于解决市场脏、乱、差问题，有利于规范家禽经营管理，提升城市文明水平和城市形象。

2. 热鲜鸡、冰鲜鸡和冰冻鸡的区别 热鲜鸡，又称现宰鸡，就是平时在市场最常见的活鸡现场宰杀；冰鲜鸡指集中屠宰之后，鸡体接受风冷处理，始终在0～4℃范围内保存的鸡肉；冰冻鸡，是将屠宰好的鸡直接进入冷冻工序，先快速降温使其冻结，然后再放置在－18℃条件下储存。三者区别在于屠宰后储存温度不同。

3. 屠宰厂要求原料鸡的三证 屠宰厂所用原料鸡的“三证齐全”是指，《动物产地检疫合格证明》《动物及动物产品运载工具消毒证明》《动物健康监管证明》（有些地方为《高致病性禽流感非疫区证明》）这三证齐全。工厂兽医确定这三证齐全后，还要对每批鸡进行检查，检查鸡的精神状况、呼吸情况、外观色泽等，确认大群正常后方可开具《准宰通知单》准予进厂。

4. 肉鸡屠宰、加工和运输过程中要注意的安全隐患 肉鸡屠宰过程中，由于屠宰鸡经长途运输或过度疲劳，细菌容易经消化道进入血液。未经休息而立即宰杀时，其肌肉和实质性器官有细菌侵入；在剥皮时，有可能受外界污染，造成胴体表面的微生物污染；去内脏时，内脏破裂带来交叉污染；冲洗过程中，冲洗不彻底造成致病菌生长；在冷却阶段，温度不当也会造成致病菌生长；包装阶段，会受到包装材料中有害化学物的污染。

肉鸡在加工、运输和储藏过程中会有受污染的隐患，添加剂的使用也会造成污染。主要是一部分化学合成的添加剂具有一定的毒性和致癌性，能危害人体健康。肉鸡从生产加工到达消费者手中，必然要使用各种运输工具。在运输过程中，常常由于违反操作要求而造成微生物、化学物污染，如运输车辆不清洁，在使用前未经彻底清洗和消毒而连续使用，严重污染新鲜食品；或在运输途中，包装破损受到尘土和空气中微生物、化学污染物的污染。

5. 肉鸡的主要分割产品 ①白条鸡类：带头带爪白条鸡、带头去爪白条鸡、去头带爪白条鸡、净膛鸡、半净膛鸡。②翅类：整翅、翅根、翅中、翅尖、上半翅、下半翅。③胸肉类：去皮大胸肉、带皮大胸肉、小胸肉、带里脊大胸肉。④腿肉类：全腿、大腿、小腿、去骨带皮鸡腿、去骨去皮鸡腿。⑤副产品：心、肝、肫、骨架、鸡爪、鸡头、鸡脖、带头鸡脖、鸡睾丸。

Chapter 4

第四章 肉牛养殖

第一节 肉牛养殖投资估算

一、肉牛养殖投资估算

1. 固定资产投资 固定资产投入为牛舍基础设施建设所需，主要为牛舍以及其他必要设施的建设。目前湖南省的肉牛养殖主要有自繁自养型与集中育肥型两种模式，其基础设施建设所需基本无异，基本所需如下：

（1）养殖场用地面积。在肉牛养殖中，肉牛饲喂、牛场管理、职工生活及其他附属建筑等均需要一定场地和空间。牛场规模大小可根据每头牛所需面积、结合长远规划进行估算，牛舍及其他房舍的面积一般占场地总面积的15%～25%。若为自繁自养型养殖，还需建设与养殖规模相匹配的放牧场地或饲草种植场地。

由于牛体大小、饲养方式等不同，每头牛占用的牛舍面积也不一样。育肥牛每头所需面积为4～5米^2，若自繁自养型养殖，有种母牛、种公牛的养殖场包括运动场在内，每头牛所需面积10～15米^2。

粗饲料库按每头牛每天需要5～8千克估算，储备量要满足1～3个月生产需用量的要求。也可以参考公式：设牛的头数为X，若X＜200，则粗饲料库面积为X米^2。若200＜X＜500，则粗饲料库的面积＝0.5X米^2。精饲料库按每头牛每天需要体重的1%～1.5%估算，储备量满足1～2个月生产需用量的要求；青贮窖每头育肥牛按10～12米^{3}进行估算。

（2）牛舍其他必要建筑。①兽医室：兽医室不需要太大，满足牛场中日常治疗保健所需即可。②蓄水池：以每头牛每天饮水量结合本场使用情况加以估算即可。③贮粪场：贮粪场与场区生活区之间要保持200米以上的距离，与牛舍保持50～100米以上的距离，并在下风向最低处。贮粪场面积可按每头育肥牛5～7米^{2}估算，在多雨地区粪场设简易遮雨棚。④消毒通道：消毒通道主要位于养殖场门口，保证人员进出安全。建设一个人员通道以及一个车辆喷淋消毒通道即可。

2. 生物资产投入　生物资产投入即种牛引进费用。在肉牛养殖初期，架子牛或种公牛/母牛的引入是重中之重，但是，每个地区的架子牛或种牛的价格和质量也参差不齐，根据养殖户的需要，价格不同；优质的架子牛各地的价格也参差不齐。以 250～300 千克的架子牛为例，平均 1.1 万～1.3 万元/头；青年母牛平均 1.5 万元/头。自繁自养型肉牛养殖除了需要青年母牛的投入外还需投入种公牛或优质冻精。

3. 生产资料投入　生产资料投入即饲料饲草费用。肉牛的饲喂是一个长期的过程，要想牛养得好，除了牛种好外，优质的饲料、饲草的供应也是必不可少的。同时饲草饲料的供应也是一个持续消耗资源的过程。目前的饲草价格平均为1 200～1 400元/吨，饲料价格为3 000～4 000 元/吨。

（1）以育肥 30 头和 100 头牛（每头牛体重为 500 千克的规格）为例：

每头牛每天饲料所需为 7.5 千克，30 头牛为：7.5×30＝255 千克，100 头为 750 千克。

每头牛每天饲草所需为 8 千克，30 头牛为：8×30＝240 千克，100 头为 800 千克。

饲料约每 1 月进一次，30 头牛每月需进 225×30（天）＝6 750 千克，约 7 吨；100 头每月需进：800×30（天）＝24 000 千克，约 24 吨。

饲草约每 3 个月进一次，30 头牛每 3 个月需进 240×90（天）＝21 600 千克，约需 22 吨；100 头牛每 3 个月需进：800×90＝72 000 千克，约 72 吨。

（2）若养殖 30 头和 100 头自繁自养型，则饲料饲草的需要量与育肥型养殖不同，自繁自养型养殖需根据母牛的生理情况以及犊牛的生长情况、育肥阶段综合考虑。

以自繁自养 30 头和 100 头（青牛母牛皆为 12～18 月龄）为例：

12～18 个月的母牛应以青绿饲料为主，其饲喂量约为体重的 1.5%，精饲料约为体重的 0.5%。在怀孕期间，应适当补充精饲料，为怀孕母牛提供足够的营养。

若每头母牛体重 300 千克：

每头牛每天饲料所需为 1.5 千克，30 头牛为：30×1.5＝45 千克，100 头为 150 千克。

每头牛每天饲草（按干物质含量计算）所需为 4.5 千克，30 头牛为：

30×4.5=135 千克，100 头为 450 千克。

若母牛怀孕后，则需根据情况控制母牛的膘情为中上等膘情，在怀孕后期应另外补充精料营养，根据情况每天添加精饲料 1.5～3 千克。还可以放置牛舔砖，为牛提供足够的微量元素。

二、案例分析

分别以建立 30 头牛与 100 头牛的育肥养殖场、30 头牛的自繁自养场大概所需（100 头牛的自繁自养场可参照 30 头牛自繁自养场的规模同比建设）作为案例进行分析。

［案例一］ 养殖 30 头育肥牛：30 头牛属于小规模养殖，选用单列式牛舍（图 4-1）。

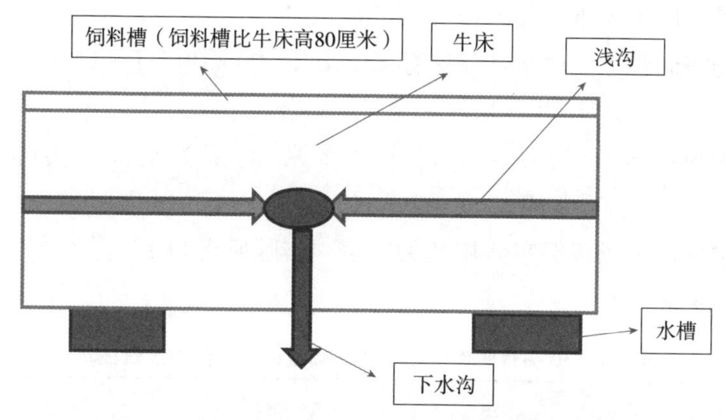

图 4-1 单列式发酵两用栏舍示意图（单列式牛舍）

牛舍建设：30 头牛每头牛 5 米^{2}的牛舍占地面积（牛舍面积=牛床面积+饲料槽面积+过道面积+粪槽面积+清粪通道面积+公摊面积）。本场设 2 栋牛舍，每栋牛舍 15 头牛。本场 30 头牛所需面积加上清粪通道面积与过道面积共为 170 米^2。

隔离牛舍：隔离牛舍可以根据牛舍引种所需以及本场实际情况设定。基本面积可以根据以下公式推算：隔离牛舍面积=牛舍总面积×0.2。本场隔离牛舍每个牛位面积为 5 米^2，设 7 个隔离牛位，共需 35 米^2。

粗、精饲料库：粗饲料库的建设面积根据每头牛实际所需进行设计。本场牛数为 30 头，需 30 米^2。精饲料库的建设需在实际需要的基础上加上拌料空间，本场实际需要为 15 米^2。饲料、饲草库均需防火保持干燥，精饲料库可靠近牛舍，方便饲喂。

青贮窖：青贮窖可以根据实际养殖方式所需进行估算，也可参考公式：青贮池体积＝牛的头数×平均每头牛每天饲喂量×饲喂天数（365 天）/500（以 1 头一天喂 7 千克，一立方青贮重量为 500 千克计算）。本场每头牛需 5 米^{3}进行估算，需要 150 米^3。

蓄水池：蓄水池的建造需根据地区和水资源的实际情况进行建造。水资源丰富且稳定的地区可以建造小型备用蓄水池，水资源不丰富的地区要根据每头牛每天饮水量结合本场使用情况进行判断。肉牛每天饮水量可参考：肉牛每天饮水量＝每天干饲料摄入量×3.56。本场肉牛每天干饲料摄入为 18 千克，则每天的饮水量为 18×3.56＝64.08 千克。(肉牛日粮干物质采食量＝肉牛体重×2.0％～2.5％)

本场需储备 7 天用水，需储存 64.08/1 000×30×7＝13.5 米^3，加生活用水 10 米^3，共计 23.5 米^3。

堆粪场：本场 30 头牛，每头牛 2 米^{2}的蓄粪空间，实际所需为 60 米^2。

兽医室：本场兽医室兼用药物库房，实际所需为 15 米^2。

具体见表 4-1。

表 4-1　30 头育肥肉牛场必要基础建设及部分需投资估算

项目名称	数量	参考价格	合计（万元）
（一）基础建造			
单列式牛舍	2（栋）170 米^2	400 元/米^2	6.8
隔离牛舍	1（栋）35 米^2	400 元/米^2	1.4
粗饲料棚	1（栋）30 米^2	200 元/米^2	0.6
精饲料库	1（栋）15 米^2	300 元/米^2	0.45
青贮窖	1（栋）150 米^3	100 元/米^3	1.5
蓄水池	1（栋）23.5 米^3	300 元/米^3	0.71
堆粪场	60 米^2	100 元/米^2	0.6
兽医室	15 米^2	500 元/米^2	0.75
供电设施	—	—	1

（续）

项目名称	数量	参考价格	合计（万元）
供水设施	—	—	0.7
车辆消毒设备	1套	3 000元/套	0.3
人员消毒设备	1套	5 000元/套	0.5
（二）引种及投入品			
架子牛引入	30头	12 500元/头	37.5
饲料	3.5吨	3 600元/吨	1.26
饲草	11吨	1 200元/吨	1.32
防疫、药品	30头	约50元/头	0.15
其他无形资产	—	20 000元	2
合计			57.54

注：本表仅做参考使用，资金仅为部分所需估算，饲料、饲草按30～40天储备估算，下同。

［案例二］养殖100头育肥牛：100头牛属于中型规模养殖，可以选用对称式发酵两用牛舍（图4-2）。

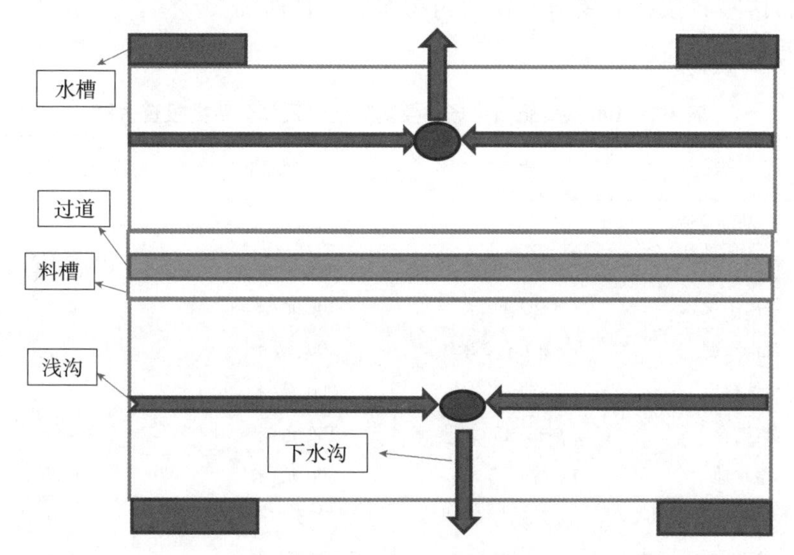

图4-2　对称式发酵两用牛舍示意图（对称式牛舍）

牛舍建设：养殖100头牛使用对称式牛舍可以大大减少养牛占地面积，但需要保持良好的通风和卫生。可通过公式（牛舍面积＝牛床面积＋

饲料槽面积＋过道面积＋粪槽面积＋清粪通道面积＋公摊面积）计算牛舍面积，拴系式牛舍面积不低于 400 米^2，发酵式牛舍面积应不低于 1 000米^2。

隔离牛舍：由于本场规模较大，隔离牛舍可以参考正常牛舍，设立 10 头牛所需的隔离空间即可。设计为单列式隔离牛舍，面积为 60 米^2。

粗、精饲料库：每头牛备 1 米^{2}粗饲料存放空间，粗料棚为 100 米^2。本场日饲喂量大，配置有拌料机，饲料库实际空间为 80 米^2。

青贮窖：饲喂 100 头育肥肉牛，根据公式青贮体积＝$\frac{\text{饲喂牛头数}\times\text{每天饲喂量}\times 365\text{天}}{500}$（按 1 立方青贮重 500 千克，1 头牛 1 天饲喂 7 千克算），计算出所需青贮窖为 450 米^3。

蓄水池：通过计算得出 100 头肉牛饮水加养殖场生活用水所需的蓄水池为 45 米^3。

堆粪场：按每头牛 2 米^{2}的规模得出 100 头牛需 200 米^{2}的堆粪场。

兽医室：按所需要求并作为药物库房共计所需 20 米^2。

具体见表 4-2。

表 4-2　100 头育肥肉牛场必要基础建设及部分所需投资估算

项目名称	数量	参考价格	合计（万元）
（一）基础建造			
对称式牛舍	1（栋）400 米^2	400 元/米^2	16.0
隔离牛舍	1（栋）60 米^2	400 元/米^2	2.4
粗饲料棚	1（栋）100 米^2	200 元/米^2	2
精饲料库	1（栋）80 米^2	300 元/米^2	2.4
青贮窖	1（栋）450 米^3	100 元/米^3	4.5
蓄水池	1（栋）45 米^3	300 元/米^3	1.35
堆粪场	200 米^2	50 元/米^2	1.0
兽医室	20 米^2	500 元/米^2	1.0
供电设施	—	—	2.5
供水设施	—	—	1.5
进出口消毒	1套	5 000 元/套	0.5

（续）

项目名称	数量	参考价格	合计（万元）
人员消毒设备	1套	5 000元/套	0.5
（二）引种及投入品			
架子牛引入	100头	12 500元/头	125.0
饲料	24吨	3 600元/吨	8.64
饲草	72吨	1 200元/吨	8.64
防疫、药品	100头	约50元/头	0.5
兽用器械	1套/25头	200元/套	0.08
混料拌料机	1套	12 000元/套	1.2
其他投入		20 000	2
合计			181.71

［**案例三**］建立30头自繁自养型牛场。

牛舍建设：30头牛自繁自养型牛舍在牛舍建设过程中，除了基本母牛牛舍建设外还需建设与母牛头数相匹配的分娩舍以及育肥舍。母牛舍可与运动场一起按照每头牛15米^{2}建设，30头牛共需450米^2。分娩舍每头母牛需5米^2，30头母牛设5个分娩栏，则需25米^2。集中育肥舍需170米^2。

隔离牛舍：本牛舍设置5个隔离牛舍，每个5米^2，需25米^2。

粗、精饲料库：自繁自养型牛舍应考虑母牛下崽后的育肥牛所需，本场母牛数为30头，需准备60头牛的需要，本场需60米^2。精饲料的建设需在实际需要的基础上加上拌料空间，本场实际需要为30米^2。饲料、饲草库均需防火保持干燥，精饲料库可靠近牛舍，方便饲喂。最好能有场外场地种植部分饲草。

青贮窖：需提前预备好育肥牛所需，共计约350米^2。

蓄水池：本场按计划需建设60米^3，其中包括生活用水，牛饮用水7天储备。

堆粪场：本场需预计60头牛，每头牛2米^{2}的蓄粪空间。实际所需为120米^2。

兽医室：本场兽医室兼用药物库房，实际所需为20米^2。

具体见表4-3。

表4-3 30头自繁自养型牛场必要基础建设及部分需投资估算

项目名称	数量	参考价格	合计（万元）
（一）基础建造			
对称式牛舍（育肥）	1（栋）170 $米^2$	400元/$米^2$	6.8
对称式母牛舍	1（栋）450 $米^2$	400元/$米^2$	18
分娩舍	1（栋）150 $米^2$	450元/$米^2$	6.75
隔离牛舍	1（栋）25 $米^2$	400元/$米^2$	1.0
粗饲料棚	1（栋）60 $米^2$	200元/$米^2$	1.2
精饲料库	1（栋）30 $米^2$	300元/$米^2$	0.9
青贮窖	1（栋）350 $米^3$	100元/$米^3$	3.5
蓄水池	1（栋）60 $米^3$	300元/$米^3$	1.8
堆粪场	120 $米^2$	50元/$米^2$	0.6
兽医室	20 $米^2$	500元/$米^2$	1
供电设施	—	—	1
供水设施	—	—	0.7
进出口消毒	1套	3 000元	0.3
人员消毒设备	1套	5 000元/套	0.5
（二）引种及投入品			
人工授精	30头	200元/头	0.6
种母牛引入	30头	15 000元/头	45.0
饲料	5吨	3 600元/吨	1.8
饲草	20吨	1 200元/吨	2.4
防疫、药品	30头	约50元/头	0.45
其他无形资产	—	20 000元	2
合计			96.3

第二节 盈利模式和风险控制

一、肉牛养殖主要盈利模式

1. 短期集中育肥模式 短期集中育肥模式是指经过4～6个月的短期集中育肥，从架子牛饲养成育肥牛，使之快速达到增肉、增膘的目的。市场调查表明，大部分饲养户采取育肥模式可以从中获得利润。案例：某养殖场购进架子牛100头，平均体重260千克，集中短期育肥150天，日均增重1.3千克，每头牛出栏体重平均可达455千克（增重195千克），按当前保守的市场收购价格36元/千克计算，该批牛销售收入为163.8万元（455千克×36元/千克×100头），去掉购牛成本114.4万元（260千克×44元/千克×100头）和养殖成本28万元{精料草料投入22.5万元[15元/（头·天）×150天×100头]，人工费为3万元，防疫检查费1万元（100元/头×100头），水电费投入1.5万元[1元/（头·天）×150天×100头]}，可获纯收益21.4万元。

2. 自繁自养模式 自繁自养模式就是养殖场通过养母牛来生产牛犊，然后再对牛犊进行育肥。自繁自养模式不仅能避免因从外地买牛带进的传染病，而且可以降低养牛费用，利润较高而且稳定。特别近几年牛犊价格大幅上涨，其涨幅已经远超成年育肥牛，因此未来自繁自育模式是一大发展趋势。不过自繁自育所需投资大、周期长，许多养牛户不愿意采用这种模式。市场调查表明，大部分饲养户采取自繁自养模式可以获得较好利润。案例：某养殖场50头母牛，购买300千克的青年母牛，饲养2～3个月进行配种，所产牛犊养至18个月出栏，从购买母牛到牛犊出栏差不多需要2.5年的时间，一头母牛一年放牧补饲大约需要1 500元的饲养成本，牛犊断奶到出栏大约需要5 000元的饲养成本，按繁殖率85%算，2.5年后约出栏牛43头，该批牛养殖成本52.5万元[母牛精料草料投入12.5万元[1 000元/（头·年）×2.5年×50头]，犊牛至出栏牛精料草料投入 21.5 万元（5 000 元/头×43 头），人工费为 15 万元［3 万元/（人·年）×2.5 年×2 人］，防疫检查费 3 万元，水电费投入 0.5 万元，销售收入为 77.4 万元（500 千克×36 元/千克×43 头），2.5 年后可获收益 24.9 万元，其中不包含母牛购买成本和基础设施建设分摊费用，当然，第四年的利润要高些，因为妊娠母牛饲养成本已计算到前一年。

3. 循环经济家庭农场养殖模式 循环经济家庭农场养殖模式，没有固定的模式，每个养殖场都可根据实际情况选择合适的方式来实现这一目标。以肉牛生产为核心的生态循环经济养殖模式，其关键是大量牛粪尿及污水的合理处理与利用，实现生态循环，产生高附加值或延伸产业链。可以利用牛粪尿生产有机蔬菜、高档花卉，进行沼气生产、双孢菇种植，以及开展生态旅游等，在全国都已有成功的案例。市场调查表明，大部分饲养户采取循环经济家庭农场养殖模式可以获得较好利润。案例：某养殖户，一家四口人，均为劳动力人口，父亲当地从事牛品种改良工作，人工授精牛每年 300 头，每头收费 200 元，回购 250 千克杂交架子牛 50 头进行育肥，每头牛按12 000元回购，母亲和媳妇在家饲养管理，儿子负责牛粪养蚯蚓，蚯蚓做主要饲料散养土鸡2 000只，并承包 20 亩土地，其中 10 亩用于种植青贮玉米，10 亩种植果园。据调查，不计算人工工资，年收入为 109 万元（人工授精年收入 6 万元，育肥牛年销售收入 80 万元，土鸡年销售收入 20 万元，果园年销售收入 3 万元），年开支为 83.5 万元（人工授精年开支 1 万元，育肥牛购牛和饲养开支 65 万元，土鸡购鸡和饲养开支 16 万元，果园年管理施肥开支 1.5 万元），可获纯收益 25.5 万元。

二、肉牛养殖主要盈利模式注意事项

1. 短期集中育肥模式应注意的问题 短期集中育肥模式应采取以下策略措施：一是合理选择优良的肉牛品种，可以选择西门塔尔、安格斯、夏洛来、利木赞等品种及其高代杂交后代，然后从其中选择健康无病、体重在 250 千克以上、年龄在 1 周龄以上未去势的公牛，个体要体型健硕、四肢粗壮、眼亮有神、食欲强、采食量大以及被毛光亮。二是要保持牛舍环境的清洁，对牛舍的粪便等要及时进行无害化处理，并经常通风，牛舍内温度控制在5～20℃之间，温度过高或过低，都会对肉牛的增重造成不良影响，造成肉牛掉膘。三是在肉牛育肥前驱除其体内外寄生虫。四是对肉牛的饲养管理要保证营养、饮水充足，多以精料、糟渣、干草类为主，做到定时定量饲喂，减少运动。五是选好肉牛的出栏时期，要根据实际情况合理选择出栏时期，一般而言，肉牛快速育肥的出栏时期为4～6个月，此时经过育肥后的肉牛已达到膘肥体壮，屠宰率达60%左右，这个时候应结合肉牛的市场价格选择将其迅速出售。

2. 自繁自养模式应注意的问题 自繁自养模式应采取以下策略措施：一是自繁自养周期长，要根据自身情况合理安排母牛、育肥牛的养殖数量，第一年建议购入部分架子牛育肥，母牛、育肥牛比例为3∶7或4∶6，赚到钱后再慢慢扩大母牛养殖数量。二是引种购牛，尽量就近引种，要选生长发育好、体格健壮、体大匀称、背腰平直、后躯及骨盆腔对称宽大、胸部宽深、腹圆大不垂、四肢端正、两后肢间距离宽、乳房大圆、乳头排列整齐且粗长的母牛进行养殖。品种以安格斯和西门塔尔杂交牛为好。三是在饲养过程中，要让母牛保持适当运动，最好采用全天候放牧饲养，冬天枯草期和母牛产犊前后注意适度补充精料，保持中等膘情体态。四是掌握母牛发情时间，做到适时配种，保证繁殖率。五是要分阶段饲养，母牛和架子牛以放牧为主，当架子牛达到一岁、250千克左右时，转入舍饲育肥。

3. 循环经济家庭农场养殖模式应注意的问题 循环经济家庭农场养殖模式应采取以下策略措施：一是项目投资理念与顺序要理清，先把有收入、循环经济前段产业（如养殖、品改项目）放在前面，把收益慢的、循环经济后段产业（如果园、蚯蚓养鸡）放在后面，这样投产后就有收入，保证后面产业有资金和资源供应。二是不能生搬硬套，要请专家结合当地实际进行规划设计，少走弯路，统一规划、逐步实施。三是以养牛为核心的家庭农场，要充分利用粪便做沼气肥料供农场使用，种植牧草、有机蔬菜、水果，利用放牧与补饲相结合的方式，做好人工种草和饲草料储备，用牧草喂牛既减少饲料成本，又使肉质更好，通过种养结合实现生态循环养殖。四是要做到自产自销，既能降低成本，又能保证产品新鲜、安全放心，从而形成特色、增加效益。

三、肉牛养殖风险控制

1. 规模风险控制

(1) 肉牛养殖并不是规模越大利润越高，规模的大小一定要跟当地能就近提供的饲草料资源、投入资金额度、技术和管理水平等相匹配；否则，规模越大利润越低，甚至亏损。肉牛养殖是资源效益型畜牧业，可以充分利用当地农作物秸秆，如稻草、花生秧、玉米秆等成本价格不高于1元/千克情况下，保障每头牛每年供应1吨以上；青绿饲草或青贮价格不高于0.6元/千克情况下，保障每头牛每年供应7吨以上。投入资金与规模的关系一般为每头牛基础设施建设投入1万元，种牛及饲养费用投入1.5万元（圈养模式），根据投入资金情况，确定养殖规模。放牧饲养情况下，保障每头牛10～15亩的草地放牧面积控制养殖规模。

(2) 肉牛养殖也是一个需要资源持续消耗的产业，在资金有限的情况下，更大的规模也会带来更大的消耗。在第一批肉牛未养成出售之前，一直处于一个支出的状态。若因起步规模过大，导致后续资金不足影响牛场运营是得不偿失的。肉牛养殖应求稳不求多、重质不重量，与其到后期资金不足，不如起步求稳，确保第一批乃至前几批牛的质量，打开养殖销路后再考虑扩大规模。

2. 技术风险控制

(1) 肉牛养殖的主要技术是繁殖技术、饲养管理和疾病综合防控技术。建议先学技术或培养、聘请好技术人员再开始养牛。

(2) 小规模养殖场必须让从事人员或技术人员掌握相关技术，或由当地技术服务人员提供专项技术服务，也可以聘请相关专业人员进行技术指导。

3. 疫病风险控制

(1) 疫病风险控制的关键是控制好场区牛群与外界的接触，进行封闭式管理，并定期接种疫苗。主要做法为场区必须设围栏，严格控制人员、车辆进入养殖区，人员、车辆进出必须严格消毒，场区内定期消毒、灭蚊、驱虫，每年定期注射疫苗，包括口蹄疫、牛结节性皮肤病、巴氏杆菌、流行热、炭疽等疫苗，新进牛只必须隔离 30 天以上无异常情况，并检疫结核病和布鲁氏菌病为阴性后方可合群饲养。

（2）肉牛疫病防控技术方面。制定标准化牛病免疫程序、驱虫健胃程序、牛场消毒制度，落实严格的疫病综合防治措施，从牛源基地开始，做到全程防治，跟踪防治，重大疫病免疫率确保 100%，把重大疫情发生率控制在零。

（3）对牛场实施标准化管理。从设计建设到管理，做到封闭式养殖；建设封闭式参观平台，人流、物流分开；对养殖人员封闭式管理，生产人员进出执行严格的洗澡、消毒、隔离措施，杜绝人员进出带来的疫情隐患。建立动物疫情跟踪反馈制度，并与地方联动，形成完善的立体化、全方位防疫体系。

4. 引种风险控制

（1）肉牛引种存在三类风险：一是品种质量风险，二是疫病风险，三是价格风险。确保所引种质优、健康、费用合适是引种的关键。①在引种前，需仔细结合场区地域条件因地制宜地选择最合适的品种，然后，必须从无疫病的地区或牛场选购，最好有专门的牛交易市场，并且牛源数量能满足选购。②选购牛的地方必须交通方便，并尽可能选择运输距离短的地方购买。③不同地方、不同季节的活牛市场牛价有差异，选择最低价的季节和市场购买。④注意引种的季节，冬季不去东北引牛，炎夏不宜购牛，春秋季凉爽最好。

（2）引种的关键在于选择。①引进的牛最好不要超过 1.5 岁；②育肥牛能选择公牛就尽量不选择母牛，公牛长势快、料肉转换率高；③在选育肥牛时，没有特殊品种要求的话，应选择高代杂交牛；④应侧重看牛的体型，以骨架宽大为重点，体重在 300～400 千克最佳；⑤应选择性情温驯，易驯化抗应激能力强的品种；⑥尽量看所购买牛的系谱或父母代的疾病记录，选择父代以及祖父代无严重疾病的为最优。

（3）选定引进的种牛后，需检查种牛的疫苗接种记录，做好结核病和布鲁氏菌病（简称两病）检测，两病阴性的才能确定引进，并由当地动物防疫部门开具检疫证明。在种牛运输前，做好运输应激防控措施，可提早注射预防针，用排异肽、电解多维等抗应激药物减少应激。若长距离运输，途中注意喂水并可少量饲喂优质草料。

5. 成本风险控制 成本控制的核心是通过仔细考察、研究以达到最好的饲喂效果。在养牛过程中，成本的控制主要体现在引种成本、饲草饲料成本、饲养管理成本。

（1）引种需仔细考察本地最适合养殖的牛种，并不是什么品种的牛长势好就养殖什么牛，要根据本地的饲草、饲料资源和自然环境情况而定。在引种时，首先需充分了解引种地区的牛群质量以及健康状况，避免引进病牛或有重病史的牛。其次需选择合适的季节引牛，避免在疫病多发季节或严寒酷暑引牛。在养殖地附近有优质的引种资源时尽量选择近点引种，避免高价引牛和路途遥远引发牛长途运输应激综合征。

（2）控制饲料和饲草使用成本的核心是根据本地现有资源合理调配饲喂方式。小型养殖场可以通过自己种植桂牧1号、皇竹草、墨西哥玉米等和黑麦草轮番种植达到饲草自给自足，也可以通过向农户低价收购花生秧、红薯藤等以减少饲草所需成本。大型养殖场也可以通过自己种植和就地收购达到控制饲草成本的目的。通过合理使用酒糟、豆腐渣等易得的粗蛋白质饲料代替部分饲料。可以参考配料一半酒糟加一半精料，精料的配制：玉米58%＋豆粕20%＋麦麸15%＋食盐1.5%＋小苏打1.5%＋预混料4%。以500千克的肉牛为例，精料每日饲喂5千克饲料，可分别饲喂5～7千克酒糟和2.5千克饲料。

（3）饲养管理的重点是制定严格的饲喂饲养规程，在不同时期制定合适的饲喂计划和分阶段设定饲养方案，根据肉牛的成长阶段给牛最适合的营养供应。既保证不同阶段生长需要，又要避免饲草料浪费。此外，加强饲养管理，人员考核设定饲养成本加肉牛生长速度与饲养人员的收入待遇挂钩机制，提高饲养员的工作责任心和主人翁意识；加强采购管理，做好优质优价，避免采购低质、霉变饲草料。

6. 市场风险控制 牛肉和活牛价格近年来一直处于上升阶段，随着消费水平的增长，牛肉需求进一步增加，肉牛受繁殖周期的影响，商品牛供应不能快速增长，因此，肉牛价格仍将处于稳中有升的阶段，市场风险较小。肉牛价格随牛肉市场需求变化，从中秋开始，牛肉消费需求增长，一年当中春节前后肉牛价格最高，选择这个时间段出栏牛，可获得更高的收益。市场风险控制，可以联合牛肉、活牛消费渠道，如高档牛肉生产加工企业、牛肉消费餐厅，签订肉牛销售合同、保障最低出栏价格，提高收益，降低市场风险。

7. 政策风险控制 主要来自农业结构的调整和经济条件的变化。目前和今后相当长时间内，国内牛肉市场的趋势是量价继续上升，因为中国牛肉消费需求势不可挡，养牛数量逐年减少，国内牛肉供应已经不能满足市场需求。因此，国家对肉牛业的支持政策会越来越多，扶持力度会越来越大。政策风险主要表现在养牛对生态环境的影响上，国家不会以牺牲环境换取经济发展，因此在牛场选址时应考虑避免饮用水源、景区、政府设定的禁养附近区域等。

另外，也需要关注地方的发展政策。由于每个地方的发展水平不同，针对地方的发展重点也不同，所以在地方发展政策和计划上也有不同。比如一些地方有旅游发展的潜力，但在养殖前两年并未有开发意图，但后来因需发展地方经济而决定开发，届时刚刚起步的养殖又面临重新选址。因此，在养殖时还需要了解地方政策。

8. 自然风险控制 自然风险是一种综合的且不可控的风险，一般包括泥石流、洪水、地震、冰灾、酷暑等，一旦发生对于养殖是致命的。所以在养殖前需仔细研究选址，尽量不要将牛舍建设在高山脚下以及大河下游或低洼地带，在牛舍中随时准备好防寒挡风用具以及应急降温用具。在冬季比较寒冷或夏季比较炎热的地区还需根据条件选择牛舍样式。

9. 环保风险 养牛的环保风险是指养牛对环境造成污染带来的风险，需做好牛场的粪污处理和综合利用工作。可以采取生态养殖模式，采取污水进行沼气处理，沼液沼渣还田、地，粪便可做有机肥或直接用作肥料还田，实现资源化利用，建立“牛-沼-草”生态循环模式，促进生态环境的治理，打造生态产业链。肉牛养殖生态循环是最好的环保风险控制措施。

第三节| 标准化养殖技术

一、肉牛品种选择

1. 我国引进的优良肉牛品种

（1）西门塔尔牛：属大型乳肉兼用品种，是世界上分布范围最广的牛种之一。主产瑞士，在法国、德国、奥地利等国也有分布。体格粗壮结实，乳房发育较好，四个乳区匀称，泌乳力强。毛色为黄白花或红白花。表现为六白特征：头、尾帚及四肢为白色。西门塔尔牛产肉性能良好，犊牛在放牧条件下日增重可达 800 克，在舍饲条件下可达 1 000 克，18 月龄体重达 440～480 千克，公牛肥育后的屠宰率达 65%，母牛在半肥育的情况下，屠宰率达 53%～55%。一般杂交一代外表体型明显趋向父本，全身被毛黄色，仅头和尾梢为白色，体型高大，特别是后躯有明显改善。杂交二代体躯出现白花，第三代毛色基本上与纯种西门塔尔牛一致，体躯结构与纯种西门塔尔牛接近，只是体型略小。

（2）德国黄牛：是世界著名的乳肉兼用品种，原产于德国和奥地利。德国黄牛毛色为黄色或棕黄色。体躯长而宽阔，胸深，背直，四肢短而有力，后躯发育好，全身肌肉丰满，蹄质坚实，呈现黑色。成年公牛体重 1 000～1 300 千克，母牛 700～800 千克。德国黄牛的乳用性能好，母牛年产奶量可达 4 650 千克。该牛与本地牛杂交毛色为深黄或黄红色，犊牛初生重 38～52 千克，出生难产率低；具有较强的适应性，性情温驯，易于管理，耐粗饲，适合不同地区、不同品种的改良需要，F_1 代母牛产奶量高，其后代产肉性能更为明显，5 月龄平均体重达 160 千克。

（3）利木赞牛：属大型肉牛品种，原产于法国。利木赞牛毛色为红色或黄色，头较短小，胸部宽深，体躯较长，呈圆筒形，后躯肌肉丰满，四肢粗短。成年体重：公牛 1 000～1 100 千克、母牛 600～800 千克。利木赞牛主要特点是耐粗饲，生长快，单位体重增加需要的营养较少，母牛很少难产，且容易受胎。利木赞牛是由役用型牛培育而成的纯种肉牛品种，毛色纯一，在改良役用黄牛方面获得了良好效果，初生重可达 35 千克，13 月龄体重达 400 千克，屠宰率达 56.7%，净肉率为 47.3%。

（4）安格斯牛：属早熟中小型肉牛品种，原产于英国。安格斯牛无角，全身被毛黑色，在美国从黑安格斯牛中分离选育成红安格斯牛新品种。该牛体格低矮、结实，头小而方，体躯宽深，呈圆筒形，全身肌肉丰满，具有现代肉牛的典型体型。成年体重：公牛 800～900 千克，母牛 500～600 千克。犊牛初生重：公犊 38.68 千克，母犊 34.67 千克。安格斯牛与本地牛杂交被毛呈黑色，无角，全身紧凑，肉肥丰满，一代杂种初生重和 2 岁体重比本地牛分别提高 28.7%和 76.06%，在一般条件下，屠宰率为 50%，净肉率为 36.91%。

（5）夏洛来牛：夏洛来牛原产于法国中西部到东南部的夏洛来省和涅夫勒地区，是举世闻名的大型肉牛品种，自育成以来就以其生长快、肉量多、体型大、耐粗饲而受到国际市场的广泛欢迎，早已输往世界许多国家。我国从 1965 年引进该品种。该牛最显著的特点是背毛为白色或乳白色，皮肤常有色斑。夏洛来牛生长快是其最大特点。在我国饲养条件下，公犊初生重 48.2 千克，母犊初生重 46.0 千克，初生到 6 月龄平均日增重为 1 168 克，18 月龄公犊平均体重为 734.4 千克。夏杂一代牛生长快，初生重大，公牛 29.7 千克，母牛 23.5 千克。在较好的饲养条件下，24 月龄可达 500 千克。

（6）摩拉水牛：属乳肉役兼用水牛品种，主产于印度。具有抗病能力强、耐粗饲、疾病发生少等特点，在我国南方各省均有饲养。摩拉水牛体型高大，四肢粗壮，皮肤被毛黝黑，少数为棕色或褐灰色，头较小，前额稍微突出，角如绵羊角，呈螺旋形，胸深宽发育良好，蹄质坚实。母牛乳房发育良好，乳静脉弯曲明显，乳头粗长。成年体重：公牛 450～800 千克、母牛 350～750 千克。摩拉水牛主要用于本地水牛杂交，杂交可大幅度提高杂交后代的生产性能。我国本地水牛泌乳期产奶量约 700 千克，摩杂一代水牛平均泌乳期产奶量1 400～1 600 千克，杂种公水牛 2 岁体重可达 400～500 千克，经肥育的青年公牛屠宰率为 52%，净肉率达 43%，产肉量是本地同龄水牛的 2 倍。

2. 我国肉牛品种

(1) 秦川牛：原产于秦岭以北、渭河流域的陕西关中平原，其中以咸阳、兴平、武功、乾县、礼泉、蒲城、渭南等县的牛最著名。它是大型役肉兼用品种。四肢粗壮结实，蹄形圆大，多为紫红色。被毛细致有光泽，多为紫红色及红色。

(2) 南阳牛：原产于河南南阳地区白河和唐河流域的广大平原地区，以南阳市郊区，南阳、唐河、邓州、新野、镇平、社旗、方城和泌阳等县、市为主要产区。公牛头部方正雄壮，颈短粗，前躯发达，鬐甲较高。母牛头清秀，一般中躯发育良好。毛色多为黄、米黄、草白、黄红等色。

(3) 鲁西牛：原产于山东省西部，黄河以南、运河以西一带。济南、菏泽两地区为中心产区。被毛从浅黄色到棕红色，而以黄色为最多。多数牛具有完全三粉特征，即眼圈、口轮、腹下四肢内侧毛色较被毛色浅。

(4) 冀南牛：主要产于河北省平原南部的大名、魏县、临漳、成安、馆陶、临西、威县、广宗、平乡等县，冀南牛分布于河北省平原南部的部分县、市及与河南、山东交界处的部分县、市。毛短而稀疏，以红、黄二色为多。角色以棕色和黑玉色为主，蹄色绝大多数为棕色带有纵向黑条纹。

(5) 湘西黄牛：湘西黄牛产于湘西土家族苗族自治州和慈利县，以及石门、桃源、沅陵、辰溪、麻阳、芷江、新晃等县的部分地方。主要产区为凤凰、花垣、永定、桑植、永顺、慈利六县。眼大有神，眼眶稍突出，有少数的牛上眼睑和嘴四周有黄白色毛，俗称"粉嘴画眉"。耳薄，鼻镜宽，鼻孔大，嘴岔深。角形以"龙门"，倒"八"字形为多。全身毛色以黄色者最多，占60%以上，栗色、黑色次之，杂色很少。一般体躯上部毛色深，腹肋及四肢内侧毛色较浅。

(6) 湘南黄牛：湘南黄牛是丘陵山区的一种小型役用牛，主要分布于郴州、衡阳、邵阳三市和怀化、涟源、湘潭市的部分县。全身毛色以黄色者最多，其次为黑色和褐色。

(7) 滨湖水牛：滨湖水牛主要产于湖南洞庭湖畔的临湘、岳阳、湘阴、华容、南县、沅江、益阳、汉寿、澧县、临澧、安乡、常德等县、市。毛色分灰、黑（青）、白3种。灰色者居多，白毛少，个别牛呈黑褐色或银灰色。白毛水牛皮肤呈桃红色，而在鼻镜，嘴唇、会阴、前腋等处有黑斑。

3. 一般肉牛体型外貌特点

体型：肉牛的外形反映了产肉性能，整个躯干宽深，背宽、平，腹小，四肢较短，外形呈“长方形”。肉牛全身肌肉发达，肌肉平整而无凹凸，肉质良好；骨骼良好，骨骼细而坚实；皮肤薄而疏松，被毛细密；皮下结缔组织发达，沉积大量的脂肪。

头部：头短，额宽，嘴宽广，鼻孔大，眼大，角质细，大小适中。

颈部：颈短、粗、多肉。

前躯：肩胛宽圆、平滑，肩后无凹陷。胸宽、深，肌肉充实，前胸发达。

中躯：背腰长、宽、平，肋骨开张，腹部呈圆筒形。

后躯：尻部长、平而宽，尾根丰满，大腿肌肉发达，腿内外侧肌肉丰满。

四肢：四肢短粗而直，前后裆宽，蹄圆结实。

皮肤和被毛：皮厚，柔软、有弹性，皮下脂肪发达，被毛密而细。

4. 肉牛体尺指标及测量方法

(1) 常用体尺：测量牛体尺的部位达 52 种，而最常用的有体高、体斜长、体直长、胸围、腹围、管围（图 4-3）。

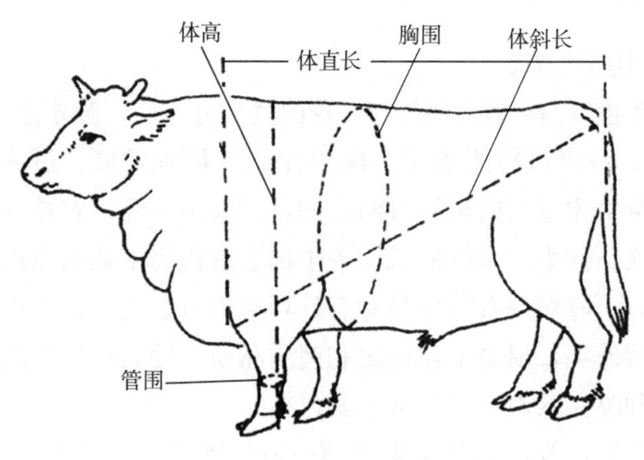

图 4-3 肉牛体尺指标

体高：从鬐甲最高点到地面的垂直高度（用测杖量）。

体斜长：由肱骨前突起的最高点（即肩端）至坐骨结节最后内隆凸的距离（用测杖或卷尺测量）。

体直长：从切于肱骨前突起的垂线到切于坐骨结节最后突起（坐骨端）的垂线间的直线距离（用测杖或卷尺量）。

胸围：肩胛骨后角处体躯的周径（用卷尺量）。

腹围：腹部最膨大处的周径（用卷尺量）。

管围：从右前肢管骨上1/3部测量的周径（用卷尺量）。

（2）体重估算：体重在牛的育种过程中是一项重要指标，根据体重可以了解牛的生长发育情况，并可作为配合日粮的依据。测量体重最好是进行实际称重，在没有地磅时可根据公式计算，估测牛的体重。

黄牛的体重（千克）＝胸围^2×体斜长÷10 800

水牛的体重（千克）＝胸围^2×体斜长× 90

奶牛的体重（千克）＝胸围^2×体斜长× 90

牦牛的体重（千克）＝胸围^2×体斜长× 70

上述公式中，黄牛体重估算公式中的胸围和体斜长用厘米表示，其他公式中的胸围和体斜长用米表示。

二、养殖生产技术

（一）肉牛品种改良

1. 对肉牛进行品种改良的原因 我国黄牛分布广，数量多，但20世纪70年代以前，一直以役用为主，肉用性能未得到发展。进入20世纪80年代以来，黄牛才逐渐向肉用方向发展，但肉牛业经济效益一直不高，其主要原因是该品种牛产肉性能低。为了加速现代肉牛业的发展，在培育肉用品种的同时，应对现有黄牛品种有计划地进行杂交改良，以求较快地改善黄牛的体型外貌，提高增重速度和肉质品质，较大幅度提高肉牛业的经济效益。品种改良的肉牛的优势主要包括：

（1）体型大：改良的杂交牛体型一般比本地黄牛增大20%左右，体躯增长，胸部宽深，后躯较丰满，尻部宽平，后躯尖斜的缺点也能得到改进。

（2）生长快：在饲养条件好的情况下，本地公牛周岁体重仅200～250千克，而杂交牛（利木赞或西门塔尔杂种）的同龄牛体重可达到300～350千克，杂种牛体重比本地牛提高了40%～45%。

（3）出肉率高：经过肥育的杂交牛，屠宰率一般能达到55%，一些牛甚至接近60%。一般来说，杂种牛与本地牛相比，能多产肉10%～15%。

（4）经济效益好：改良的杂交牛生长快，出栏上市早。同样条件下杂种牛的出栏时间比本地牛几乎缩短了一半。杂种牛还能生产出供出口和高级饭店用的高档牛肉，售价高于本地牛肉。杂种牛的饲养期短，饲料转化效率提高，这使得饲养成本降低，从而明显提高了养牛的经济效益。

2. 肉牛改良注意的问题

（1）肉牛改良方向：本地牛改良的过程中应尽可能保留本地牛优势，在此基础上再通过导入或级进的杂交方式最大限度地提高各方面的生产性能，所以我们需要确立一个杂交改良方向。例如，如果为了提高本地牛的个体大小、生长速度以及保证良好的泌乳能力，一般采用西门塔尔牛做父本；如果为了提高本地牛的个体大小、生长速度以及保证良好的屠宰出肉率，采用利木赞牛做父本；如果为了提高本地牛的牛肉品质、个体大小以及屠宰出肉率，采用安格斯牛做父本。

（2）杂交配种方案：在对本地牛进行杂交改良时，可选择人工授精或自然交配两种方案。前者公牛基因可以得到保障，且不用专门饲喂种公牛可降低相应成本。后者公牛基因不太纯，且每年还需要一笔不小的饲养成本。另外还需要注意母牛个体大小，对个体比较小的母牛，使用优良种公牛冻精配种可能会引起难产，头胎应尽可能采用本地牛进行配种，经产后再采用冻精进行配种。

（3）配种后的管理：由于本地牛采用良种肉牛进行配种特别容易出现难产，因此需要特别注意配种后的饲养管理。首先，应严格控制妊娠母牛的营养摄入，使其保持在7～8成膘情即可，避免营养过剩造成胎儿过大；其次，应加强妊娠母牛的运动量，使其保持良好的体质，这样有助于控制胎儿大小与顺利生产；最后，则是做好产期预算，并在产期多加观察、照料，当出现难产迹象时应及时给予人工助产。

（4）改良的杂交后代需要与良法、良料配套才能使杂交后代表现出应有的生产水平，这是养好杂种牛的必然要求，决不能忽视。

（5）本地牛品种的保护：本地牛相对于良种肉牛而言，虽然存在生产性能较低等缺点，但仍然具有良种肉牛所不具备的一些品种优势。在对本地牛进行杂交改良的同时，还应注意本地品种资源的保护，不要使其基因全部“沦陷”。

3. 杂交及杂种优势　人们一般所说的杂交是指不同品种间的交配。例如，利木赞牛与本地黄牛之间的交配，西门塔尔牛与本地黄牛的交配，均称为杂交。杂交所产的牛犊称为杂交牛，杂交牛的生产力、抵抗力、适应性均较强，生长发育速度快，与其父、母本品种相比表现出某种优越性和优势。研究表明，以品种间杂交方法来生产肉牛，其产肉量比原品种提高10%～20%，而且还能把两个亲本品种的优良特性结合起来，或增加遗传变异的幅度，提高产量，优化产品品质。因此，人们把这种杂交牛所具有的超越双亲能力的现象称为杂种优势。

4. 杂交模式　根据本地牛的生产性能和生产方向，杂交模式应进行科学规划。湖南省本地黄牛个体较小，泌乳、产肉性能较差，在改良方面应主要考虑改良杂交后代的体型、泌乳及产肉性能，建议第一代杂交主要用乳肉兼用型品种进行改良，第二代、第三代则可用大型肉用品种进行杂交。下面介绍三种改良模式，供大家参考：

（1）

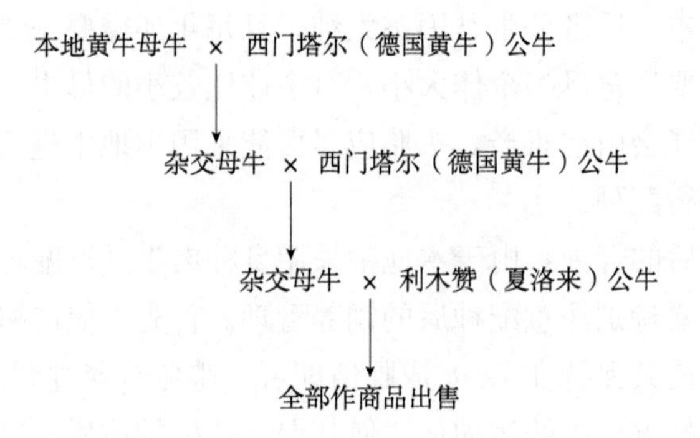

（2）

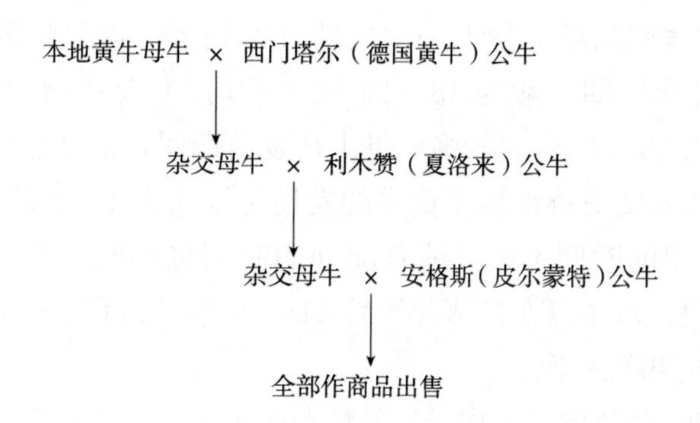

（3）

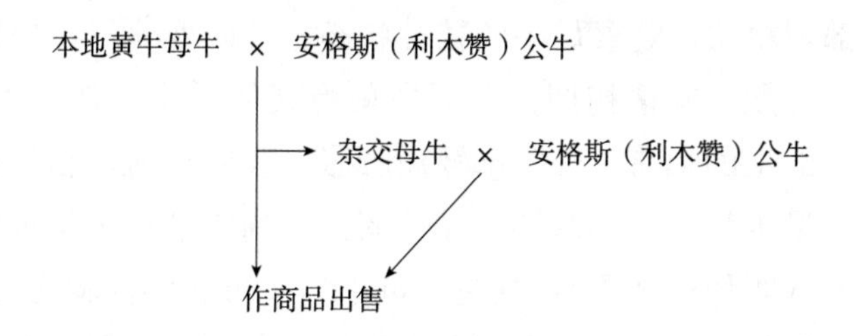

（二）肉牛繁殖技术

1. 母牛的性成熟 母牛的性成熟是指母牛达到一定年龄，生殖器官发育基本完成，可以正常发情和排出成熟卵子。此时母牛虽然有配种受胎能力，但身体的发育尚未完成，故还不宜配种，否则会影响到母牛的生长发育、使用年限以及胎儿的生长发育。黄牛的性成熟在8月龄左右，水牛12月龄左右。因品种、饲养条件及气候等条件不同而异。

2. 母牛的体成熟 母牛体成熟是指母牛的身体发育成熟。母牛的性成熟一般在20月龄左右；或者体重达到成年牛体重的70%左右，跟品种、饲养条件和气候不同有关。母牛只有达到体成熟后才能配种，不能过早，但也不能过迟。

3. 母牛适合配种年龄 生产中一般选择在性成熟后一定时期才开始配种，把适宜配种的年龄称为适配年龄。适配年龄的确定还应根据具体生长发育情况和使用目的进行综合判定，一般比性成熟晚一些，在开始配种时的体重应达到其成年体重的70%左右。一般牛的初配年龄为：早熟品种

16～18月龄，中熟品种18～22月龄，晚熟品种22～27月龄。

4. 母牛的发情周期　指上一次发情开始到下一次发情开始的间隔时间。黄牛的发情周期一般为18～24天（平均21天），水牛发情周期为18～30天，以20～21天者较多。母牛在发情期间，由开始发情至发情结束这段时间称为发情持续期。黄牛的发情持续期为1～2天，水牛为2～3天。由于排卵的时间不同，适宜配种的时间也不同，黄牛多在发情后12～20小时内，水牛以在发情开始后24～36小时为宜。一般配两次，每间隔6～8小时再配一次。

5. 母牛的发情鉴定　根据母牛发情期的生殖器官变化和外部表现，发情鉴定的方法主要有四种。

（1）外部观察法：观察母牛的精神状态、外阴变化等，根据母牛的表现可分为三个时期。发情初期：发情牛爬跨其他母牛，神态不安，哞叫，但不愿接受其他牛的爬跨，外阴部轻微肿胀，黏膜充血呈粉红色，阴门流出透明黏液，量少且稀薄如水样，黏性弱。发情中期：母牛很安静地接受其他牛的爬跨（叫稳栏现象），发情的母牛后躯可看到被爬跨留下的痕迹。阴门中流出透明的液体，量增多，黏性强，可拉成长条呈粗玻璃棒状，不易扯断。外阴部充血，肿胀明显，皱纹减少，黏膜潮红，频频排尿。发情后期：此时母牛不再接受其他牛的爬跨，外阴部充血肿胀开始消退，流出的黏液少，黏性差。

（2）阴道检查法：用开膣器张开阴道，观察阴道壁的颜色和分泌的黏液、子宫颈的变化。发情时，牛的阴道湿润、潮红、有较多黏液，子宫颈口开张，轻度肿胀。

（3）直肠检查法：由于牛的发情期较短，一般在发情期配种一次或两次即可，不一定要用直肠检查法来确定其排卵时间。但有些营养不良的牛，其生殖机能衰退，卵泡发育缓慢，排卵时间延迟，对这样的牛，为了确定最适配种时间，有必要进行直肠检查，通过直肠触诊，检查卵泡的发育情况。发情盛期，卵泡直径达1～1.5厘米，呈小球形，部分突出于卵巢表面，波动明显；随着卵泡的成熟，卵泡不再增大，卵泡液增多，卵泡壁变薄，紧张而有弹性，有一触即破的感觉；排卵后，卵泡液流出，形成一个小的凹陷，6～10小时后出现黄体，凹陷消失，发情后7～10天黄体达到最大，直径约2厘米，触之有肉样感觉。

（4）试情法：怀疑母牛发情了，可牵至阉牛或其他母牛处试情，如这头母牛兴奋、爬跨其他牛并接受爬跨，则说明此牛发情了。

6. 母牛的最佳配种时间 母牛发情高潮后8～10小时，可考虑进行第一次输精，即有如下表现时输精时间较适宜。

（1）阴门流出的黏液量不再增多，黏液中间混有灰白色或米黄色不透明的块状或小颗粒状黏液。

（2）发情后期试情公牛仍尾随发情母牛，但母牛拒绝爬跨，发情行为开始消失，肿胀的外阴部开始消退，阴门两侧互有粘贴感，黏膜由潮红色变为粉红色或粉白色。

（3）直肠检查卵泡体积不再增大，卵泡壁变薄张力增强，波动明显，有一触即破之感。

（4）在第一次输精后，过8～12小时再进行第二次输精。

（5）在实践中，清晨5：00～6：00和傍晚17：00～18：00输精受胎率较高。母牛排卵多发生在性欲消失后4～20小时内，夜间排卵比白天多，约占70%以上。

（6）在实践中，不可能十分准确掌握排卵规律，通常采用一个情期输两次精的方法。第一次在早上，则第二次在傍晚；如第一次在傍晚，则第二次在次日早上。同时应根据“老配早，少配晚，不老不少配中间”的经验，灵活选择适宜的输精时间。

7. 母牛的配种方法

（1）自然交配：这是比较容易做的，相对而言，受精率比较高，通常不需要做母牛的发情鉴定，但容易引起生殖道疾病的传播。

（2）人工辅助交配：方法同自然交配，只是在公母牛的个体相差较大、配种有困难时，人工加以帮助。

（3）人工授精（冷配）：人工授精是具有《种畜禽生产经营许可证》的种公牛站将人工采集的公牛精液经检查，冷冻，解冻后输入发情母牛生殖道的过程。

开展母牛冷配需要的器械主要包括液氮罐、显微镜、水浴锅、输精枪、细管剪、长镊子、输精枪套管、长臂手套。

人工输精前需要做如下准备：①将待输精的母牛固定在配种架内（架后端可横闩上木条或系以绳索，以防母牛踢脚），将尾巴系于一侧，用0.1%高锰酸钾溶液消毒外阴部再擦拭干。②牛的输精场所最好在室内进行，并有水泥地面，以便于清扫。若在室外进行，应选择平坦避风处，输精前打扫干净，避免尘土飞扬。③输精员的手应洗净消毒，若给待配母牛做直肠把握输精时，应将指甲剪短、磨钝，手臂应先用药水肥皂洗净，再涂上润滑剂。手上若有创伤，先用碘酒消毒，并涂磺胺软膏，然后涂润滑剂。

输精方法：传统的输精方法有两种，一种方法是利用阴道开膣器通过输精管把精液输入子宫颈口内，此种方法适宜初学者，开膣器可将阴道撑开，用手电光可直接观察到子宫颈口，能直接把精液注入子宫颈口内。但此法操作烦琐，容易引起母牛骚动，易使阴道黏膜受伤，因输精部位浅，精液容易倒流，可受胎率较低。另一种方法是通过直肠把握输精方法，此种方法适宜输精技术熟练者，目前广泛提倡应用此法输精。下面详细介绍直肠把握输精操作的方法：输精人员一只手臂戴上长臂乳胶或塑料膜手套伸入直肠内，排出宿粪后，先握住子宫颈后端；另一支手持输精器插入阴道，先向上再向前，输精管前端伸至子宫颈外口，在两只手协同配合下，使输精器导管尖端对准子宫颈外口，并边活动边向前插，当感觉穿过2～3个障碍物（螺旋状的子宫颈内腔）即到达子宫颈内口或子宫体内时，注入精液。输精时要做到轻插、适深、缓注、慢出，防止精液逆流。此法用具简单，操作安全，母牛无痛感，初配牛也适用，输精部位较开膣器法深，受胎率高。此外，直肠检查可同时做妊娠检查，避免误配而造成流产。

8. 肉牛的妊娠时间 牛的孕期一般为275～285天，平均为280天。预产期推算：配种月份减3或加9；配种日数加6。如：某牛3月15日配种，3+9=12，12为预计月份，15+6=21，21为预计分娩日。即当年12月21日为预产期。

9. 妊娠诊断方法

(1) 外部观察法：妊娠表现为周期发情停止，食欲增强，被毛出现光泽，性情变得温驯，行动缓慢。在妊娠后半期，腹部不对称，右侧腹壁突出。8个月以后，右侧腹壁可见到胎动。

（2）直肠检查法：此方法是最常用且可靠的妊娠诊断方法。在诊断时，要注意妊娠初期，主要是子宫角的形态和质地变化；30天以后以胚泡的大小为主；中、后期则以卵巢、子宫的位置变化和子宫动脉特异搏动为主。

妊娠20～25天，排卵侧卵巢有突出于表面的妊娠黄体，排卵侧卵巢的体积大于对侧，两侧子宫角无明显变化，触摸时感到壁厚而有弹性。妊娠30天，两侧子宫角不对称，孕角变粗松软、有波动感、弯曲度变小，而空角仍维持原有状态。用手轻握孕角，从一端滑向另一端，有胚泡从指间滑过的感觉，若用拇指和食指轻轻提起子宫角，然后放松，可感到子宫壁内似有一层薄膜滑开，这就是尚未附植的胎膜。

妊娠60天，孕角明显增粗，相当于空角的2倍。孕角波动明显，子宫角开始垂入腹腔，但仍可摸到整个子宫。

妊娠90天，子宫颈被牵拉至耻骨前缘，孕角大如排球，波动感明显，空角也明显增粗，孕侧子宫动脉基部开始出现微弱的特异搏动。

妊娠120天，子宫及胎儿全部沉入腹腔，子宫颈已越过耻骨前缘，一般只能触摸到子宫的局部及该处的子叶，如蚕豆大小，子宫动脉的特异搏动明显。

此后直至分娩，子宫进一步增大，沉入腹腔，甚至可达胸骨区，子宫动脉两侧都变粗，并出现更明显的特异搏动，用手触及胎儿，有时会出现反射性的胎动。

10. 母牛的分娩助产

（1）观察待产牛：看到预产期母牛是否出现临床分娩征兆，对处于分娩期的母牛专人看护，记录其开始努责的时间和频率，做好接产准备。

（2）检查：当母牛努责后羊膜囊破裂，羊水流出时，对母牛的外阴部清洗和消毒，检查人员手臂消毒润滑，伸入产道检查子宫颈的开张程度、胎位。对子宫颈开张不完全的注射己烯雌酚，胎位不正的及时纠正。

（3）接产：正常情况是尽量让母牛自然分娩，牛犊产下来及时去除其身上的黏液，清除犊牛口中的黏液，用碘酊等对脐带做好消毒处理。

（4）助产：对头胎牛、胎儿较大、胎位不正、倒生时适当给予人工助产。将母牛保定，站立或侧卧保定都可以。将胎儿露出部分及母畜的会阴、尾根洗净消毒。所需器械应做好消毒，用备好的产科绳牵拉胎儿。

（5）分娩后要注意产后监护：观察母牛是否能站起，有无子宫出血和脱出。产后最好用药促进胎衣及时排出，有利于母牛产后康复。

11. 衡量母牛繁殖力的指标

（1）受胎率：全年实有受胎母牛数与全年参加配种母牛实有数之比。

受胎率＝（全年实有受胎母牛数/全年配种母牛实有数）×100％

（2）情期受胎率：在母牛的一个发情期内，配种后的受胎母牛占配种母牛数的百分比。

情期受胎率＝（妊娠母牛数/情期配种数）×100％

（3）繁殖率：本年度内出生的犊牛数占上年度能繁殖母牛数的百分比。

繁殖率＝（本年度内出生犊牛数/上年度能繁殖母牛数）×100％

（4）犊牛成活率：本年度年终成活犊牛数占本年度内出生犊牛数的百分比。

犊牛成活率＝(本年度年终成活犊牛数/本年度内出生犊牛数)×100％

12. 影响繁殖力的因素 母牛不发情或发情不正常、难产、流产、胎衣不下、死胎或产弱犊等，往往严重影响牛群的繁殖力，出现这些问题主要有以下几方面的原因：

（1）营养不良：营养对母牛的发情、配种、受胎以及犊牛成活起着决定性作用。营养不足，会造成生长缓慢、生殖器官发育受阻、性成熟延迟、性周期无规律，从而造成繁殖率低下。对于妊娠牛，如果营养不良，还会造成死犊率增加。对于成年牛，会引起发情不正常，发情表现不明显，发情期紊乱，排卵不正常，从而导致难配难怀。

（2）管理不善：未及时发现发情牛和对妊娠牛、犊牛管理不善，就会引起误配、失配、流产、生病及犊牛死亡等。另外，放牛不慎，使牛误食毒草或有毒树叶发生中毒等。

（3）人工授精技术不过关：主要是在人工授精过程中，操作不科学、不卫生，配种时机掌握不好，直肠检查技术不熟练，配种技术不高等，致使繁殖率不高。此外，还有冷冻精液制作质量较差，颗粒冻精解冻水平不高等原因。

（4）疾病引起不孕：引起不孕的疾病包括传染性和非传染性两类。传染性疾病有布鲁氏菌病、滴虫病、胎儿弧菌病及生殖道颗粒性炎症等；非传染性疾病有阴道炎、卵巢炎、输卵管炎、子宫内膜炎、子宫囊肿、子宫颈炎等。

13. 母牛繁殖障碍

（1）生理性（先天性）和病理性不孕：生理性不孕主要有输卵管阻塞和子宫角闭锁，致使精子不能到达受精部位而导致屡配不孕；病理性不孕主要有卵巢囊肿、卵巢炎和子宫炎，多因人工授精消毒不严，助产或胎衣剥离处理不当而引起。

（2）隐性子宫炎和化脓性子宫炎：隐性子宫炎表现发情周期多数正常，但黏液分泌增多，有时呈黄色水样，直肠检查可感觉子宫角稍增粗。化脓性子宫炎表现发情周期不规律，常见阴道内流出呈乳状脓性分泌物，发情或直肠检查时可见脓性分泌物增多。直肠检查感到子宫壁增厚，弹力减低，严重的子宫体呈囊状且内有液体充盈。

（3）病理性不孕的治疗方法：

①卵泡囊肿：可选用孕马血清 1 000～2 000 国际单位肌内注射，隔日 1 次，连用 2 次。孕酮 500～1 000 毫克一次肌内注射，隔日 1 次，连用 3 次。促黄体素 200～400 国际单位，肌内注射隔日或每日 1 次，连用 2 次。

②隐性子宫炎：可用生理盐水在母牛发情后 20 小时左右冲洗子宫。排尽冲洗液后再和生理盐水兑青霉素 160 万～240 万国际单位，链霉素 100 万国际单位混合注入子宫内，过 4～5 小时再投服促孕一剂灵 300～500 克。用药后 4～5 小时进行第 1 次输精，隔 8～10 小时再输一次。

③化脓性子宫炎：可用 0.1% 高锰酸钾溶液冲洗子宫 2～3 次，当脓性分泌物减少后再用生理盐水配青霉素、链霉素混合冲洗子宫 2～3 次，或用宫炎康、露它净（磺酸间甲酚与甲醛的缩合物）等专用药物治疗，待发情后用治疗隐性子宫炎的方法进行治疗和人工授精。只要方法得当，治疗及时，病理性不孕治愈率可达 80%以上。

（4）母牛不发情的治疗方法：母牛不发情的原因是卵巢静止或卵巢上有持久黄体。

卵巢静止：①加强营养，提高饲养管理水平。②及时断奶。③激素处理：每天肌内注射促排 3 号（注射用促黄体素释放激素 A_3）100～200 毫克，连续 3 天，并肌内注射孕酮 200 毫克。

持久黄体或黄体囊肿：①持久黄体：肌内注射 2～4 毫升前列腺素。②黄体囊肿：肌内注射 4～6 毫升前列腺素。

14. 同期发情　同期发情又称同步发情，是利用某些激素制剂人为地调整母牛发情周期的进程，使之在预定的时间内集中发情，以便于有计划地组织配种，既减少了发情鉴定工作，又可使输精操作集中进行。同期发情的方法有：

（1）前列腺素法：此种方法适用于有功能性黄体的奶牛，被处理的奶牛需有正常的发情周期，而且处在发情周期的 6～16 天，即为功能性黄体期。此种方法也应用于有持久黄体的奶牛。但效果不如发情周期正常的奶牛好，常用的药物是前列腺素或其类似物，一般在注射后 72 小时，即可发情配种。实践中，一般采用两次注射方法，即第一次注射后，隔 11～12 天再注射一次，一般在第二次注射 2～3 天后即可发情。

（2）孕激素法：此种方法对有无发情周期的奶牛都有效果，一般采用孕激素皮下埋植或阴道栓 9～12 天，取药后 2～4 天即表现发情。有时连续肌内注射黄体酮后突然停药，也能引起奶牛的发情。

15. 胚胎移植　胚胎移植是将一头良种母畜配种后形成的早期胚胎取出，移植到另一头（或几头）同种的、生理状态相同的母畜生殖器官的相应部位，使之继续发育成为新的个体，也有人通俗地称之“借腹怀胎”。胚胎移植是继人工授精之后繁殖技术的又一次革命，使优良公、母牛的繁殖潜力得以充分发挥，极大地增加了优秀个体的后代数。以新鲜胚胎移植为例，主要程序包括：供体和受体母牛的选择、供体与受体母牛的同期发情、供体超数排卵与人工授精、胚胎的采集、胚胎检查和鉴定、胚胎移植、受体的妊娠诊断等。

16. 性别控制　牛为单胎动物，与其他畜种相比，繁殖力低。自然条件下，牛产雌雄比例接近 1∶1，而饲养肉牛主要的目的是产肉，所以饲养者都希望母牛产公犊。现代生物技术的发展，可以通过性别控制技术提高肉牛繁殖力，促使其多产优质公犊。当前国内母牛的繁育方式主要有三种：一是在许多地区和较大规模的牛场普遍采用的人工授精技术；二是在现代化饲养的牛场采用胚胎移植和人工授精相结合的技术；三是在不太发达的牧区仍然保持自然交配的方式。与此相对应的性别控制技术也有三种不同的途径：一是在人工授精前通过对X和Y精子的分离以控制性别；二是在胚胎移植前对胚胎的性别进行鉴定以控制；三是受精环境的控制。

（三）肉牛育肥技术

1. 肉牛体重增长的一般规律 肉牛出生后在营养充足的条件下，性成熟时体重加速增长，到发育成熟时增重变慢，也就是说肉牛一般在12月龄以前生长速度最快，以后逐渐变慢，所以应在生长发育快的阶段给予充足营养，以获得较为理想的增重效果，在发育成熟、生长速度变慢时，肉牛一般在4岁以后生长基本停止，这时应适时出售屠宰最为经济。

不同品种的肉牛生长速度各有特点，初生重越大，增重速度越快；相同饲养条件下，大型肉牛品种与小型肉牛品种相比需要的饲养时间长，但大型肉牛品种生长速度快，增重越快，饲料利用率就越高。

2. 肉牛的育肥原理 肉牛育肥饲料中的营养成分含量高于牛维持自身基础代谢和正常生长发育所需的营养，多余的营养以体组织的形式沉积于体内，获得高于正常生长发育的日增重，以缩短生产周期，达到肥育出栏的目的。

肉牛的营养需要粗略分为如下3大块：①基础代谢需要：肉牛在不增重、不生产、不失重的条件下维持其生命特征（包括体温、新陈代谢、运动等）的营养需要，又称为基础需要或维持需要；②生长发育需要：肉牛在维持需要的基础上增加机体正常生长的营养需要，如由幼龄到成年机体不断增大的营养需要；③生产需要：肉牛在维持需要和生长发育需要的基础上，再增加繁殖、泌乳、育肥等形成产品的营养需要。

肉牛的日增重受不同生产类型、不同品种、不同年龄、不同营养水平及不同饲养管理方式的直接影响，同时确定日增重大小也必须考虑经济效益和肉牛的健康状况。过高的日增重，需要较高的营养水平和相对较高的管理条件，才能获得最佳的生产经营效益，结合目前国内肉牛品种改良现状，肉牛育肥期最佳的平均日增重可设定在1.5千克比较经济。

3. 不同肉牛品种和类型对育肥效果的影响 牛的品种和类型是影响育

肥效果的重要因素之一。肉用品种牛比乳用牛、肉乳兼用牛等能较快地生长，可进行早期育肥、提前出栏，以节约饲料，获得较高的日增重、饲料转化率、屠宰率和胴体产肉率，肉的品质好，胴体中不可食部分（骨和一些结缔组织）较少，脂肪能较均匀地沉积体内，并且可使胴体切面形成大理石状，肉质鲜嫩、多汁，味道浓厚。

我国引进有10多个肉牛品种。适应湖南省自然条件的肉用牛或乳肉兼用牛品种有西门塔尔牛、安格斯牛、德国黄牛、利木赞牛、夏洛来牛、摩拉水牛等，这些品种与我国黄牛中的晋南牛、秦川牛、鲁西牛、南阳牛、湘西黄牛、滨湖水牛等黄牛杂交改良的后代肉用性能明显提高，适应性强，耐粗饲，抗病力强，F_1～F_3代杂交改良的后代牛是首先育肥牛。

4. 育肥架子牛的选择

（1）品种的选择。选择肉用杂交的改良品种，利用国外引进的优良肉牛作为父本与本地母牛进行杂交获得杂交一代或这些品种进行三元轮回杂交获得的后代公牛，如利木赞牛、西门塔尔牛、夏洛来牛、安格斯牛等品种肉牛与本地牛进行杂交。这些杂交后代具有体型大、成熟早、增重快、肉质好等特点，并且在相同的饲养管理条件，杂交牛与地方黄牛相比，增重、饲料转化率和产肉性能都要好。

（2）性别的选择。性别对牛的育肥速度也有着一定的影响，在相同的饲养管理条件下，以公牛的生长速度为最快，去势牛次之，生长速度最慢的是母牛。在育肥的条件下，公牛的增重速度比去势牛的速度高10%，而去势牛比母牛的增重速度又高10%，这是由于公牛体内的性激素睾酮含量高的原因。因此，如果在两岁内育肥出栏的公牛，以不去势育肥最好。

（3）精神状况的选择。选择精神活泼，对周围环境反应敏感，两眼左右环视、鼻镜湿润、汗珠分布均匀，两耳不停地扇动，尾巴左右摇摆自如等表现正常的牛。

（4）体型外貌的选择。牛的体型外貌是体躯结构的外部表现，在一定程度上反映了肉牛的生产性能。所以在选择用于育肥的架子牛时要符合肉用牛的体型外貌特征标准。从整体上来看，首选长方形体型，不选两头尖、中间大的枣核形牛、不选短粗型牛、不选“小老牛”（年龄大、体重小）；被毛整齐有光泽、皮肤松软、有弹性、没有皮肤病；头部前额宽大而颈粗，口方、采食好；背腰平直宽广，腹部较大而不下垂，较紧凑，臀部丰满、肌肉发达；四肢端正，粗壮，直立，两腿宽而深厚，坐骨端距离宽。身体各部位发育良好匀称、体表无缺陷，无伤疤。

5. 肉牛长途运输应注意的问题 一般选用汽车运输较好，只需装卸各一次即可到达目的地牛场，省时省力，牛损失概率小。汽车运输可有两个司机日夜兼程，途中方便寻找供水点能保证牛饮水，也方便随时停车处理紧急事宜。车型应使用双排座的高护栏敞篷车，车护栏高度应不低于1.8米，切忌使用低护栏车。车身长度12米为宜，运输未成年牛（300千克左右），在春、秋季每车装21～26头为宜，夏季每车装18～21头为易。车厢顶部用松木棒或钢管捆扎，车厢里应铺垫锯末碎草等防滑，厚度在20～30厘米以上铺垫均匀。牛装车时应注意大牛在前排，小牛在后排，牛在装车前不喂豆科草类等易发酵的草料，少喂精料，草半饱，饮水适量，车速不超过100千米/时，匀速，起动、转弯和停车均要先减速，运行超过8～10小时，中间休息1次，给牛饮水，夏季白天运牛要搭凉棚，冬天运牛要有挡风。购回的架子牛应先集中于隔离牛舍隔离15天，注意观察牛的健康情况。

6. 新购入架子牛的饲养管理措施 肉牛长途运输到场后，首先休息半小时后再进行饮水。饮水量减半并在饮水中添加电解多维抗应激。喂少量青草料，不要饲喂精饲料，3天后略加精料，由少到多逐渐添加，10～15天开始逐渐加料至正常水平，同时进行驱虫，以后每隔3个月进行一次，根据当地疫病流行情况，进行疫苗注射。证明牛健康无病后，进行免疫接种，再转入育肥舍分群饲养。建立档案用塑料耳标进行编号并认真填写架子牛采购记录表，建立档案。

7. 牛场的分群、分栏、分舍饲养 牛分栏饲养管理可以有效提高饲养效率、犊牛成活率、母牛生产率、育肥出栏率，降低饲养成本。肉牛标准化养殖场评分，涉及母牛群、育肥牛群的数量，并在场区布局中要求有不同用途的牛舍。国内的养殖场有的只是单纯育肥场，但是由于牛源比较缺乏，有的养殖场自繁自育，开展能繁母牛、犊牛、育成牛和育肥牛的饲养，由于肉牛养殖生产目的不同，肉牛在不同生理阶段对营养的需要和饲养管理的要求也不同，因此在养殖场修建规划中，要合理规划牛舍的布局，按照牛群的生产目的、体重、年龄等指标对牛群分群、分栏、分舍饲养，避免不同生产目的的牛用同一种饲料、饲养管理方式，这样既达不到生产目的，浪费饲料资源，也不利于防疫和管理。

8. 肉牛育肥方式　肉牛的育肥方式较多，划分方法各异，但生产中把肉牛育肥方式按年龄可分为犊牛育肥、幼牛育肥和成年牛育肥；按性别可分为公牛育肥、母牛育肥和阉牛育肥；按育肥所采用的饲料种类分为干草育肥、秸秆育肥和糟渣育肥等；按饲养方式可分为放牧育肥、半舍半牧育肥和舍饲育肥；按育肥时间可分为持续育肥和吊架子育肥（后期集中育肥）；按营养水平分为一般育肥和强度育肥。

（1）持续育肥是指在犊牛断奶后就转入育肥阶段，给以高水平营养进行育肥，直到出栏体重时出栏。持续育肥较好地利用了生长发育快的幼龄阶段，日增重高，饲料利用率也高，出栏快、肉质好。

（2）吊架子育肥又称后期集中育肥，是在犊牛断奶后，按一般条件饲养，达到一定年龄和体况后，充分利用牛的补偿生长能力，采用在屠宰前集中3～4个月强度育肥。若吊架子阶段较长，肌肉生长发育受阻过度时，即使给予充足的饲养，最后体重也很难与合理饲养的牛相比，而且胴体中骨骼、内脏比例大，脂肪含量高，瘦肉比例较小，肉质欠佳。

9. 不同年龄育肥效果　牛的年龄不同，生长发育的强度和沉积的体组织成分也不同。通常年龄越小，生长速度越快，体组织中肌肉的比例越大，脂肪的比例越小，所以饲料的利用率高，随着年龄的增长，生长速度减慢，体组织中肌肉比例也在逐渐减少。随着年龄的增长，肌肉生长速度从快到慢。随着肌纤维增大，肉质纹理变粗，肉的嫩度变差。骨骼则呈均匀慢速增长，出生后主轴骨生长较快，到一定年龄，骨盆骨生长加快。脂肪从出生到周岁生长较慢，仅比骨骼快，周岁后加速，脂肪组织沉积的顺序，初期是网油和板油的形成，之后沉积于肌肉之间，随后沉积于皮下，在营养好、日增重高的情况下，最后沉积于肌纤维之间，使肉质变嫩，并呈大理石状，所以大理石状牛肉是以充分的皮下脂肪沉积为基础的，但在育肥牛采食量大时，脂肪沉积速度快、数量多、育肥时间短、脂肪沉积量少。育肥时间长，脂肪沉积量越多。

10. 育肥牛的出栏时间和出售方法

（1）出栏时间：根据牛的生长规律发现，肉牛在1岁之前生长增重速度快，1岁之后生长增重速度逐渐减慢，尤其是在1.5岁之后更慢，有试验研究表明年龄小的肉牛料重比要比年龄大的牛好，从饲料、资金、设备的利用率等多方面综合考虑，饲养年龄小的牛要比年龄大的更获利，目前一般是在犊牛1.5周岁体重达到300千克左右适时出栏最为合适，此时的育肥牛生长增重速度快，肉质细嫩，育肥所消耗的饲料成本少，销售获得的利润高，以高档牛肉生产技术饲养的牛，肌内脂肪含量直线上升一直到24月龄为止。因此，24月龄为较合适的出栏时间，但也要综合考虑饲养者的技术水平、饲料费用等随市场波动的因素，在牛价下降、收入减少时出售体重小一些的牛；相反，牛价上升时，出售体重大的牛。

（2）出售方法的选择，最好找大型屠宰场和冷链公司，但如果育肥效果好，出肉率高，就应该按出肉率和副产品价格区分进行结算比较合算，另外也可以发展以畜-宰-消为主体的高档牛肉生产模式，饲养者可以把高档牛肉直接卖到高档肉专卖店，开创自己的牌子。

11. 标准化牛场饲养管理档案的建立 牛场建立饲养管理档案是牛场最基本的一项工作，也是衡量一个牛场是否正规的基本要求，一般都是纸质电子各一套，纸质档案是通过记录本、记录卡的形式记录牛群的饲养管理情况，电子档案是利用牛场管理软件和电子耳标系统，记录每头牛每天饲养、饲料、防疫、治疗等情况，对屠宰、加工后的产品，也能查询上述信息进行追溯，饲养管理档案包括饲养档案、饲料记录档案和疫病防控档案等，饲养档案应包含肉牛品种、来源、数量、月龄、出栏月龄、出栏体重、环境温湿度、生产性能、牛群周转、饲养方式等信息；饲料记录档案应包含饲料的来源、等级，蛋白质饲料、能量饲料、粗饲料以及添加剂等的购入和消耗量等记录；疫病防控档案应包含肉牛购进时的检疫、疾病、药品购销、牛场消毒、传染病、防疫注射和药品种类与使用对象及使用量等内容的记录。

12. 拴系和散养方式的优缺点 养殖标准化不限制养殖方式。拴系和散养各有利弊，需根据当地情况来定，拴系的好处是节约牛舍空间，便于管理；缺点是饲养密度增加，影响牛舍环境，容易诱发疾病，草料不新鲜，耗费人工，牛舍建筑费用较大。拴系养殖时要保证拴牛链（绳）的长度足够牛的起卧和采食。散养与放牧不同，是散栏饲养，在一个圈内饲养数头或数十头，散养的好处是牛一定程度上能自由活动，患病率较低，节约人工，但需要较大的养殖用土地。

13. 提高育肥效果的措施

（1）选好品种。由于我国没有专用肉牛品种，所以可利用国外优良肉牛品种的公牛与我国地方品种的母牛杂交，或国内优良地方品种间的杂交后代进行育肥。杂交后代的杂种优势对提高育肥肉牛的经济效益有重要作用。如西门塔尔杂交牛产奶、产肉效果都很明显；皮埃蒙特杂交牛生长迅速、肉质好；海福特改良牛早熟性和肉的品质都有提高；利木赞杂交牛的牛肉大理石花纹明显改善；夏洛来改良牛生长速度快、肉质好等。

（2）选择好的架子牛。架子牛的选择非常重要，有“架子牛七成相”之说。因此，应尽可能选择易于饲喂、容易长膘、资质好的牛入栏喂养育肥。

（3）选择适龄牛育肥。年龄对牛的增重影响很大，一般规律是肉牛在1岁时增重最快，2岁时增重速度仅为1岁时的70%，3岁时的增重仅为2岁时的50%。幼龄牛的增重以肌肉、内脏、骨骼为主，而成年牛的增重除增长肌肉外，主要是沉积脂肪。饲料利用率随年龄增长、体重增大而呈下降趋势。在同一品种内，牛肉品质和出栏体重有非常密切的关系，出栏体重小的牛肉质往往不如体重大的牛，但变化没有年龄的影响大。大理石花纹形成的规律是：12月龄以前花纹很少，12～24月龄花纹迅速增加，30月龄以后花纹变化很微小。由此看出要获得经济效益高的高档牛肉，需在18～24月龄时出栏。

（4）抓住育肥的有利季节。环境温度影响肉牛的育肥速度。最适气温为10～21℃，低于7℃，牛体产热量增加，维持需要增加，要消耗较多的饲料；环境温度高于27℃，牛的采食量下降，增重降低。所以在四季分明的地方，春、秋季节育肥效果最好，此时气候温和，牛的采食量大，生长快；夏季炎热，不利于牛的增重，因此肉牛育肥季节最好避开夏季。但在牧区肉牛出栏以秋末为最佳。

（5）合理搭配饲料。要按照育肥牛的营养需要标准配合日粮，正确使用各种饲料添加剂。日粮中的精料和粗料品种应多样化，这样不仅可提高适口性，也利于营养互补和提高增重。肉牛在不同的生长育肥阶段，对饲料品质的要求不同，幼龄牛处于生长发育阶段，增重以肌肉为主，所以需要较多的蛋白质饲料；而成年牛和育肥后期增重以脂肪为主，所以需要较高的能量饲料。

（6）对育肥牛要精心管理。饲养管理的好坏直接影响育肥速度。育肥前要进行驱虫和疫病防治，育肥过程中要勤检查、细观察，发现异常及时处理。严禁饲喂发霉变质的草料，注意饮水卫生，每天要保证充足、清洁的饮水，冬、春季节水温应不低于10℃。要经常刷拭牛体，保持体表干净，特别是春、秋季节要预防体外寄生虫的发生。圈舍要勤换垫草、勤清粪便。保持舍气清新，冬暖夏凉。育肥期间应减少牛只的运动，以利于提高增重。每出一批牛，要对厩舍进行彻底的清扫和消毒。

14. 肉牛预混合饲料使用方法 预混合饲料指由一种或多种添加剂原料与载体或稀释剂搅拌均匀的混合物，又称添加剂预混料或预混料，目的是有利于微量的原料均匀分散于大量的配合饲料中。预混合饲料不能直接饲喂肉牛。预混合饲料可分为单项预混合饲料和复合预混合饲料。

肉牛预混合饲料一般为4%～5%，另外还需添加能量饲料（玉米），蛋白饲料（豆粕、棉籽饼），再添加小苏打、食盐，按其预混料的推荐配方、配比量进行配料。肉牛饲养方法一般为先精后粗、限时饲喂法，自由采食法。成年育肥牛日料量为2.5～4千克。

15. 肉牛放牧饲养育肥方法 放牧饲养育肥具有省草料、省人工、省设备，降低成本开支，提高抗病能力等优点。只要有草山草坡的地方，在野生牧草好的季节都可以放牧饲养，放牧饲养时的注意事项如下：

（1）做好放牧前的准备工作：放牧前要做好肉牛的驱虫工作，一般用阿苯哒唑伊维菌素预混剂驱虫，拌入料中饲喂。最经济的方法是用伊维菌素注射液，也可用碘硝酚注射液等，按说明书使用。对爱打架的牛要去角后再进行放牧。

（2）放牧场地与牛场之间不要超过3千米，以减少行走时间和营养消耗。距离远时，可修建临时牛舍。

（3）安排水源充足的饮水可维持牛的食欲、提高采食量和饲料利用率。因此，水源应离牛舍、放牧不远。水源可选河流泉水等，也可砌坑积蓄雨水。牛每天饮水至少2次以上，天气炎热时应增加饮水次数。为避免污染水源，牛群饮完水后应立即赶离水源附近。

(4) 科学合理利用草地采用分区轮牧：放牧是合理利用牧地的有效方式，可减少牛群践踏，增加牧草恢复生长的机会，使牧地质量均匀，显著提高利用率。具体操作是：事先将牧地依牛群大小划成几片，用刺篱、铁丝等隔开。首先清除有毒植物，如狼毒、醉马草、蕨菜、梓树幼苗等，然后再将牛群赶入，每片连续放牧7～15天，再按顺序到其他片放牧，离开该片前，撒播适合当地自然条件的牧草种子，使牧草得以更新，牧地得到充分生长的机会。

(5) 补充矿物质：在水源附近悬挂舔砖，让牛自由舔食。

(6) 补料：单靠放牧青草而无法达到日增重指标时，在自配饲料中添加肉牛混料，可按回牛场后补料方法进行。

(7) 携带常用药物、器械：放牧时随身携带补料、常用药、套管针等，以防意外。

16. 肉牛舍饲育肥方法　舍饲可分三种形式：一是小围栏每栏10～20头牛不等，平均每头牛占7～10米^2。栏杆处设饲槽和水槽，定时喂草料，自由饮水，利用牛的竞食性使采食量提高，可获得群体较好的平均日增重，但个体间不均匀，饲草浪费大。二是拴系饲喂，是我国采用最广泛的方法。此法可针对个体情况来调节日粮，使生长发育均匀，节省饲草，但劳动力和厩舍设施投入较大。三是大群散放饲养，全天自由采食粗料，定时补精料，自由饮水。此法与小围栏相似，但由于全天自由采食粗料，饲养效果更好，省人工，便于机械化，但饲草浪费更大。

17. 肉牛饲料原料的种类　肉牛饲料原料的种类非常多，按照来源可分为植物性饲料（玉米、豆饼等）、动物性饲料（骨粉、肉骨粉等）、矿物性饲料（石粉、磷酸氢钙等）等天然饲料及人工合成饲料（维生素、添加剂等）；按照形态分为固体饲料和液体饲料；按照饲料分类的国家标准可分成八大类，有粗饲料、青绿饲料、青贮饲料、能量饲料、蛋白质补充饲料、矿物质饲料、维生素饲料和饲料添加剂。

18. 青贮方式　依据存贮形式不同，青贮可使用青贮池、塑料袋等。

地上式青贮池，具体根据已有条件而定。

（1）青贮池壁和池底使用砖或混凝土结构，池的大小根据牛群而定，一般每立方米可贮玉米青贮 450～750 千克，按 1 头成母牛年需青贮 9 000～15 000千克、青年 6 000～11 000千克、育成牛3 000～6 400千克、犊牛 500 千克计算，池底应设渗水井或有一定角度的倾斜，倾斜的低点为开池取草的方向，青贮制作最好在 2～3 天内完成，特别是气温较高时，应尽快封池，贮量较大、池较长时可以分段进行。青贮原料在装池时切短到 15～3 厘米，边装边压实，大池一般采用链轨拖拉机。池顶略高，池装好后，顶部用塑料薄膜覆盖密封，并用土等压实，一定要防止雨水渗入。

（2）塑料袋选用 0.2 毫米以上厚实的塑料膜做成圆筒形，与相应的袋装青贮切碎机配套，如不移动可以做得大些，如要移动，以装满后两人能抬动为宜。塑料袋可以在牛舍内、草棚内、院子内堆放，最好避免直接晒太阳使塑料袋老化破裂，要注意防鼠、防冻。

（3）草捆青贮主要用于牧草青贮，将新鲜的牧草收割并压制成大圆草捆，装入塑料袋并系好袋口便可制成优质的青贮饲料。注意保护塑料袋，不要让其破漏。草捆青贮取用方便，在国外应用较多。

19. 青贮原料及最佳收获时间 一般根据青贮原料的种类、收获季节等的不同，可将青贮饲料分为玉米青贮、玉米秸青贮、人工种植牧草青贮、秧蔓及叶菜类青贮、混合青贮等。

（1）玉米青贮是指专门用于青贮的玉米品种，于蜡熟期收割，茎、叶、果穗一起切碎而调制成的青贮饲料。玉米青贮由于是在玉米营养价值最高的时期收割，故营养价值明显高于玉米秸青贮。

（2）玉米秸青贮是指玉米籽实成熟收获后，将一部分叶片（1/3～1/2）仍保持绿色的玉米秸秆进行青贮而成的饲料。

（3）人工种植牧草青贮新鲜牧草含水量达到 90%。牧草收割后，应在田间地面上晾晒 1 天，牧草水分含量达到 45%～60%时再进行粉碎加工制成青贮饲料。

（4）秧蔓及叶菜类青贮主要是用花生秧、甘薯秧、甜菜叶、蔬菜、树叶等农副产品作原料而制成的青贮饲料。

（5）混合青贮是指将两种或两种以上青贮原料混合在一起制作的青贮。

做玉米青贮最适宜的收割期为蜡熟期；高粱最适宜的收割期为颗粒定浆时；禾本科牧草孕穗至抽穗期收获最适宜；豆科牧草现蕾至开花初期收获最适宜。

20. 青贮原料适宜的含水率 青贮原料含水量是否适宜在很大程度上决定了青贮制作能否成功。适宜的含水量是微生物生长繁殖所必需的，原料含水量过高，在压实过程和之后的发酵过程中会产生渗液，部分营养物质会随水分挤压出来，造成营养损失和环境污染；青贮原料的糖分被稀释，不利于乳酸菌繁殖。原料含水量过低时，由于渗透压过高不能使微生物存活，发酵过程减弱，再加上含水量过低时不能压实，使饲料在贮存期间发热造成干物质损失。青贮原料的含水量用分析方法测定最为准确。但在生产实践中难以测定，一般用手挤压大致判别：用手握紧一把切碎的原料，如水能从手指缝间滴出，其水分含量在75%以上；如水从手指缝间渗出并未滴下来，松手后仍保持球状，手上有湿印，其水分在68%～75%，适于禾本科牧草制作青贮；手松后若草球慢慢膨胀，手上无湿印，其水分在60%～67%，适于豆科牧草的青贮；如手松后草球立即膨胀，其水分在60%以下，不宜做普通青贮，只适于幼嫩牧草低水分青贮。青贮原料的水分以65%较为合适，含水量过低时，可以在切草机出料口处绑扎自来水管加水。含水量过高时，通过晾晒与其他青贮原料进行混贮，或通过添加干料的方法进行调节。

21. 常用的青贮饲料添加剂 在青贮饲料的调制过程中，加入青贮饲料添加剂，能增加青贮饲料的营养物质含量，促进乳酸菌的发酵作用，抑制有害细菌和霉菌的生长等，进而提高青贮饲料的应用价值，常用的青贮饲料添加剂种类和使用方法如下：

（1）尿素：用量为青贮料的0.4%～0.5%。对于水分大的原料，可采用尿素干粉均匀分层撒入的方法。对水分小的原料，可先将尿素溶解于水中，而后再将其水溶液洒入原料中。玉米青贮添加0.5%尿素后，粗蛋白含量可由原来的8.9%增加到12.9%。

（2）EM菌：是由大约80种微生物组成，主要以光合菌、乳酸菌、酵母菌、芽孢杆菌、枯草杆菌等为主的10个属80种微生物复合而成，能充分发酵青贮同时还能杀灭有害菌，还能有效提高青贮转化率，风味更好、芳香味更好从而提高适口性，同时发酵繁殖的益生菌还能调节瘤胃微生物群。

22. 青贮品质的鉴定

（1）青贮品质好坏可作感观检查后进行判定。取样方法：打开青贮窖后，深入青贮窖20厘米深处，按三点取样法，各抓一把进行检查。判定标准：较好，其颜色青绿色或黄绿色，近于原色，有光泽。其气味芳香、酒酸味给人舒适感。其质地结构湿润、紧密，但容易分离，茎、花、叶保持原状。

（2）青贮品质好坏可作化学分析鉴定。用化学分析测定包括pH、氨态氮和有机酸（乙酸、丙酸、丁酸、乳酸的总量和构成）可以判断发酵情况。pH是衡量青贮饲料品质好坏的重要指标。在生产现场，可用精密石蕊试纸测定，优良青贮饲料pH＜4.2。氨态氮含量越高，说明蛋白质分解越多，青贮质量不佳。优良的青贮饲料，含有较多的乳酸和少量醋酸，而不含酪酸。品质差的青贮饲料，含酪酸多而乳酸少。

23. 利用酒糟饲养肥牛 酒糟是农副产品，价钱不高，但营养较丰富，是育肥肉牛的好饲料。但是，如果酒糟利用不当，牛容易发生瘤胃酸中毒，每天饲喂湿酒槽4～4.8千克，青干草或玉米秸粉3.2～3.5千克，精料补充料4.3～4.5千克（精料补充料中要按1.5%比例添加小苏打）。

第四节 肉牛养殖前景

一、肉牛养殖优势

1. 肉牛市场前景好 历史数据显示，牛肉价格的波动较小，并未经历过重大波动，而且呈现出向上波动幅度大、向下波动幅度小的特点。分析其原因主要有以下几点：一是国内市场需求空间大，目前，我国人均牛肉消费量远远低于世界平均水平。二是随着牛肉质量的提高和市场营销网络的健全，我国牛肉出口潜力增大。三是在人工成本增加、饲料价格上涨、肉牛供应偏紧等因素影响下，肉牛价格必将维持在较高位点，养牛效益也终会与肉牛养殖周期长、高投入的特点成正比，实现稳步提高。

2. 肉牛养殖风险低，有保障 在畜牧行业里，肉牛养殖效益比较稳定。牛是反刍动物，可以利用荒山荒坡、草场放牧，可以利用秸秆养殖，因而体格健壮，牛疾病较少，要比养猪、鸡风险低。另外，市场价格也相对稳定。

二、湖南省肉牛养殖存在的主要问题

养牛前景十分看好，然而养牛赚钱却不太容易，有超过一半的养牛户都难以获得理想的效益收入，这显然与养牛前景相差甚远。肉牛养殖存在的主要问题有：

1. 良种牛少，买牛比养牛难 湖南省肉牛良种率低，改良肉牛比例仅占20%～30%，且多为杂交一、二代后代，部分杂交品种也没有严格按照良种要求进行杂交，生产性能低，牛群整体品质差，与发达地区改良牛90%以上的比例差距很大。养殖的品种多为地方黄牛——湘西黄牛、湘南黄牛，虽然具有耐粗饲、抗逆性好、肉质较佳等优点，但还存在着生长速度慢、胴体产肉少、经济效益差等诸多缺陷。因此，养殖户纷纷去外地购牛，但买牛比养牛难，一是价格与质量难把握，刚入行的养牛户对品种识别不准，对牛的性价比把握不准。二是应激与发病难防控，不少牛在引进后会大量发病甚至死亡，因应激或水土不服的原因，导致牛发生传染性胸膜肺炎（简称牛传胸、牛肺疫或烂肺病）和消化不良，拉稀等疾病较多，导致良种引进困难。

2. 生产方式落后，饲料不均衡供给 当前，湖南省肉牛饲养以农户散养为主，一般饲养十几头或几十头，大部分仍沿袭了传统养殖耕牛的饲养方法，饲草季节性供应不平衡的矛盾突出，有的在冬季甚至将牛关在栏舍里仅喂给干稻草，冬天牛不长膘甚至掉膘。条件稍好点的农户，也只用麸皮、玉米拌料补饲，肉牛饲养周期长，出栏体重小，育肥质量差，饲料转化率低，效益差。

3. 肉牛养殖技术缺乏，饲养管理粗放 一些养殖户不懂养牛，缺乏科学养殖知识。主要表现在：①对牛的品种和引种知识缺乏，引进病牛和不适合当地饲养的肉牛品种情况时有发生；②肉牛饲料搭配不合理，不能满足基本营养需要，饲料添加剂或增重剂添加不科学；③养殖户添加尿素的添加量及饲喂方法不科学，造成肉牛中毒或死亡；④不分青草种类大量饲喂，造成瘤胃臌气，甚至危及生命；⑤将长时间堆放的菜叶、青绿饲料喂牛，造成中毒；⑥青贮技术不成熟，且不注意防霉，致使一些牛吃了霉变饲料而死亡；⑦不能保证原料质量，饲草料原料品质差，饲料转化率低；⑧没有分段饲养，各阶段牛混养，饲养标准不能满足各类牛群，导致养殖效果差；⑨犊牛断奶过早或过迟，导致犊牛早期生长发育不良，影响后期生长发育。

一些养殖户也不懂养牛管理，缺乏科学饲养管理知识。表现在：①良种不良法，良种牛营养达不到饲养要求；②饲喂无规律，喂牛时早时晚，喂料时多时少，经常变换饲料，造成牛瘤胃微生物区系紊乱，影响消化吸收，不利于生长；③在牛价高时，短期内大量补给玉米精饲料快速育肥，结果导致酸中毒；④圈舍简陋，夏季舍温偏高，冬季舍温偏低，舍内粪尿不及时清理，潮湿、多刺激性气体，牛体脏污不刷拭，不晒太阳等影响肉牛的生长发育；⑤未按肉牛的生理状态进行管理，育成牛、妊娠牛、空怀牛与育肥牛不加区别，均采用同样的饲养管理方式，造成肉牛生长发育不科学。

4. 选址不科学，饲草料缺乏　有的养殖户选址，没有选有足够牧草的草山草坡放牧，也没有选有丰富农作物秸秆糟渣类的场址，以致优质饲草缺乏、草畜不配套。牛群缺草缺料，“既未吃饱又未吃好”现象普遍存在。有的靠人工种草，外购草料，成本高，严重制约着肉牛养殖效益。

5. 消毒不到位，疫病防控意识差　多数养牛户无消毒意识，即便周围环境极其污浊仍常年不消毒或消毒措施不严格，牛发生疾病概率增加。一些养殖户防疫意识不强，认为牛的饲养密度不如鸡、猪大，牛的抵抗力强，防疫可有可无，以致一些地方传染病如口蹄疫、布鲁氏菌病、传染性胸膜肺炎等疫病时常发生。再就是很少给牛驱虫，由于牛采食牧草和接触地面，体内外常感染寄生虫，如各种线虫、疥螨、硬蜱、牛皮蝇等，使得日增重下降，饲料转化率降低，影响效益。

三、提高牛场经济效益的主要措施和途径

1. 合理选择牛场场址，利用资源养牛　一是要选择水、电、路基本条件较好，基础设施投入不大的地方；二是选择在非禁养区，远离主要交通公路，远离饮水源区，远离居民区、化工厂等地方，距离要求在 1 000 米以上；三是牛场建设区选择在非基本农田、非公益林地带；四是选择牧草充足的可进行放牧的草山草坡或农副产品丰富的地方。

2. 合理选择肉牛品种，利用良种化观念养牛　养殖户应根据当地的地理特征、环境资源、市场需求、养殖模式等情况，综合分析各品种的适应性、生产力等特点，选择最合适的品种。一般养母牛，资源条件好、放牧草场坡度小的选择西门塔尔杂交牛较好；资源条件一般、放牧草场坡度大的选择安格斯杂交牛较好；一般养育肥牛，可以选择利木赞、夏洛来、西门塔尔、安格斯、德国黄等杂交牛；如品牌或销售特别需要，可以选择适宜区域目标定位的地方肉牛品种。

3. 合理选择养殖模式，利用专业化观念养牛　养殖户一定要根据自身的经济条件及自然条件来科学合理地选择养殖模式。农牧户个体养殖数量在 30～50 头或 10～20 头的养殖户，一般选择自繁自养＋放牧养殖模式，有条件的可以选择循环经济家庭农场养殖模式。专业规模化养殖，有集中连片草场的可以选择自繁自养＋放牧养殖模式，有一定养殖经验和交易牛

经验的养殖户可以选择短期集中育肥模式。大型规模化养殖公司可以选择短期集中育肥模式，有条件的可选择产业化现代化经营模式。

4. 学习现代养殖技术，利用科学技术养牛 养牛要想获得高效益，就必须科学饲养。科学养牛技术很多，那么我们怎样学呢，我们可以上网学，可以从书本上学，可以跟师傅学，也可以在实践中学。科学养牛技术有哪些呢？一是科学的饲喂技术，要定时定量，母牛尽量吃好吃饱青绿草料，育肥牛尽量吃好吃饱多以精料、糟渣、干草类为主的草料，适当添加尿素、碳酸氢钠（小苏打）、多种维生素、矿物质、微量元素等添加剂，提高饲料利用率。二是驱虫和防病技术，搞好牛舍、牛体的清洁卫生和消毒工作，保证牛饲料及饮水卫生安全，驱虫，做好口蹄疫、流行热、牛出血性败血症等的防疫工作，搞好疫病的预防，掌握简单疾病的治疗技术。三是栏舍建设技术，要简单经济实用，规划布局合理，生活办公区、生产区（草料储备）、粪污处理区、防疫区（隔离、进出口）等功能分区明显，符合生产和环保要求，附属建筑要满足牛场需求，牛舍要求冬暖夏凉，便于机械化作业，地面要求防滑、易干燥。四是青贮技术，要求做到在牧草营养价值的最高峰期适时刈割收割，刈割后揉搓秸秆呈 6～8 厘米长丝、条状，然后压紧密封，注意保证合适的含水量和含糖量，可以添加食盐 0.1%～0.3%、乳酸菌等添加剂。五是牛源引进技术，引种前要做好准备工作，包括运牛车辆、圈舍消毒、饲料、疫苗、人员等，并选择好引种季节，引种时要了解品种特性，选择符合品种标准质量要求和自己需求的品种，并查看调出牛的档案和预防接种记录，然后进行群体或个体检疫，并进行挑选。装车前，必须经过当地动物防疫监督机构实施检疫，并取得合格的检疫证明，方可启运，保证引进的牛只健康无疫。运输途中，不准在疫区停留和装填草料、饮水及其他相关物资，押车员应经常观察牛的健康状况，发现异常及时处理。对购入的牛，进行全身消毒和驱虫后，方可入场内，但仍要隔离在 200～300 米以外的地方，在隔离场观察 20～35 天，在此期间进行群体、个体检疫，进一步确认引进肉牛体质健康后，再并群饲养。六是牧草种植技术，七是科学育肥技术，八是养牛基地繁殖技术。

5. 强化管理，利用科学管理精打细算养牛 只有养好牛才能多赚钱，而饲养管理又是养好牛的关键。笔者认为采用“九管”管理方式可以大大提高管理效益，一是要管好牛，管好母牛的繁殖率、犊牛的成活率和育肥牛的日增重，让这三个指标达到理想要求。二是要管好人，让每个员工定岗、定编、定责，做到分工明确、合理。三是要管好草，种植的牧草产量要达到合理产量，种植面积和备用草贮量要做到草畜配套。四是要管好料，草料配比要科学，添加量要合理，做到草料饲喂既满足营养要求又不浪费。五是要管好钱，要做好成本核算，预留流动资金，算好牛场开支和收益。六是管好硬件，做到牛场建设合理、设备齐全，作业流程顺畅，便于机械化，减少人工成本。七是管好制度，制定各类科学管理制度，建立绩效机制，做到有奖有罚。八是管好宣传，学会营销技巧，建立自己营销团队，拓展销售渠道，树立自己品牌。九是管好风险，预防牛只疾病，减少自然灾害和生产安全事故发生，做到安全生产。

Chapter 5

第五章 山羊养殖

第一节 山羊养殖概况

山羊养殖业是草食畜牧业的重要组成部分，是投资少、见效快、适宜面广的产业。大力推动肉羊产业可持续发展，有利于促进农民就业、帮助农民脱贫、增加农民收入；大力发展羊肉与羊奶等多元化畜产品供应，有利于改善城乡居民生活品质、提高我国人民身体素质。

一、当前山羊养殖优势

随着国家加大对草食畜牧业的支持力度和人们对高品质肉产品需求的增加，特别是近年来湖南省连续出台一系列有利于草食动物发展的政策后，山羊养殖业发展迅速。

（一）湖南省山羊产业发展现状

1. 山羊存栏量与羊肉产量稳步增长

（1）湖南省山羊存栏量的全国占比情况。2016 年，湖南省山羊存栏 529.2 万只，在全国存栏占比 3.8%，位列全国各省第 8 位，在长江以南仅次于四川和云南，排名第 3。

（2）湖南省山羊存栏量变化情况。1980 年以来，湖南省山羊存栏总体呈上升趋势，2007 年山羊存栏达到历史最高的近 700 万只。2008 年由于受冰雪灾害的影响，存栏出现大幅度下滑，2012 年开始恢复，2014 年受全国性小反刍兽疫疫情与市场价格突然下跌双重打击，导致山羊出栏大幅减少、存栏增加。

（3）湖南省羊肉产量情况。2016 年，湖南省肉类总产量 529.8 万吨，比 2015 年下降 1.9%。其中，猪肉产量 434.8 万吨，下降 2.9%；牛肉产量 20.4 万吨，增长 2.5%；羊肉产量 12 万吨，增长 3.4%。

2. 本地品种改良率与引进良种覆盖率稳步提升 随着标准化养殖与品种改良技术的大力推广，湖南省山羊养殖水平逐年提高，肉羊良种供种能力明显提高，波尔山羊、金堂黑山羊、南疆黄羊等良种肉羊开始大面积用于生产实际。统计数字表明：2016 年与 2007 年相比，全省存栏羊平均每只年产肉量提高 2.2 千克，产业总体效益增加 6 亿元。

3. 饲养方式转变明显加快，产能提高显著 肉羊饲养由粗放放牧方式逐步向半舍饲转变、农区、半农区着重推广肉羊科学饲养管理技术。通过良种良法相配套，改变了肉羊饲养多年出栏的传统习惯，肉羊杂交品改、疫病防治、牧草栽培、青贮饲喂等技术推广面积逐渐扩大，山羊养殖水平大幅提高。全省羔羊当年出栏比率也从 2007 年的 25%提高到 2016 年的 40%。

4. 山羊饲养组织化程度提高、龙头企业发展迅速 通过政策引导，鼓励龙头企业向山羊优势产区内集聚，建立“龙头企业＋专业合作经济组织＋农户”等形式的利益联结机制，推进专业化、规模化养殖，增强了山羊养殖户抵御市场风险的能力，增加了农户和羊肉加工营销企业的经济效益。浏阳、永兴、耒阳等县市的一批本土龙头企业开始涌现；羊未央、周黑羊等本土羊肉饮食品牌崭露头角，发展迅猛。一些外省资本与国内知名企业也开始进入湖南省山羊养殖产业，出现了企业精心培育品牌、品牌促进企业发展的良好局面。

（二）湖南省山羊产业发展潜力

1. 山羊饲养量增长潜力

（1）我国肉羊产业发展趋势。据国家肉羊产业体系统计数据显示：目前北方草原牧区普遍处于超载过牧状态，肉羊养殖规模不宜继续扩大，未来增加肉羊饲养量的自然资源依托，主要是南方草山草坡和农作物秸秆。

（2）湖南省天然草场资源开发潜力。湖南省现有草山草坡面积 637 万公顷，约占我国南方地区的 10%，其中可利用的有 573 万公顷，约是耕地的 1.98 倍，但目前利用率不足 30%。2015 年年底人工种草 25.4 万公顷，改良面积仅占 4.4%，具有较大的开发利用潜力。

此外，湖南省作为粮食主产区，每年可生产秸秆 4 400 万吨，用作山羊饲料的利用率不足 10%。如将草场利用率提高到 60%，天然草场改良率与秸秆利用率提高到 15%，即使按现有牛羊养殖比例计算，湖南省可增加山羊饲养量 1.5 倍，增加产业产值 100 亿元以上。

2. 山羊个体增产潜力 湖南省有湘东黑山羊和马头山羊两个地方优良

品种，具有环境适应性强、耐粗饲等特性。据统计，截至2016年湘东黑山羊、马头山羊等省内优良品种存栏量均达到50万只以上。但因为这两个品种均属于中小型山羊品种，产肉性能不高，生长速度慢，近年来通过引进外来中大型肉羊品种进行杂交改良，大大增加了山羊个体产能。在现有出栏规模不变的情况下，如将平均山羊个体胴体重从14.3千克提高到全国平均水平16千克，可增产羊肉1.5万吨，增加产业产值8亿元。

3. 农民脱贫增收潜力 肉羊养殖条件要求不高，饲料来源广泛，生长快，疫病较少，养殖成本低，所需启动投资少，向来是半农半牧区和山区农民脱贫增收的重要产业。近年来羊肉价格持续上涨，养殖效益逐年上升，激励了农民的养羊积极性。据调查，2008年湖南省肉羊饲养平均每只纯收益140元，2017年平均达300元，提高了1倍多。目前，很多地区把养羊业作为农牧民脱贫致富的主要措施，积极加以扶持。

4. 省内消费市场潜力 随着人民对多元化、高品质肉类食品需求的增加，2016年湖南省人均羊肉占有量为1.75千克，全国平均占有量为3.3千克，发达国家人均占有量为10千克，因此羊肉市场消费潜力巨大。

5. 国际市场开拓潜力 目前，我国正逐步融入国际经济体系，羊肉国际贸易量逐年增加。由于湖南省地处我国南方中心区域，紧邻广东等消费水平较高的沿海市场，距港澳市场较近，出口活畜较为便利，市场条件优越。据统计，近年来湖南省成为我国羊肉品出口东南亚地区的最大交易集散地，但大部分羊肉来源于外省。今后，随着国际市场需求的不断增加，在满足国内需求的基础上，积极开拓国际市场，扩大羊肉产品出口仍然具有较大潜力。

二、与其他畜禽相比，山羊养殖的劣势

1. 养殖方式落后、基础设施差 湖南省肉羊养殖仍以散养为主，80%农户能繁母羊的饲养规模在50头以下，年出栏500只以上的养殖户比重更小，基础设施差，养殖方式落后，科技推广应用程度不高，规模化、标准化养殖总体水平较低。

2. 良种化程度低、育种体系不健全 品种良种化程度低是湖南省养羊业面临的突出瓶颈问题。湖南省山羊养殖以地方品种为主，优良种羊杂交

利用水平不足30%，低于全国的40%，与发达国家80%以上的水平相比差距巨大。山羊饲养管理技术落后，卫生防疫观念薄弱，普遍缺乏育种知识。

3. 肉羊生产成本上升　长期以来，湖南省山羊养殖主要采取放牧方式，几乎不补饲精料。近年来，饲养方式逐步由放牧转变为半舍饲或全舍饲，优质草料和精料缺乏严重。目前湖南省优质牧草种植面积小，肉羊专用饲料品种少、生产能力低，难以满足市场的需求，外地长途调运饲料成本提高。同时大部分转型期羊场设计不合理、机械化程度不高，也使得管理人工成本大幅上升。

4. 加工流通企业规模偏小　肉羊屠宰分散，加工企业规模小，技术水平较低。羊肉产品种类单一、附加值低、缺乏特色品牌。多数小企业产品质量难以保证。目前，湖南省羊肉流通基本处于无序状态，没有较大型的专业羊肉物流企业，市场监管尚不到位。

三、推进湖南省山羊产业可持续发展措施

1. 扶持基础设施建设　推广标准化羊场建设，逐步发展舍饲、半舍饲养殖，提高生产性能，并根据草场面积、草场生产力和季节变化，发展适度规模化养殖，使草地真正发挥生态和经济双重功能。对实行舍饲、半舍饲的饲养规模较大的养殖户在饲养设施设备建设方面予以扶持，如在青贮窖和草料棚建设、切割揉碎机等牧业机械购置等方面给予政策支持。

2. 推进肉羊良种繁育体系建设　重视省内地方肉羊品种资源的保护与利用，通过引进国内外优良品种，改进本地品种，培育适合湖南省的肉羊新品种、新品系。鼓励建设核心育种场，制定品种标准、开展品种登记与性能测定。加快引进种羊扩繁速度，降低种羊成本，提高供种能力。广泛开展杂交优势利用，筛选优势杂交组合，鼓励发展二元及三元杂交肉羊生产。结合地区资源情况与市场需要，按梯次新建和扩建一批省级原种场、县级繁育场和乡镇改良站。

3. 推广标准化生产体系　扶持龙头企业建立现代肉羊标准化生产示范基地，积极发展健康养殖业，引导养殖户转变养殖观念，推进标准化规模养殖。在农区专业养羊户和大型养羊场建立标准化生产体系，并推行标准

化生产规程。逐步实现品种良种化、饲养标准化、防疫制度化和产品规格化，促进安全优质羊肉产品生产。

4. 鼓励饲草料生产基地建设 在农区，扶持建立专用饲料作物基地，加快建立现代草产品生产加工示范基地，推动草产品加工业的发展。在牧区、半农半牧区推广草地改良、人工种草和草田轮作方式。大力推广青贮与黄贮技术，积极开发利用菜饼粕、桑叶、苎麻等非常规饲料资源，扩大饲料原料来源。开发专用羊饲料及饲料添加剂，改变传统饲料结构。

5. 加强加工流通市场体系建设 加强活羊交易市场和农业信息体系建设，建立健全各级检疫检测体系和畜产品质量安全卫生标准体系，加大对畜产品质量安全的监管力度，提高加工产品质量，形成稳定的羊肉安全优质生产供应基地。鼓励加工企业做大做强，提高附加值和技术含量。实行品牌战略，充分发挥龙头企业的带动作用，打造中国著名羊肉品牌。建设现代化的畜牧业物流体系，根据运输半径合理布点，在优势产区建立肉羊交易市场，规范活羊流通和交易，减少疫病传染渠道。大力推进产、加、销一体化的现代经营模式，逐步构建现代化农业产业体系。

第二节| 适度规模与盈利模式

一、山羊养殖的适度规模与盈利模式

基于湖南省自然环境、饲草资源与山羊养殖现状，结合现阶段性科研成果，针对小型家庭牧场、中型育肥场、大型龙头企业，三个不同发展阶段的技术要求与效益需求，探索山羊适度规模养殖模式和配套关键技术，并对预期产生的经济效益进行分析核算，为湖南省山羊产业发展提供可靠技术方案与产业示范模型。

通过扶持龙头企业建立现代肉羊标准化生产示范基地，积极发展健康养殖业，引导养殖户转变养殖观念，推进标准化规模养殖。在农区专业养羊户和大型养羊场建立标准化生产体系，并推行标准化生产规程。

二、小型家庭牧场适度规模投入产出比分析与配套技术

参见表5-1和表5-2。

表5-1　小型家庭牧场（2人）**适度规模投入产出对比**（2年投入期）

时间	项目	投入	产出
第一年	建设1栋羊舍	80米^2×250元/米^2=2万元	20只母羊（留种）；50只育肥羊（出售），50只×1 200元/只=6万元
	增加1只公羊+20只母羊+30只羔羊	公羊1只×3 000元/只+母羊20只×1 200元/只+羔羊30只×600元/只=4.5万元	
	牧草地3亩	3亩×1 000元/亩=0.3万元	产牧草：3亩×6吨/亩=18吨
	草山50亩	天然免费	产牧草：50亩×0.8吨/亩=40吨
	小计	6.8万元	6万元

（续）

时间	项目	投入	产出
第二年	建设 1 栋羊舍	80 米^2×250 元/米^2=2 万元	40 只青年母羊+50 只育肥羊（出售），90 只×1 200 元/只=10.8 万元
	割草机 1 台+揉丝机 1 台+青贮袋 200 个	割草机 2 000 元/台×1 台+揉丝机 3 000 元/台×1 台+青贮袋 5 元/个×200 个=0.6 万元	
	牧草地套种模式	3 亩×1 300 元/亩=0.39 万元	3 亩×8 吨/亩=24 吨
	租用草山 30 亩	30 亩×300 元/亩=0.9 万元	80 亩×0.8 吨/亩=64 吨
	小计	3.89 万元	10.8 万元
2 年投入期之后的每一年	修缮 2 栋羊舍	2 栋×3 000 元/栋=0.6 万元	40 只母羊+50 只育肥羊（出售），90 只×1 200 元/只=10.8 万元
	青贮袋 200 个	200 个×5 元/个=0.1 万元	
	牧草地套种模式	3 亩×1 300 元/亩=0.39 万元	3 亩×8 吨/亩=24 吨
	租用草山 30 亩	30 亩×300 元/亩=0.9 万元	80 亩×0.8 吨/亩=64 吨
	小计	1.99 万元	10.8 万元
合计	2 年投入期	10.69 万元	16.8 万元
	2 年投入期总利润	16.8−10.69=6.11 万元	
	2 年投入期之后的年均利润	10.8−1.99=8.81 万元	

注：配套技术包括标准化山羊场舍建设、人工牧草种植、牧草青贮、山羊重大疫病免疫与驱虫技术等。

表 5-2 小型家庭牧场（2 人）适度规模投入产出对比（3 年投入期）

时间	项目	投入	产出
第一年	建设 1 栋羊舍	80 米^2× 250 元/米^2=2 万元	20 只母羊（留种）；50 只育肥羊（出售），50 只×1 200元/只=6 万元
	增加 1 只公羊+20 只母羊+30 只羔羊	公羊 1 只×3 000 元/只+母羊 20 只×1 200 元/只+羔羊 30 只×600 元/只=4.5 万元	
	牧草地 3 亩	3 亩×1 000 元/亩=0.3 万元	产牧草：3 亩×6 吨/亩=18 吨
	草山 50 亩	天然免费	产牧草：50 亩×0.8 吨/亩=40 吨
	小计	6.8 万元	6 万元

（续）

时间	项目	投入	产出
第二年	建设 2 栋羊舍	80 米^2×250 元/米^2×2＝4 万元	40 只母羊（留种）；50 只育肥羊（出售），50 只×1 200元/只＝6 万元
	割草机 1 台＋揉丝机 1 台＋青贮袋 200 个	割草机 2 000 元/台×1 台＋揉丝机 3 000 元/台×1 台＋青贮袋 5 元/个×400 个＝0.7 万元	
	牧草地套种模式	3 亩×1 300 元/亩＝0.39 万元	3 亩×8 吨/亩＝24 吨
	租用草山 50 亩	50 亩×300 元/亩＝1.5 万元	100 亩×0.8 吨/亩＝80 吨
	小计	6.59 万元	6 万元
第三年	建设 1 栋＋修缮 3 栋	80 米^2× 250 元/米^2＋3×3 000 元/栋＝2.9 万元	出售 80 只母羊＋100 只育肥羊，180 只×1 200 元/只＝21.6 万元
	青贮袋 400 个＋育肥羊补饲 100 只	青贮袋 5 元/个×400 个＋补饲 100 只×150 元/只＝1.7 万元	
	牧草地 2 亩	5 亩×4 000 元/亩（雇人种植）＝2 万元	5 亩×10 吨/亩＝50 吨
	追加租用草山 50 亩（合计租用100 亩）	100 亩×300 元/亩＝3 万元	150 亩×0.8 吨/亩＝120 吨
	小计	9.6 万元	21.6 万元
3 年投入期之后的每一年	修缮 4 栋羊舍	4 栋×3 000 元/栋＝1.2 万元	出售 80 只母羊＋100 只育肥羊，180 只×1 200 元/只＝21.6 万元
	青贮袋 400 个＋育肥羊补饲 100 只	青贮袋 5 元/个×400 个＋补饲 100 只×150 元/只＝1.7 万元	
	牧草地 2 亩	5 亩×4 000 元/亩（雇人种植）＝2 万元	5 亩×10 吨/亩＝50 吨
	租用草山 100 亩	100 亩×300 元/亩＝3 万元	150 亩×0.8 吨/亩＝120 吨
	小计	7.9 万元	21.6 万元
合计	3 年投入期	22.99 万元	33.6 万元
	3 年投入期总利润	33.6－22.99＝10.61 万元	
	3 年投入期之后的年均利润	21.6－7.9＝13.7 万元	

注：配套技术包括标准化山羊场舍建设、高产牧草套种与青贮、山羊重大疫病免疫与驱虫、分群管理技术、羔羊补饲育肥技术。

三、中型养殖合作社（育肥场）适度规模投入产出比与配套技术

参见表 5-3。

表 5-3 中型养殖合作社（4 人）适度规模投入产出对比（1 年投入期）

第一年增加项目	羊舍＋附属设施	联营小型家庭牧场（20 个）①	短期育肥肉羊（300 只×5 批）	人员（3 人）	利润（万元）
第一年投入	羊舍建设：（400 米^2×2＋200 米^2×1）×400 元/米^2＝40 万元 附属设施：25 万元	断奶羔羊：300 只×900 元/只（＞15 千克）×5＝135 万元	颗粒饲料：300 只×0.12 吨/只×2 500 元/吨×5＝45 万元	人员工资：3 人×5 万元/人＝15 万元	260.0
第一年产出	出栏肉羊：1 500 只×1 800 元/只（＞30 千克）＝270 万元				270.0
维持成本	设施维修：5 万元	断奶羔羊：300 只×900 元/只（＞15 千克）×5＝135 万元	颗粒饲料：300 只×0.12 吨/只×2 500 元/吨×5＝45 万元	人员工资：3 人×5 万元/人＝15 万元	200.0
建成产出	出栏肉羊：1 500 只×1 800 元/只（＞30 千克）＝270 万元				270.0
项目期总利润	270－260＝10 万元	项目完成后平均年利润		270－200＝70 万元	

注：配套技术包括标准化山羊场舍建设、育肥期全价颗粒饲料饲喂、山羊运输与环境应激处理、重大疫病免疫与驱虫、羊场自动刮粪与环境控制、粪污资源化利用技术等。

①：参考表 5-1 与表 5-2，小型家庭牧场的年出栏肉羊数分别为 50 只（2 年投入期）与 100 只（3 年投入期），平均出栏肉羊数为 75 只，则联营 20 个小型家庭牧场，每年可获得 20×75＝1 500 只。中型养殖合作社采用批量育肥（300 只/批）模式，每年出栏 5 批次。

四、大型龙头企业适度模式投入产出对比与配套技术

参见表 5-4。

表 5-4　大型龙头企业（30 人）适度模式投入产出对比（3 年投入期）

时间	项目	投入	产出
第一年	1 个核心育种场	羊舍建设：（400 米^2×14＋200 米^2×2）×400 元/米^2＝240 万元 附属设施：100 万元 种母羊引进：1 200 只×2 000 元/只＝240 万元 种公羊引进：40 只×5 000 元/只＝20 万元 饲料、兽药等：200 万元	种羊：1 000 只×2 000 元/只＝200 万元
	1 个餐饮连锁店	店面租用、装修、食材等：250 万元/个×1 个＝250 万元	肉羊加工出售：1 500 只×3 000 元/只＝450 万元
	1 个中型育肥场①	260 万元/个×1 个＝260 万元	270 万元
	人员工资（15 人）	（育种场 6 人＋餐饮连锁店 6 人＋中型育肥场 3 人）×5 万元/人＝75 万元	—
	小计	1 385 万元	920 万元
第二年	育种场扩建	羊舍建设：（400 米^2×14＋200 米^2×2）×400 元/米^2＝240 万元 种公羊引进：20 只×5 000 元/只＝10 万元 饲料、兽药等：200 万元	种羊：1 500 只×2 000 元/只＝300 万元
	餐饮连锁店运营	店面租用、食材等：200 万元/个×1 个＝200 万元	肉羊加工出售：1 500 只×3 000 元/只＝450 万元
	育肥场新建 1 个＋育肥场运营 1 个	260 万元/个×1 个＋200 万元/个×1 个＝460 万元	270 万元/个×2 个＝540 万元
	人员工资（20 人）	（育种场 8 人＋餐饮连锁店 6 人＋中型育肥场 6 人）×5 万元/人＝100 万元	—
	小计	1 210 万元	1 290 万元
第三年	育种场运营	设施设备维护：50 万元 饲料、兽药等：200 万元	种羊：2 000 只×2 000 元/只＝400 万元
	新建连锁店 1 个＋1 个连锁店运营	250 万元/个×1 个＋200 万元/个×1 个＝450 万元	450 万元×2 个＝900 万元
	育肥场运营 2 个	200 万元/个×2 个＝400 万元	270 万元/个×2 个＝540 万元

（续）

时间	项目	投入	产出
第三年	新建有机肥场1个	厂房+设备：200万元 有机肥原料：5 000吨×200元/吨=100万元	有机肥：5 000吨×600元/吨=300万元
	人员工资（30人）	（育种场8人+ 餐饮连锁店6人×2+中型育肥场6人+ 有机肥场4人）×5万元/人=150万元	—
	小计	1 550万元	2 140万元
3年投入期之后的每一年	育种场运营	250万元	400万元
	连锁店运营2个	200万元/个×2个=400万元	450万元×2个=900万元
	育肥场运营2个	200万元/个×2个=400万元	270万元/个×2个=540万元
	有机肥场运营1个	设施、设备维护：50万元 有机肥原料：100万元	300万元
	人员工资（30人）	30人×5万元/人=150万元	—
	小计	1 350万元	2 140万元
合计	3年投入期	4 145万元	4 350万元
	3年投入期总利润		4 350−4 145 =205万元
	3年投入期之后的年均利润		2 140−1 350 =790万元

注：配套技术包括标准化山羊场舍建设、羊场自动饮水、自动投料、自动通风采光、自动刮粪、自动消毒与环境卫生控制，高产牧草套种、牧草秸秆混合青贮、分阶段配方全价颗粒饲料饲喂、早期断奶、羔羊快速育肥，母羊控制发情、人工授精、超数排卵与胚胎移植、早期妊娠诊断、公羊精液采集与长效保存，山羊重大疫病免疫与驱虫、羊群分群管理、粪污资源化利用等。

①：中型育肥场投入产出分析，参考表5-3。

第三节 标准化养殖技术体系

一、山羊场标准化建设

1. 羊场选址 羊场应选在地势较高、土壤干燥、排水良好、阳光充足、远离人群、通风良好的地方，且应位于水源地的下游，办公生活区的下风口。山区修建羊舍时，要注意背风向阳。此外，羊场的选址还要注意选择交通便利、水源优良、电力充足的地方。

2. 场内规划布局 修建数栋羊舍时，应注意长轴平等配置，前后对齐。羊舍间距 10 米左右，以便于饲养管理和采光，也有利于防疫。羊舍阳面或两侧留有较为平坦、具有 5°～10°小坡度的排水良好的广阔的运动场。

3. 羊舍设计基本要求

（1）羊舍面积：羊舍应有足够的面积，羊舍过小容易造成羊拥挤，舍内潮湿，空气混浊，损害羊的健康；羊舍过大，造成浪费，不利于冬季保温。羊舍的面积应根据羊的性别、大小及所处不同生理时期和养羊数量的多少而定。各类羊个体平均所需面积分别为：种公羊 1.5～2.0 米^2，母羊 1.0 米^2，育成羊 0.8～0.9 米^2，怀孕或哺乳母羊 1.2 米^2，断奶羔羊 0.5 米^2，羯羊 0.6～0.8 米^2。

（2）羊舍的高宽长：高度一般不低于 2.5～3.2 米，宽度自定或宽度为 7～10 米，单排羊舍的宽度不宜超过 2.5 米，长度可依据羊的多少而定。

（3）羊舍内部的走道：羊舍内部走道一般不少于 1.5 米，如采用自动投喂车则需要 3 米左右。

（4）羊舍的地面：羊舍地面应高出周围地面 30～40 厘米以上，建成缓坡，以利于排水和防雨水进入舍内。羊舍内部地面有实地面和漏缝地面两种，南方地区的羊舍一般采用漏缝地板作为羊舍地面，漏缝下修筑下水道以利于舍内清洁。

（5）门窗：羊舍的门应当宽一些，散养条件下，大门宽度2～2.5米，可防止羊进出拥挤，造成母羊流产。南方地区气候多变，夏季高温高湿，冬季多雨，羊舍南北两面宜修建0.9～1米的半墙，上半部敞开设窗帘，既可保证羊舍的通风与采光，也有利于冬季保温。

4. 羊场配套的设备、设施

（1）羊舍内部：舍内可根据羊只性别与年龄，用移动围栏分隔羊圈。舍内靠墙用木条设置高1米左右的草架，采食缝隙间隔15厘米。料槽可用水泥或木板制成，一般上宽25厘米、下宽22厘米、深10～15厘米。饮水设备沿墙设置，可安装水槽或水盆，如选用自动饮水器，则每隔3米安装一个。

（2）药浴池：药浴池应建在圈舍附近，深不小于1米，池底宽30～50厘米，上口宽60～80厘米。入口前设有围栏，羊群在围栏内等候入浴。药浴池入口呈陡坡，利于羊进入池内。药浴池出口筑成有一定坡度的滴流台，便于羊走出。羊出浴后，在滴流台上停留一段时间，使药液流回池内。

（3）青贮窖：羊场应根据饲养规模与周围的秸秆资源条件，建设青贮窖（大型羊场）或使用袋式青贮。青贮窖的窖体由水泥建成，一般深2～4米，宽2～3米，装满并压实秸秆后，侧面用木板封闭，上面覆盖塑料薄膜并加盖土密封保存。不具备建设青贮窖的地区，也可采用塑料薄膜包裹约40千克秸秆制成袋式青贮。

（4）运动场：对于规模较大的羊场或采用舍饲技术的羊场，应备有运动场，运动场的面积应为羊栏面积的2～3倍为宜，以保证羊只在放牧不足时，有充分的运动空间。

5. 羊场粪污处理措施和利用方式

（1）污水收集：羊的粪便相对其他家畜含水量较低，所以在羊舍的污水处理时应做好雨污分离与干湿分离。污水的收集一般由排尿沟、降口、地下排出管和粪水池构成。排尿沟设于羊栏后端，紧靠降粪便道，至降口有1％～1.5％坡度。降口指连接排尿沟和地下排水管的小井，在降口下部设沉淀井，以沉淀粪水中的固形物，防止堵塞管道。降口上盖铁网，防粪草落入。地下排出管与粪水池有3%～5%坡度。

（2）污水的处理：

①还田模式：又称农牧结合方式，根据畜禽粪便污水中养分含量和作物生长的营养需要，将畜禽养殖场产生的废水和粪便无害化处理后施用于农作物与牧草地等，实现种养结合，该方式适用于远离城市、土地宽广、周边有足够农田的养殖场。

②自然处理模式：采用氧化塘、土地处理系统或人工湿地等自然处理系统对厌氧处理的出水进行处理。适用于距城市较远，土地宽广，地价较低，有滩涂、荒地、林地或低洼地可做粪污自然生态处理的地区。

③生物质能源利用模式：主要将厌氧发酵处理产生的沼气用于发电，产生电能和热能。适用于地处大城市近郊、经济发达、土地紧张地区的大型规模养殖场。

（3）粪便的收集：粪便处理工程设施因处理工艺、投资、环境要求的不同而差异较大，实际工作中应综合环境要求、投资额度、地理与气候条件等因素进行规划和工艺设计。

①人工清粪：是小规模羊场普遍采用的清粪方式。一般在羊只休息时或放牧后进行，每天2～3次。无需设备投资、简单灵活；但工人工作强度大、环境差，工作效率低。

②水冲清粪：一般设有冲洗阀、水冲泵、污水排出系统、贮粪池、搅拌机、固液分离机等。用水冲泵将羊场漏缝地板床落下的粪污由斜坡冲至排污沟，再由排污沟输送至贮存池，搅拌均匀后进行固液分离，固体粪便送至堆粪场经堆积发酵制作有机肥或者直接施入农田。水冲清粪方式需要的人力少、劳动强度小，劳动效率高；但冲洗用水量大、产生的污水量也大，粪水贮存、管理、处理需要建设沼气池。

③刮粪板清粪：主要由刮粪板和动力装置组成。清粪时，动力装置通过链条带动刮粪板沿着羊舍地板下的地面前行，刮粪板将羊粪推至集粪沟中。优点：能随时清粪，机械操作简便，工作安全可靠；刮板高度及运行速度适中，基本没有噪声，对羊群的饲喂、休息不造成任何影响。缺点：设备初期的投资较大，主要适用于长度在40米以上的大型羊舍；刮粪板牵拉的绳索易损耗，需要定期维护。

（4）粪便处理方法：

①好氧堆肥法：是指在人工控制水分、碳氮比和通风条件下，通过微生物作用对粪便中的有机物进行降解，使之矿质化、腐殖化和无害化的过程。堆肥过程中的高温不仅可以杀灭粪便中的各种病原微生物和杂草种子，使粪便达到无害化，还能生成可被植物吸收利用的有效养分，具有土壤改良和调节作用。堆肥处理因具有运行费用低、处理量大、无二次污染等优点而被广泛使用。

②蚯蚓堆肥法：利用蚯蚓处理畜禽废弃物是一项古老的生物技术，自20世纪80年代末，国内外很多学者致力于利用蚯蚓处理垃圾的研究。蚯蚓堆肥处理产物与自然堆制的腐熟羊粪相比较，矿质氮和速效钾要高于腐熟羊粪，但速效磷无明显差异；微生物量碳氮和酶活性均明显高于自然腐熟羊粪；细菌、真菌和放线菌的数目也高于自然腐熟羊粪，但波动较大。

③发酵床：在羊舍漏缝地板下的地面上铺设稻草或锯末做成的垫料，垫料中添加生物制剂。当羊排出的粪尿混合到垫料上后，生物酵素能迅速将其分解，大大降低臭味、氨气等对周围空气的污染。清理出来的垫料则直接送往粪便加工厂，进行无害化处理。一般来说，夏、冬两季，一个月清理一次；春、秋两季，两个月清理一次。清理后的地面需要喷上消毒剂，防止病菌滋生。

6. 新建羊场的前期准备

（1）饲草准备：应根据场区附近的地形与饲草生长情况做好前期的考察与准备工作。在以放牧为主要饲养方式的情况下，植被较好的地区，平原地区每1亩地饲养1只成年羊，草山地区每3亩地饲养1只成年羊，石漠化山区每5～10亩饲养1只成年羊。通过草地改良、种植优质牧草、收割田间牧草补饲等，载畜量可以增加1倍以上。舍饲为主的地区，在办场之前要认真调研草料来源，储备充足的原料，有条件最好做青贮。

（2）人员准备：要办好养羊场一定要有懂饲养管理和兽医技术的人员，这是羊场健康发展的前提条件。另外，饲养人员必须通过培训或有一定养羊经验，不可在人员不整齐或不熟悉养羊的情况下匆忙启动。

（3）养殖规模的选择：起步羊群的数量要依据圈舍、草料、人员等条件的准备情况而定，多数小型农户兴办养羊场，起步基础羊群以不宜超过

50只，最好在30只左右；对于条件比较完善的规模化羊场，可以从200～500只起步。

(4) 建场季节与引种季节的选择：建场季节要避开冬季和多雨季节，避免原材料变质、损失，延长工期。另外，自建羊场还要避开农忙季节，避免劳动力冲突。引种季节以秋季和春季为宜。春季引种后，可直接利用新生牧草，但羊只冬、春季节体质较弱，且疫病较多，故适合引种育肥羔羊或后备公羊；秋季引种，羊只经夏季放牧体质健壮、配种率高，但冬季基础代谢增加，饲养育肥效益不高，故适合引种成年公羊或适繁母羊。

(5) 及时隔离观察：羊只引种后经过长途运输、地区气候变化、饲养方式改变等，会出现不同程度的应激反应，常常表现为感冒、肺炎、口疮、腹泻、流产等。因此，应在场外进行1个月左右的隔离观察，切忌在饲养过程中，随时、随意地从外地或其他羊群购羊补充。饲养员和管理人员要熟悉羊只的特征特性，对羊群个体的采食、运动状态、精神状态、排泄等的变化及时发现、及早处理。另外要加强饲养管理，特别注意圈舍等的清洁卫生。

(6) 全面免疫与驱虫：羊群引种后，易感染或引发多种疫病。因此，在隔离期间应加强羊群的饲养管理与疫病监察，对于病弱羊只应及时处理治疗或淘汰。待羊群整体体质基本恢复后，应对羊群引种地与引入地的主要常发与突发疫病进行免疫接种。完成免疫接种并检疫合格后，还需对体内寄生虫与体表寄生虫分别进行一次全面的药物驱虫与药浴驱虫，确定引入羊群健康后，方可进场或并入原群。

二、山羊品种选择

(一) 市场上常见的山羊品种及各自的优势

山羊传统选育的地域性较强，这也造成品种间体型与肉用性能差异较大，如湖南省湘东黑山羊平均成年体重不足30千克，而国外波尔山羊成年体重可达130千克以上。湖南省主要的山羊品种有以浏阳市为原产地的湘东黑山羊和以石门县为主产地的马头山羊。两个品种选育历史悠久，地域品种特点比较突出，饲养量也均在50万只以上，是南方地区非常知名的品种，其中马头山羊更被认为是亚洲地区肉用山羊杂交改良的首选品种。但由于近年来市场对羊肉产品的过度需求，传统饲养模式产能不足，以及缺乏有效的品种选育引导，导致杂交改良繁杂、品种纯度与品质大幅下降。单位生产性能的下降，也导致农民饲养效益不高，养殖热情降低。

近年来，随着波尔山羊、努比亚羊、萨能山羊、南江黄羊、金堂黑山羊等国内外优良品种的引进与改良，湖南省山羊整体肉用性能有上升趋势。这些优良品种的突出特点是体型大、母羊哺乳能力强、生长速度快、产肉率高、肉质也好，适用于短期育肥。农民养殖见效快，便于组织规模化生产。据统计，波尔山羊杂交一代公羊羔4月龄体重可达40千克，接近甚至超过成年本地母羊的体重；而与努比亚羊杂交母羊3胎次平均产奶量可达600千克以上，而本地母羊仅有不足100千克。但由于山羊品种改良在人工授精方面，目前还无法向肉牛一样有效使用冷冻精液，所以导致品种改良工作不规范，受种羊品质与数量的影响，品改覆盖率仍较低，杂交后代品质发展不均衡。

1. 湖南省山羊地方品种

（1）湘东黑山羊

品种来源：主要产区为湖南省浏阳市，毗邻的长沙、株洲、醴陵、平江、铜鼓等地也有少量分布，是中国少有的纯黑山羊品种，1985年正式定名为浏阳黑山羊，并编入《中国山羊》一书。据《浏阳县志》记载：在明朝中叶就已有饲养，后经不断选优去劣而形成湘东黑山羊。2002年列入农业部地方品种资源保护名录。截至2005年年末，主产区存栏黑山羊50.18万只，饲养量115.4万只。

特征特性：湘东黑山羊头小而清秀，眼大有神，有角，角呈扁三角锥形。耳竖立，额面微突起，鼻梁微隆，颈较细长。胸部较窄，后躯较前躯发达。四肢短直，矫健，蹄壳结实，尾短而上翘，母羊乳房发育良好。被毛全黑，且有光泽，公羊被毛比母羊稍长，皮肤呈青缎色。公母羊均有角，角稍扁，呈灰黑色。公羊角向后两侧伸展，呈镰刀状，背部平直，雄性特征明显。母羊角短小，向上、向外斜伸，呈倒“八”字形，腰部稍凹陷，乳房发育较好。

生产性能：湘东黑山羊属早熟小型肉皮兼用品种，具有肉质好，板皮品质好，繁殖力较强等特性。体重：成年公羊平均体重为29.6千克，母羊为25.3千克。屠宰率：羯羊为44%，母羊为41%。繁殖力强，成年母羊一年四季都会发情，但多数集中在春、秋两季配种，大多数一年可产两胎，产羔率为171%～199%。

养殖要点：①适合山地放牧或农区半放牧半舍饲模式饲养。耐粗饲、耐热应激，山地爬坡能力强。可适应小片山地草场，是山区养殖户发展适度规模山羊养殖的首选地方品种。②但由于体型小，易受病毒性或细菌性疫病感染，因此圈舍建设要注意卫生防疫要求，每年春秋季需定时进行主要疫病免疫接种与驱虫。③除保种区外地区，可通过与金堂黑山羊、努比亚奶山羊等优良引进品种杂交改良，提高肉用生产性能与抗病能力。

适宜区域：适宜在低山丘陵或山区饲养。

（2）马头山羊

品种来源：马头山羊主产于湖南省常德、黔阳和湖北省十堰、恩施等地区。马头山羊体型、体重、初生重等指标在国内地方品种中荣居前列，是国内山羊地方品种中生长速度较快、体型较大、肉用性能最好的品种之一。1992年被推荐为亚洲首选肉用山羊品种。国家将其作为“九五”星火开发项目。主产区石门县常年饲养马头羊，年出售山羊板皮5万多张。1985年石门县被列为全国山羊板皮基地县。

特征特性：马头山羊公母羊均无角，头形似马，性情迟钝，群众俗称“懒羊”。头较长，大小中等，皮厚而松软，毛稀无绒。体形呈长方形，结构匀称，背腰平直，肋骨开张良好，臀部宽大，稍倾斜，尾短而上翘；母羊乳房发育尚可。

生产性能：马头山羊繁殖力强，四季均可发情配种，产羔率为200%左右。成年体重：公羊为40～60千克，母羊为30～40千克。早期肥育效果好，可生产肥羔肉。周岁阉羊体重可达36.45千克，屠宰率55.90%，出肉率43.79%。板皮品质良好，张幅大，平均面积81～90厘米^2。毛洁白、均匀，是制毛笔、毛刷的上等原料。

养殖要点：①马头山羊耐粗饲、食量大，抗病能力与适应性强，是发展集中规模化养殖的首选地方品种。②除保种区外，可与波尔山羊、萨能奶山羊等品种杂交改良生产专门化肉用或乳肉兼用型商品羊。

适宜区域：马头山羊体型较大，适应性强，适宜于在农区、山区饲养。

2. 国内优良品种

（1）南江黄羊

品种来源：南江黄羊是四川南江县经过7年选育而成的肉用型山羊品种，1995年10月13日经过南江黄羊新品种审定委员会审定，1996年11月14日通过国家畜禽遗传资源管理委员会羊品种审定委员会实地复审，1998年4月17日被农业部批准正式命名。

特征特性：南江黄羊被毛黄色，毛短而富有光泽，面部毛色黄黑，鼻梁两侧有一对称的浅色条纹，公羊颈部及前胸着生黑黄色粗长被毛，自枕部沿背脊有一条黑色毛带，十字部后渐浅；头大适中，鼻微拱，有角或无角；体躯略呈圆桶形，颈长度适中，前胸深广，肋骨开张，背腰平直，四肢粗壮。

生长性能：南江黄羊成年公羊体重40～55千克，母羊34～46千克。周岁羯羊平均胴体重15千克，屠宰率为49%，净肉率38%。成年母羊四季发情，产羔率200%左右。南江黄羊不仅具有性成熟早、生长发育快、繁殖力高、产肉性能好、适应性强、耐粗饲、遗传性稳定的特点，而且肉质细嫩、适口性好、板皮品质优。在湖南省内各地养殖量较大，是发展规模化肉用山羊养殖的优良父本。

养殖要点：①适合山地放牧或农区半放牧半舍饲模式饲养。②耐粗饲、生长速度较快，为充分发挥肉用产能，建议在放牧基础上适当补饲精料或发展规模化舍饲。

适宜区域：南江黄羊体型较大，适应性强，适宜于在农区、山区饲养。

（2）金堂黑山羊

品种来源：金堂黑山羊产于四川省成都市金堂县。该山羊群体在长期自然选择基础上，是通过60余年的群选群育而形成的具有良好生产性能和相当规模的黑山羊群体。于2001年11月被列为四川省地方优良品种。主要分布在成都市金堂、青白江、龙泉驿、双流等区县，年饲养量40万只以上。

特征特性：金堂黑山羊体型较大，体质结实，全身各部结合良好；头中等大，颈长短适中；前躯发育良好，胸宽深，背腰宽平；后躯发育较好，尻部较宽，较斜；四肢粗壮，蹄质结实；全身被毛黑色，毛较短，富有光泽。公羊体态雄壮，睾丸发育良好；母羊体态清秀，乳房发育良好。

生长性能：金堂黑山羊具有个体大、生长发育快、繁殖率高、适应性和抗病力强、肉质细嫩无膻味等优点。成年体重及体高：公羊分别为74.6千克及76.7厘米，最高体重达125千克；母羊分别为56.2千克及68.5厘米，最高体重达80.5千克。公羊8～10月龄、母羊6～7月龄开始配种繁殖。母羊一般年产1.7胎，产羔率：初产193%，2～4胎246%。初生及双月重：公羔分别为2.35千克及12.5千克，母羔分别为2.22千克及12.3千克。6月龄体重及体高：公羊分别为25.5千克及58.2厘米，母羊分别为23.8千克及55.1厘米；12月龄体重及体高：公羊分别为37.2千克及65.8厘米，母羊分别为34.9千克及60.7厘米。

养殖要点：①适合山地放牧或农区半放牧半舍饲模式饲养。耐粗饲、生长速度较快，泌乳量较大，因被毛黑色，是湘东黑山羊理想的初代杂交改良父本。②由于泌乳期较长，且泌乳量大，易发生产后恢复发情较慢，可采用控制发情技术进行处理，缩短空怀期，提高繁殖效率。③为充分发挥肉用产能，建议在放牧基础上适当补饲精料或发展规模化舍饲。

适宜区域：金堂黑山羊体型较大，适应性强，适宜于在农区、山区饲养。

3. 国外优良品种

（1）波尔山羊

品种来源：波尔山羊原产于南非，被称为世界“肉用山羊之王”。自1995年我国首批从德国引进波尔山羊以来，许多地区也先后引进了一些波尔山羊，并通过纯繁扩群逐步向周边地区和全国各地扩展。湖南省湘西、岳阳、浏阳等地区有大型波尔山羊杂交育肥场。

特征特性：波尔山羊毛色为白色，头颈为红褐色，额端到唇端有一条白色毛带。耳宽下垂，被毛短而稀。目前育有棕红波尔品系，全身被毛为棕红色。波尔山羊是最耐粗和适应性最强的家畜品种之一，具有体型大、生长快、繁殖力强、产羔多、屠宰率高、产肉多、肉质细嫩和抗病力强等特点。

生产性能：波尔山羊属非季节性繁殖家畜，一年四季都能发情配种产羔。平均窝产羔数为1.93头。成年体重：公羊可达90～130千克，母羊可达60～100千克。屠宰率较高，平均为48.3%。作为终端父本能显著提高杂交后代的生长速度和产肉性能。据统计，作为父本用于改良本地山羊品种，F_1代可提高生产性能30%以上。波尔山羊是世界上著名的生产高品质瘦肉的山羊。此外，波尔山羊的板皮品质极佳，属上乘皮革原料。

养殖要点：①适合半放牧半舍饲或全舍饲模式饲养。耐粗饲、食量大、饲料转化率高，为充分发挥肉用产能，应确保充足的草料供应。②由于体型较大，在杂交改良时要合理选择本地受体母羊。一是防止母羊过早交配，一般要达到体成熟时（10～12月龄）。二是坚持以大配中，以中配小的选配原则。三是妊娠母羊产前应适度运动，不易过胖。③可满足羔羊快速育肥出栏，是发展规模化商品肉用山羊养殖的终端父本。

适宜区域：能适应各种气候地带，内陆气候、热带和亚热带灌木丛、半荒漠和沙漠地区都表现生长良好。但体型较大爬坡能力不强，山地放牧可选择与本地羊进行杂交改良。

（2）努比亚奶山羊

品种来源：努比亚奶山羊是世界著名的乳用山羊品种之一。原产于非洲东北部的埃及、苏丹及邻近的埃塞俄比亚、利比亚、阿尔及利亚等国，在英国、美国、印度、东欧及南非等地都有分布。

特征特性：努比亚奶山羊头短小，额部和鼻梁隆起呈明显的三角形，俗称“兔鼻”；两耳宽大而长且下垂至下颌部。公、母羊无须无角。毛色较杂，有暗红色、棕色、乳白色、灰白色、黑色及各种斑块杂色，以暗红色居多，被毛细短、有光泽。头颈相连处肌肉丰满呈圆形，颈较长，胸部深广，肋骨拱圆，背宽而直，尻宽而长，四肢细长，骨骼坚实，体躯深长，腹大而下垂，乳房丰满而有弹性，乳头大而整齐，稍偏两侧。

生产性能：努比亚奶山羊是世界著名的奶肉兼用山羊，体高与世界有名的萨能羊相当。成年公羊一般体重可达100千克以上，成年母羊可达70千克以上。努比亚二月龄断奶体重：公羊28.16千克，母羊21.20千克，高于国内其他品种 50%。母羊乳房发育良好，多呈球形。泌乳期一般 5～6 个月，产奶量一般 300～800 千克，盛产期日产奶 2～3 千克，高者可达 4 千克以上，乳脂率 4%～7%，奶的风味好。我国四川省饲养的努比亚奶山羊，平均一胎 261 天产奶 375.7 千克，二胎 257 天产奶 445.3 千克。四川省的简阳大耳羊就是采用进口努比亚山羊与简阳本地山羊，经过六十多年的杂交和横向固定，形成的一个优良种群。

养殖要点：①努比亚奶山羊属大型乳肉兼用型山羊品种，是杂交改良本地黑山羊，提高泌乳与产肉性能的首选父本。②原种与品改后代产奶量高，因此在泌乳期应给予充足的多汁饲料或青贮饲料，同时保证充足自由饮水。③由于泌乳期较长，且泌乳量大，易发生产后恢复发情较慢，可采用控制发情技术处理，缩短空怀期，提高繁殖效率。

适宜区域：丘陵地区的农户采用圈养或拴养的方式，山区多采用放养加补饲的方式，平原农区多数采用圈养。

（二）购买种羊应掌握的基本原则

羊只的挑选是养羊能够顺利发展的关键一环，如果农民要到种羊场去引羊，首先要了解该羊场是否有畜牧部门签发的种畜禽生产许可证，并提供种羊合格证与系谱档案。购买种羊同时应有当地县级地方人民政府兽医主管部门出具的动物检疫合格证。挑选时，要看它的外貌特征是否符合本品种特征。母羊多选择周岁左右的个体，这些羊多半正处在配种期，母羊要强壮，乳头大而均匀。公羊要选择年龄为 1～2 岁，身体健壮，体型高长，前肢有力，后躯饱满，精神十足，性欲旺盛的个体，膘情中上等，但不要过肥过瘦；手摸睾丸富有弹性，手摸有痛感的多患有睾丸炎。应视繁殖母羊群体的大小确定公羊数，一般比例要求 1：（15～20），群体过小，可适当增加公羊数，以防近交。

种羊选择的基本要求是：繁殖率高，增重快，适应性强，肉质好。粗放式放牧养殖优先考虑适应性；舍饲育肥优先考虑体型大、增重快。种母羊优先考虑繁殖率与泌乳性能；种公羊除了自身体型外貌要求外，还要兼顾后代的繁殖率及增重。

（三）异地调运、长途运输注意事项

山羊在长途运输时易引起多种应激反应，各种因素如热、冷、风、

雨、饥、渴、挤压、惊吓、颠簸、合群、换料、体力耗费、环境改变、潜在疾病等，导致机体抵抗力下降后病原微生物（如支原体、巴氏杆菌、肺炎球菌、大肠杆菌等）乘虚而入，引起呼吸道、消化道，乃至全身病理性反应的综合征候群，出现体温升高、精神沉郁、食欲减退、被毛粗乱、咳嗽、气喘、流黏性或脓性鼻涕、拉稀、血便、关节炎、结膜炎、极度消瘦，甚至衰竭死亡。应注意做到“选好羊、健好体、用好车、换好料、保好健”的“五好”防控策略。

（四）引进种羊后提高羊群健康状况的措施

1. 抗菌消炎 山羊在长途运输后机体抵抗力下降，导致多种病原微生物感染，靠自身抵抗力无法抵御而发病。故治疗时需要使用足量的有效抗生素帮助杀灭病菌。经过病原分离鉴定和药敏试验，推荐以下组方：①盐酸林可霉素＋头孢噻呋钠（上、下午各1次，连用3～5天）＋地塞米松（只用3天）。②根据当地情况，自选对支原体、巴氏杆菌、肺炎球菌、大肠杆菌等有效的抗生素足量使用，必须连续使用3～5天，切忌使用1次就停药。注意选择有兽药生产许可证的正规兽药厂生产的产品，避免假药、劣药，最好选择专业生产羊药的厂家。

2. 对症治疗 发病羊有个体差异，一般都会表现发热、精神不好、食欲下降等，有的会咳嗽、气喘、流鼻涕，有的会拉稀、血便，甚至拉黏条（肠黏膜），有的会眼红、流泪、有眼屎，有的关节肿大、跛行，甚至卧地不起。需要根据具体情况对症治疗。①退热：当山羊的体温在冬天超过40℃，夏天超过40.5℃时，需要退热，可用柴胡注射液或找当地有效退热药，但不宜用大量安乃近或氨基比林等。②止血：当病羊拉血便时，需要止血，可用酚磺乙胺（止血敏）、卡巴克洛（安络血）等按说明使用。③止咳平喘：当病羊咳嗽、气喘特别严重时（不很严重时不必用药），可用氨茶碱或曲安奈德按说明注射。④滴眼药：当病羊眼红、流泪、眼屎多时，可用红霉素眼药水和抗病毒眼药水交叉点眼。⑤治跛行：个别山羊关节肿大、跛行时，可用注射器抽出关节积液后，注射青霉素和盐酸普鲁卡因。严重到卧地不起时，应及时淘汰。

3. 提高抗病力 发病山羊一般抵抗力不强，在用药的同时需想办法增强其抵抗力，单靠用药是不够的。增强抵抗力可使用生物制剂、中药制剂或添加维生素和微量元素等。①口服或注射黄芪多糖制剂和板蓝根制剂等。②灌服麻杏石甘汤、参苓白术散、逍遥散等中药。根据山羊体大小选择合适剂量，可以煎汤后灌服，也可粉碎后用热水调成稀糊状灌服。③在饮水中加入电解多维和口服补液盐等，自由饮用。以上推荐的方法可联合应用或选择其中几项综合应用。

4. 精心护理　病羊在治疗期间需要精心护理。①发病羊需要隔离治疗，单独选择干燥、朝阳、通风、保温的山羊圈舍饲养。一是便于康复，二是便于管理和治疗，三是防止羊病传染。②治疗期间，每天上、下午测量体温，观察病羊的呼吸、大小便、采食、饮水情况，及时调整治疗方案。③给予易消化的草料，个别羊还需补饲一些青饲料，精饲料要逐步增加，不宜过多。④给予清洁、温热的饮水，切忌饮凉水甚至冰水。⑤勤清扫，每天至少清扫粪便1次，羊圈要经常消毒。

5. 注意事项　①用药方案应根据羊群发病的具体情况和当地的地理、卫生、天气和药品供应情况进行调整。②上述四项技术要点需综合应用，不可偏颇，尤其不能光靠抗菌消炎。③在病羊康复后，注意驱虫和疫苗接种。

（五）山羊的繁殖特性与评价指标

1. 羊的繁殖特点

初情期：一般为4～8月龄；性成熟：一般为5～10月龄；初配年龄：山羊为10～12月龄，绵羊为12～18月龄；发情持续期：绵羊24～48小时，山羊30～60小时；发情周期：绵羊16～17天，山羊21天；妊娠期：山羊平均为152天，绵羊平均为150天；多胎性：一胎1～5羔，地方品种山羊、绵羊多产双羔；季节性：绵羊的繁殖多在秋季进行，山羊一般在春秋两季进行，以秋季为主。

2. 羊场繁殖的主要评定指标

受配率：指在本年度内参加配种的母畜占畜群内适繁母畜数的百分比，主要反映畜群内适繁母畜发情配种情况。

受胎率：指在本年度内配种后妊娠母畜数占参加配种母畜数的百分比。

分娩率：指本年度内分娩母畜数占妊娠母畜数的百分比。

产羔率：指分娩母畜的产羔数占分娩母畜数的百分比。

断奶羔羊成活率：指本年度内断奶成活的仔畜数占本年度产出仔畜数的百分比。

三、养殖生产技术

1. 如何提高母羊的繁殖效率

（1）提高母羊的年产胎次：确保两年三胎，争取三年五胎。及时观察发情与早期妊娠诊断，防止漏配空怀；调整公羊配种频率，对发情母羊做好配种管理；对产后母羊做好早期断奶，使其尽快恢复发情；定期进行布鲁氏菌病等繁殖疾病检测，及时淘汰不育母羊。母羊发情不集中或发情延迟时，可通过控制发情技术缩短母羊空怀时间。

同期发情：是利用外源激素制剂人为地控制并调整一群母畜发情周期的进程，使之在预定的时间内集中发情，以便有计划地合理地组织配种。常用方法：①孕酮海绵栓阴道埋植法：使用孕酮海绵栓阴道埋植 9～13 天，撤栓后 2～3 天，处理母羊开始集中发情，发情率可达 95%以上；②前列腺素注射法：一般采用间隔 11 天两次注射法，注射剂总量为0.1～0.2 毫克/只。在第二次注射后 2～3 天，处理母羊开始集中发情，发情率可达 90%以上。

（2）提高母羊的产羔率：做好配种前营养调控与保健，使母羊膘情维持在 7 成膘情左右，同时在饲料中补充多种维生素、微量元素，使其处于繁殖的最佳状态；对于空怀母羊应每天早晚利用试情公羊进行诱情，使其发情状态恢复正常；对于发情母羊应及时配种，确保妊娠；对于产羔数较低的羊群可适当采用控制排卵技术提高窝产羔数。

控制排卵：是人为地控制母畜在单个发情周期发育多个卵泡并成熟排卵，使其在单个配种期内获得多胎妊娠的进程。常用方法：①促卵泡激素＋促黄体素（FSH＋LH）注射法。优点是促排效果明显，比较适用于超排生产胚胎；缺点是程序较复杂；②孕马血清＋促黄体素释放激素（PMSG＋A_3）注射法，可在实际生产中用于诱发双羔或多羔，程序简单。同期发情处理结束的同时注射 PMSG，在发情后第一次配种的同时注射 A_3。

2. 如何提高公羊的利用效率 自然交配的弊端：公、母羊混群饲养，在交配过程中易引起繁殖疾病的交叉感染；公羊过度交配引发生殖障碍；公、母羊要求营养不一，不便管理；羔羊系谱不清；青年羊易早配，不利于自身生长；公羊争夺配偶打斗，易受伤淘汰。

可以通过人工辅助交配或人工授精技术来提高公羊的利用效率。

（1）人工辅助交配：区别于公、母羊混群自由交配方式，将公、母羊分群管理，在配种季节每天对母羊进行发情鉴定，然后将指定公羊与发情母羊进行交配。公、母羊分群饲养，母羊发情后，选择公羊对其进行人工辅助交配。公羊配种一般每天不超过3次，每周至少停配2天。

（2）人工授精：将采集的公羊精液，经精液品质检查与处理后，使用器械把精液（或稀释精液）输入发情母羊生殖道内，使母羊受孕的过程。一般包括采精、精液处理、输精三个步骤。采精：将母羊保定后，在公羊爬跨的瞬间，将公羊的阴茎导入模拟母羊阴道温度、压力与润滑度的假阴道内使其射精到集精杯中。精液处理：将采集的精液放在显微镜下观察精子活力与密度，选择精力旺盛的精液进行稀释，稀释的倍数根据精子的密度调整。输精：采用阴道输精或腹腔内窥镜输精。与自然交配每只公羊配种30～50只母羊相比，采用阴道人工输精法每只公羊可配种200～300只母羊，采用腹腔内窥镜输精法每只公羊可配种1 000～2 000只母羊。优势：公母分群，便于管理；提高公羊利用率，饲养成本降低；无菌操作，羊只之间无交叉感染；控制采精频率，公羊不过度使用；羔羊系谱清楚明了，避免近交；精液短期保存，可实现远程配种。

3. 如何确定母羊的妊娠情况

（1）发情观察法：通过观察发情来反向确定妊娠。一般是在配种后的20天与40天前后，分别连续试情3～5天，连续两次均不表现发情的配种母羊，确认为妊娠母羊。优点：操作简便。缺点：①确诊时间较晚，需配种后连续两个情期（40天左右），不发情母羊方可确认妊娠。②部分母羊孕后也会表现发情，易被误诊为未孕，造成重复配种，甚至流产。

（2）超声波探查法：通过B型超声波仪探触子宫内胎儿发育情况来确诊妊娠的方法。优点：应激小、结果准确，确诊时间早。①在配种后30天左右发现妊娠囊腔确诊妊娠，准确率达80%以上；②在配种后40天左右发现子叶发育确诊妊娠，准确率达 100%；③在配种后 50 天左右可观察胎儿进一步确定双羔率；④经验丰富的检测员最早可将确诊妊娠的时间提前到配种后 18 天左右。缺点：①检测技术需要一定经验；②仪器昂贵，使用成本高。

4. 不同阶段山羊的营养需求

（1）羊群的分段饲养：羊群应根据性别、生产状态与发育阶段进行分段饲养，常规的阶段划分是：种公羊根据配种状态分为配种期与非配种期，母羊根据繁殖状态分为空怀期、妊娠前期（怀孕 3 月龄内）、妊娠后期（怀孕 4～5 月龄）、临产期（产前 10 天～1 周）、哺乳期，羔羊根据发育阶段分为初产期（出生后 1 周内）、哺乳期（出生后 1～3 月内）、育成期（3～10 月龄）、育肥期等。

（2）各阶段羊只的营养需求：

种公羊：配种期与非配种期相比，需要增加蛋白饲料与能量饲料的供应，同时饲料中应添加适当的维生素与矿物质。

种母羊：妊娠前期与空怀期相比，为了维持胎儿发育，需要增加蛋白饲料与能量饲料的供应，同时饲料中应添加适当的维生素与矿物质；妊娠后期因为胎儿体重快速增加，因此需要在妊娠前期的基础上提高 50%左右的精补料饲喂量；临产期如果母羊膘情过肥需要适当减少能量饲料供应，防止羔羊过大造成难产；哺乳期由于泌乳需要，饲料中应提高蛋白质含量至 18%左右。

羔羊：羔羊在出生后的头 3 天内需要吃够初乳，因为初乳中除了维持羔羊的营养需要外，还含有免疫球蛋白，有助于羔羊早期免疫系统的形成，此外初乳中过量不能消化的蛋白也有利于羔羊胎粪的排出，促进羔羊消化系统的运行；羔羊在哺乳期间，第一个月内随着母羊产奶量的提高，羔羊的营养基本可以得到满足，但一个月后羔羊身体发育所需的营养成分增加，因此开始学习吃草来补充营养；羔羊断奶前后由于瘤胃内功能发育不健全，所以对于青草和玉米等产气饲料的消化能力有限，应适当控制放牧时间与精饲料的饲喂量。

育成羊：是指从断奶至第一次配种的公母幼龄羊（3～18 月龄）。羊的生长增重规律是前期快，后期慢。出生后前 3 个月骨骼生长最快，4～6

月龄肌肉和体重增长最快，以后脂肪沉积速度增快，到1岁时，肌肉和脂肪的增长速度几乎相等，而饲料报酬则随日龄增长而降低，1.5岁时达到体成熟，逐渐停止生长。因此，这一阶段应充分供应饲草料，每天的干物质采食量应为体重的1%～2%，并保证日粮中精饲料占比为50%～60%。

育肥羊：育成羊满10月龄后，肌肉增长逐渐减少，脂肪沉积加速，满周岁时脂肪沉积与肌肉增长的速度基本持平，此后体重增加以脂肪沉积为主，因此应抓住羔羊1周岁内进行快速育肥。在育肥后期体重达到出栏体重后，应逐渐将日粮中精饲料占比降低至为40%左右，并适当增加运动以减少脂肪沉积。

5. 青干草的调制与饲喂 山羊属于反刍动物，其消化系统有四个胃，其中最主要的瘤胃的消化必须有青粗饲料提供的粗纤维来协助消化，其消化原理是利用微生物发酵使粗纤维软化与降解，形成所需的营养物质，如果不饲喂青粗饲料，或者精饲料饲喂比例过高，会导致瘤胃积食，精饲料无法下行导致营养不良，此外精饲料过度发酵产气会引起瘤胃臌气，形成酸中毒，导致羊只死亡。

青干草调制：豆科牧草在初花期至盛花期收割，禾本科牧草在抽穗期收割，饲用玉米在籽实接近饱满时收割。刈割青草应通过自然干燥或人工干燥在较短的时间内将水分快速降至17%以下制成干草。

青干草饲喂：青干草切成2～3厘米后喂羊或打成草粉拌入精料补充料中饲喂。

6. 湖南省适宜的牧草品种 禾本科的青贮玉米、甜高粱、桂牧一号、甜象草、黑麦草等，豆科的白三叶、拉巴豆等，非粮饲草品种的桑叶、苎麻等。

7. 青贮饲料的调制与饲喂

青贮调制：饲料青贮过程包括原料刈割、切碎、装填、压实、密封等重要环节。青贮窖须严防漏气、漏水。

原料刈割与水分控制：禾本科牧草在抽穗期刈割，豆科牧草在初花期至盛花期刈割，全株玉米在蜡熟初期刈割。青贮原料水分控制在65%～75%，黑麦草、紫云英等含水量高的牧草可通过晾晒或青贮时添加饼粕、麸皮和稻草等吸水性强的饲料以降低水分含量。

青贮制作：青贮料切成2～5厘米，青贮时要将原料逐层平摊，逐层压实。原料装满后，要及时封盖，做到不漏水、不漏气。青贮料在制作30～45天后即可分段取用，切勿全面打开，防止暴晒、雨淋、结冰。每天取用后及时覆盖薄膜。

青贮饲喂：青贮饲料呈绿色或黄绿色，有酸香味，质地柔软。腐败、霉烂者不能饲用。青贮料喂量应由少到多，逐渐增加，5天左右增至正常饲用量。每天每只1.0～1.5千克，分2～3次饲喂。妊娠后期应减少饲喂量。

8. 糟渣类饲料的处理与饲喂 常见的糟渣类饲料有酒糟与豆渣等，饲喂的常用方法是发酵法，即将糟渣通过发酵处理后再进行饲喂，发酵前应通过烘干或添加糠皮来降低水分至60%左右，发酵方法与青贮制作类似。糟渣类饲料发酵后应与其他精饲料混合饲喂，干物质中蛋白低于8%的糟渣，每天的饲喂量可参考青贮饲料的50%左右进行饲喂，干物质中蛋白较高的糟渣每天的饲喂量可参考青贮饲料的10%～20%进行饲喂。

9. 精饲料的配制与饲喂 种公羊在配种期应加强蛋白饲料供应，饲料来源应多样化；种母羊在空怀期以放牧为主，使其膘情适中，偏瘦母羊可适当补饲，过肥母羊应加强运动；种母羊在怀孕前期在放牧基础上应适当补饲，怀孕后期要在怀孕前期的基础上增加精补料50%左右，临产期应减少精补料至怀孕前期的水平，泌乳期应增加精补料至怀孕后期的水平并提高蛋白含量至18%左右；羔羊初产期应吃够初乳，哺乳期内有条件的应适当采用代乳料缩短哺乳时间，育成期应采用放牧补饲或舍饲全价颗粒饲料，补饲的饲喂量大概为体重的2%左右，全价颗粒饲料的饲喂量大概为体重的4%左右。

10. 如何配制与饲喂全混合日粮 全混合日粮的成分主要由青粗饲料、精饲料与预混料组成。适宜的精粗比为6∶4至5∶5，预混料的添加量为4%～5%。全混合日粮的饲喂应每天2～3次进行，变更饲料配方时应逐渐增加或减少饲喂量，在一周左右增加至最大采食量。

11. 饲喂霉变饲料的危害 霉变饲料中含有黄曲霉毒素等有害物质，会破坏胃肠道微生物环境导致消化不良，持续或者过量采食霉变饲料，轻者会导致胃肠炎，母羊会导致流产或胎儿畸形；重者会导致羊中毒，甚至死亡。

12. 羊群饲喂注意事项

(1) 羊群放牧的注意事项

牧地选择：牧地应随季节变化轮换使用，草地与灌木地交替放牧，宜实行轮牧、休牧制度。放牧区应有清洁的水源。

放牧要求：一般下午放牧，时间不少于 4 小时。冬季应晚出早归，遇雨雪寒冷时停止放牧；春季放牧前应补喂适量青干草，防止采食水分含量高的青草，导致羊腹泻；夏季宜早晚放牧，以防中暑，遇到大露水天气早上应推迟；秋季放牧早出晚归。

分群放牧：放牧羊群不宜超过 150 只。按公母、大小分群放牧。

(2) 羊群回牧后的补饲

种公羊：非配种期，每只每天补饲 0.2 千克精料补充料。配种旺季应补充适量鸡蛋等动物蛋白质及维生素和无机盐，饲料多样化，营养全面，适口性好，每天补饲 0.5 千克精料补充料、1.5 千克干草及 2～3 千克青绿饲草。

母羊：空怀期，一般不补饲，偏瘦母羊每天可补饲；妊娠前期，每只羊在放牧后，补饲精混料日粮（玉米 40%、麦麸 25%、豆粕 13%、小麦 10%、米糠 10%、添加剂 2%）干物质 150～250 克；妊娠后期，胎儿快速发育，母体胎盘与脐带是供应胎儿发育的主要通道，母体需要大量充足的营养供应胎儿生长，这一时期日粮应在妊娠前期的基础上增加 50%～60%；临产前半个月为了避免胎儿过大造成难产发生，可逐渐减少精饲料供应的 20%～30%；临产前一周应逐渐增加哺乳期饲料，并转入产房待产；产后哺乳期，母羊产后 3 天内少喂精饲料、多汁饲料和青贮饲料，3 天后为了确保母羊泌乳的营养需求，应恢复精饲料、多汁饲料和青贮饲料的供应，日粮中粗蛋白含量应达到 18%，并给予充足自由饮水。

13. 羊群饲养管理注意事项

(1) 种公羊：配种期的种公羊应远离母羊舍单独饲养，保持羊舍清洁卫生、环境安静。保持适量运动，舍饲种公羊应每天在运动场游走运动，定期修蹄。夏季注意防暑降温，增喂青绿饲料。及时淘汰更新种公羊，防止近亲交配。

（2）配种期母羊：以群养为主，每栏10～15只。发情后应适时配种。应及时淘汰更新母羊，保持繁殖母羊更新率在20%以上。

（3）妊娠期母羊：①妊娠前期的母羊应重新分群，转入宽门羊圈，降低圈舍饲养密度，减少流产发生，同时提高饲料营养标准。②妊娠后期母羊相对不易发生流产，所以可选择在妊娠4月龄左右对母羊进行紧急免疫，此时免疫较为安全且可使出生羔羊获得同步免疫。③临产前半个月为了避免胎儿过大造成难产发生，可逐渐减少精饲料供应的20%～30%；舍饲羊只还应每天保证2千米左右的运动量。④临产前一周应逐渐增加哺乳期饲料，并转入产房待产。产房应在进羊前全面消毒，夏季要确保通风干燥，冬季要有升温装置。

（4）哺乳期母羊：母羊产后3天内少喂精饲料、多汁饲料和青贮饲料，给母羊补充葡萄糖酸钙，可有效减少母羊产后瘫痪。同时还应对母羊的乳房每天清洗消毒2次，以确保羔羊饮乳卫生。对于产后疾病的发生，因针对发病原因与体况及时进行处理治疗。

（5）种羊育成期饲养管理的注意事项：①分群饲养：羔羊生后第一年生长发育最快，这期间如果饲养不良，就会影响其一生的生产性能，如体狭而浅，体重小。羔羊断奶后，根据不同性别的生长发育规律，应分别组成公、母育成羊群以及育肥羯羊（去势的羊称为羯羊）群。而对于因双羔、多羔或病弱羔羊体重差异较大的羊只可通过延迟断奶时间或按体重相近原则另外分群，以避免大欺小、强凌弱，确保充分发挥其生长潜力。②定时称重：预期增重是育成羊发育完善程度的标志，在饲养上必须注意增重这一指标，按月固定抽测体重，借以检测全群的发育情况。称重需在早晨未饲喂或出牧前进行。断奶后的育成羊在最初几个月营养条件良好时，每日可增重100克以上，每日需要风干饲料在0.5～0.7千克之间，随着月龄增长，则根据其日增重及其营养需要进行调整。③及时补饲：断奶分群后的育成羊，正处在早期发育阶段，每天应有4～5小时以上的放牧时间，归牧后根据采食情况适当补饲精料补充料和牧草。出栏前45天进行短期育肥，每天早晚二次补喂精料补充料，6月龄左右的肉羊每天补饲精料补充料0.25～0.50千克。冬春季舍饲时，需要补充大量营养，应以补饲为主，放牧为辅。

14. 提高初生羔羊成活率的措施

诱食：羔羊一周龄后，可以开始诱食青草，并随同母羊移出产房，进行大群管理。出生10天后，哺乳次数可减少到每天4～5次，每隔5～6小时一次。一般羔羊生后15天左右开始主动啃草，这时应喂一些嫩草、树叶等，枯草季节可喂些优质青干草，以调教羔羊尽早采食饲草，促进瘤胃发育。

补饲：20天以后羔羊即可补饲草料，这时应采取母仔分群。白天母羊出牧，早、中、晚定时给羔羊哺乳3次，羔羊留在羊舍内，训练开食，补饲草料。补饲精料时要磨碎，最好炒一下，并添加适量食盐和骨粉。补多汁饲料时要切成丝状，并与精料混拌后饲喂。补饲量：15～30日龄的羔羊，每天补混合精料50～75克。

免疫：羔羊一周龄后，可视体况依次进行三联四防苗与羊痘疫苗免疫注射。3周龄左右，可肌内或皮下注射亚硒酸钠维生素E，提高羔羊抗病力，并预防白肌病。

去势：3周龄左右，不做种用的公羔应及时采用手术法去势。

15. 提高断奶羔羊体重的措施

分群放牧：羔羊1月龄以后，可采用晚出早归、母仔分开、单独组群放牧，这样有利于增重、抓膘和预防寄生虫病的传播。羔羊性情活泼、顽皮，因此，放牧头几天，要把羔羊圈在一起吃草，防止羔羊乱跑；放牧地要就近，时间不宜太长，以后可逐渐远牧，并增加放牧时间。放牧羔羊时要注意远离母羊群，避免互相咩叫、干扰。

及时补饲：随着羔羊的快速生长，母乳逐渐不能满足其营养需要，必须补饲。一般1～2月龄每天补100克，2～3月龄每天补200克，3～4月龄每天补250克，每只羔羊整个哺乳期约需补精料10～15千克。饲草补饲可不限量，任期采食；放牧羔羊要补给适量食盐和骨粉，并注意饮水。

驱虫与防疫：羔羊出生后5～8周龄应进行早期驱虫。10周龄左右可视体况与季节温度变化注射山羊传染性胸膜肺炎疫苗。

适时断奶：羔羊的断奶时间各地不一，一般原则为：在满2月龄、体重达到10千克以上，即可断奶，最迟不晚于4月龄。这样有利于母羊恢复体况，促进羔羊生长发育，锻炼独立生活的能力。羔羊断奶后，应将母羊移走，羔羊继续留在原舍饲养，尽量给羔羊保持原来环境，母仔隔离

4～5天，断奶即可成功。羔羊断奶后应按性别、体质强弱分群饲养，如同窝羔羊发育不整齐，可采用分批断奶的方法，断奶后的羔羊应加强补饲。在条件好的羊场，全年采取频密繁殖时，可1.5～2月龄断奶；如结合早期饲喂代乳料，在体重达到10千克以上标准后，可以提前至1～1.5月龄早期断奶。

16. 育肥羔羊当年出栏的方法 利用羔羊1岁前生长发育快和饲料报酬高的特点，以及夏、秋季牧草营养丰富、气候好的优势，进行夏、秋季青草期放牧育肥或舍内强度育肥使体重达到30～40千克，入冬后适时屠宰，能达到节省饲料和增收的双赢效果。此外，实行羔羊育肥和羔羊肉生产，还可提高羊群中母羊比例，增加羊群的生产总量，降低饲养成本，减少对草原、牧坡的饲草压力与饲草的浪费，提高单位面积羊肉生产总量和养羊的经济效益。

17. 放牧山羊的短期舍饲育肥的方法 放牧山羊育肥前应对羊群进行集中驱虫，对于不健康羊只进行隔离治疗。短期舍饲育肥建议采用全混合日粮饲喂或全价颗粒饲料饲喂，饲喂按每天2～3次进行。全混合日粮的精粗比为5∶5，采用自由采食，育肥时间为2～3个月；全价颗粒饲料饲喂量按照体重的4%左右添加，育肥时间为1.5～2个月，体重达到30～40千克即可出栏。

四、羊场疫病防控

湖南省具有夏、秋季节高温高湿，冬、春季节低温多雨，冰封期短，气温变化快的气候特点，以及丘陵山地多、平原少的地域特征，导致病原体和寄生虫存活时间长、疫病传播速度快。湖南省山羊养殖历史悠久，但养殖模式仍以传统家庭小规模放牧为主，卫生条件差、防疫规程混乱。羊场是实施规模化生产的场所，由于羊群饲养密度相对较大，所以疫病纵向、横向传播的概率较大，一旦疫病发生其损失也较大。为了保障羊场的健康安全生产，减少或杜绝疫病发生，应认真贯彻“管重于养、养重于防、防重于治”的方针，严格执行我国相关行业规定，采取科学的综合防制措施，有效防制羊疫病的发生及蔓延。羊场卫生防疫技术的推广，有利于规范湖南省规模化山羊养殖场的建设与生产管理，有利于降低养殖户投资风险，有利于山羊产业的健康可持续发展。

（一）羊场的环境控制

1. 环境卫生 养殖场应随时保持整洁、卫生的环境条件。运动场、走道等公共场所应每天清扫；每季度应组织一次全面清扫检查工作。粪便要经过堆积发酵处理，不要到处乱放或直接用生粪作肥料，粪便要经过堆积发酵处理，尤其是喂了驱虫药后排出的粪便。

2. 饮水卫生 羊群应饮用自来水、井水或干净的流水；尽量避免在潮湿低洼地带，以及在早、晚和雨后放牧（即禁放露水草），减少羊只食入地螨的机会，有条件的地方可以实施轮牧。对羊经常接触的饮水沟塘可用5%的硫酸铜溶液泼洒灭螺。

3. 消毒 羊场应有必要的消毒设施与设备。在保证环境卫生的同时应定期消毒，全场每季度应全面消毒一次。正常情况下，饮水槽和料槽每周应消毒1次；圈舍、走道、牧工宿舍每月应消毒1次；产房每次产羔前都应全面消毒；新购羊只入舍、转群、出栏都应消毒。疫病流行时每天都应全面消毒。消毒的方法有物理消毒、生物消毒及化学药物消毒3种。物理消毒主要是用紫外线消毒，生物消毒是将粪便、污物堆积发酵处理，最常用的还是利用化学药物进行消毒。消毒时，应将羊舍、运动场等处的粪尿污物清扫干净，再喷洒消毒液。

（二）不同环境消毒剂的选择

出入的消毒：养殖场应设有消毒室，室内两侧、顶壁设紫外线灯；地面设消毒池，用麻袋片或草垫浸4%氢氧化钠溶液，入场人员要更换鞋，穿专用工作服，做好登记；车辆出入设消毒池，经常喷4%氢氧化钠溶液或3%过氧乙酸等。

圈舍的消毒：圈舍除保持干燥通风、冬暖夏凉以外，应每周消毒一次。带羊消毒时可用2%～4%氢氧化钠消毒或用1/（1 800～3 000）的百毒杀。如圈舍有密闭条件，舍内无畜时，可关闭门窗，用福尔马林熏蒸消毒12～24小时，然后开窗通风24小时，福尔马林的用量为25～50毫升/米^3，加等量水，加热蒸发。

产房的消毒：在产羔前应进行1次，高峰时进行多次，结束后再进行1次；在病圈舍、隔离舍的出入口处应放置浸有4%氢氧化钠溶液的麻袋片或草垫，以免病原扩散。

地面的消毒：首先用10%漂白粉溶液、4%福尔马林或10%氢氧化钠溶液喷洒地面，然后将表层土壤掘起30厘米左右，撒上干漂白粉与土混合。

粪便的消毒：最实用的方法是生物热消毒法，即在距养殖场100～200米以外的地方设一堆粪场，将粪堆积起来，喷少量水，上面覆盖湿泥封严，堆放发酵30天以上，即可作肥料。

污水的消毒：最常用的方法是将污水引入处理池，加入化学药品（如漂白粉或其他氯制剂）进行消毒，用量视污水量而定，一般1升污水用2～5克漂白粉。

（三）羊舍的通风采光与温、湿度控制

羊舍内要求通风、干爽、冬暖夏凉。羊舍南面或南北两面可修建0.9～1米的半墙，上半部敞开，可保证羊舍的通风和羊舍内有足够的光线。冬季寒冷时用草帘、竹篱笆、塑料布或编织布将上墙面围住保暖。羊舍圈底距地面高1.3～1.8米，地面采用漏缝地板，用水泥漏缝预制件或木条铺设，缝隙1.5～2厘米，以便粪尿漏下，清洁卫生，无粪尿污染，且通风良好，防暑、防潮性能好。

（四）舍内环境对羊只影响与优化方法

羊的生物学特性是喜干燥、清洁，厌潮湿和污秽的生存环境，据此要求圈舍地址应选在地势较高，土壤干燥，排水良好，阳光充足，远离人群，通风良好的地方，且位于水源的下游，办公生活区的下风口。羊舍的面积应根据羊的性别、大小及所处不同生理时期和养羊数量的多少而定。面积过大造成浪费，不利于冬季保暖，羊只不便于捕捉；面积过小容易造成羊只拥挤打斗或踩踏，造成损伤或流产。修建数栋羊舍时，应注意长轴平等配置，前后对齐，羊舍间距10米左右，以便于饲养管理和采光，也有利于防疫。羊舍阳面或两侧留有较为平坦、具有5°～10°小坡度的排水良好的广阔的运动场，周围栽植树木遮阴，有利于羊群夏季休息与雨季补饲，也有利于新引进羊群或断奶羔羊的合群。山区修建羊舍时，要注意选择背风向阳的地方。

（五）羊群的免疫与检疫程序

羊场应贯彻“自繁自养”原则。必要引种时，首先要了解引种地及运输途经地的疫病发生情况，并对主要疫病进行严格检疫与免疫，减少病原的传入。新购入羊只必须隔离观察20天以上，羊只未出现任何病症方可入圈合群饲养。对场内羊只要建立隔离制度，若发现羊群中有患病或可疑病羊要及时隔离观察。

1. 免疫程序

（1）强制免疫：①口蹄疫：羔羊1月龄时进行初免，间隔1个月后加强免疫一次，以后每隔4～6个月免疫一次。种羊每年免疫2～3次。发生疫情时，对受威胁区域的全部易感家畜进行一次加强免疫。②小反刍兽疫：羔羊1月龄后免疫一次，对本年度未免疫羊和超过3年免疫保护期的羊进行免疫。种羊每2年免疫1次。发生疫情时对疫区和受威胁地区的健康羊应进行一次加强免疫。

（2）推荐免疫：参考表5-5、表5-6和表5-7。

表5-5　羔羊与育成羊免疫程序

免疫时间	接种疫苗	接种方法	保护期
15日龄	山羊传染性胸膜肺炎疫苗	皮下或肌内注射	1年
1月龄(手术阉割前)	破伤风类毒素	皮下或肌内注射	1年
2月龄	山羊痘疫苗	皮下注射	1年
3月龄（断奶前）	羊梭菌病多联干粉疫苗	皮下或肌内注射	6个月
9月龄	羊梭菌病多联干粉疫苗	皮下或肌内注射	6个月

表5-6　成年母羊免疫程序

免疫时间	接种疫苗	接种方法	保护期
配种前3周	羊梭菌病多联干粉疫苗	皮下或肌内注射	6个月
产羔（羮）前4周	破伤风类毒素	皮下或肌内注射	1年
产羔（羮）前3周	羊梭菌病多联干粉疫苗	皮下或肌内注射	6个月
产羔（羮）后5周	羊梭菌病多联干粉疫苗	皮下或肌内注射	6个月
产羔（羮）后6周	山羊传染性胸膜肺炎疫苗	皮下或肌内注射	1年
产羔（羮）后7周	山羊痘疫苗	皮下注射	1年

表5-7　种公羊免疫程序

免疫时间	接种疫苗	接种部位	保护期
每年3月和9月	羊梭菌病多联干粉疫苗	皮下或肌内注射	6个月
每年3月或9月	山羊传染性胸膜肺炎疫苗	皮下或肌内注射	1年
每年3月或9月	山羊痘疫苗	皮下注射	1年

（3）注意事项：免疫接种对象：体质健壮的成羊会产生很强的免疫力，对幼畜、体弱或患慢性疾病的羊效果不佳；怀孕初期的母畜，易因驱赶、捕捉和疫苗反应等引起流产、早产，影响胎儿发育和免疫效果不佳；新进羊应隔离饲养45天，隔离期间应进行免疫及补免；对于疫区及受威胁地区，不应考虑上述结果，为确保畜群健康，应对风险羊群紧急免疫。

免疫注射前，必须调查附近流行病的发生情况，做到有的放矢。免疫用疫（菌）苗运输、保存必须妥当；注射器械要严格消毒。同批次畜群应同时免疫；病畜或体况不佳个体不应免疫接种。

免疫注射时，免疫部位要准确，疫苗使用必须严格按照说明执行。接种弱毒病毒疫苗时，不得使用抗病毒类药物；接种弱毒菌苗时，不得使用抗生素类药物。

免疫注射后，必须建立严格的免疫档案。对免疫后羊群应连续观察一段时间，发现个体出现异常应及时处置。

2. 检疫方法 检疫是应用各种诊断方法对山羊进行疫病检查，以便早期发现疫病，及时采取相应的防治措施。山羊养殖场每年应结合免疫情况进行全面检疫1～2次，此外对于不进行免疫的布鲁氏菌病等，应每年春、秋季于配种期前对羊群进行两次集中全面检疫。禁止到疫区购买山羊，从非疫区购来的山羊也应先隔离饲养1个月。隔离期间应对引种地、运输途经地、引入地附近易发与已发生的疫病进行及时检疫诊断，对检测阳性个体立即隔离治疗或淘汰。周边发生疑似传染性疫病时，应对本场羊群进行抽检，检测其相关疾病的免疫抗体水平，以便指导加强免疫。

3. 驱虫方法 驱虫时间：一般可安排在每年秋末进入舍饲后（12月至翌年1月）和春季放牧前（3月至4月）各1次，对于寄生虫病频发地区可在夏季增加1次。严重时，可在驱虫后10天左右再次驱虫1次。

体内寄生虫：常用广谱驱虫药有伊维菌素、左旋咪唑等，驱虫时应根据个体体重，严格按照药物说明执行。驱虫效果不明显的羊只，应送样到相关检测部门准确判定寄生虫种类，并根据兽医指导意见选择特效药物，不能随意用药或增加剂量。

体表寄生虫：药浴或喷洒消毒，常用药浴药物有1%敌百虫或0.5%双甲脒。对于顽固体表寄生虫，可用刷子蘸取同浓度药液刷洗至皮屑脱落，使其深入皮肤感染组织，结痂后即可痊愈。

注意事项：圈舍、运动场要经常打扫，并用漂白粉、百毒杀等定期消毒；注意放牧草场的轮换，尽量不要在因过度放牧草皮裸露的草场和低洼处放牧；成年羊是很多寄生虫的散播者，最好将成年羊与幼年羊分群饲养管理；受吸血性寄生虫感染的病羊，驱虫后还应进行补铁，并加强补饲。

图书在版编目（CIP）数据

现代畜禽养殖实用技术/彭英林，宋武主编．—北京：中国农业出版社，2022.8
（现代农民教育培训丛书）
ISBN 978-7-109-29781-4

Ⅰ.①现…　Ⅱ.①彭…②宋…　Ⅲ.①畜禽—饲养管理—农民教育—教材　Ⅳ.①S815

中国版本图书馆 CIP 数据核字（2022）第 140970 号

中国农业出版社出版
地址：北京市朝阳区麦子店街 18 号楼
邮编：100125
责任编辑：神翠翠　武旭峰
版式设计：杜　然　　责任校对：沙凯霖
印刷：北京通州皇家印刷厂
版次：2022 年 8 月第 1 版
印次：2022 年 8 月北京第 1 次印刷
发行：新华书店北京发行所
开本：700mm×1000mm　1/16
印张：15.25　　插页：4
字数：310 千字
定价：69.00 元
